建筑材料

何廷树　李国新　史琛　主编

中国建材工业出版社

图书在版编目（CIP）数据

建筑材料/何廷树，李国新，史琛主编．--北京：
中国建材工业出版社，2018.8
ISBN 978-7-5160-2289-4

Ⅰ．①建…　Ⅱ．①何…②李…③史…　Ⅲ．①建筑材
料—教材　Ⅳ．①TU5

中国版本图书馆 CIP 数据核字（2018）第 123504 号

内容简介

建筑材料是建筑工程的物质基础，是土建类多个专业的基础课。本书主要介绍了土木、建筑工程中常用建筑材料的基本组成、性质及应用，以及质量标准和检验方法等，其内容与工程联系紧密，具体包括建筑材料基本性质、无机胶凝材料、骨料及矿物掺合料、化学外加剂、混凝土、砌体材料、金属材料、高分子材料、功能材料及建筑材料试验。

建筑材料
何廷树　李国新　史　琛　主编

出版发行：中国建材工业出版社
地　　址：北京市海淀区三里河路 1 号
邮　　编：100044
经　　销：全国各地新华书店
印　　刷：北京鑫正大印刷有限公司
开　　本：787mm×1092mm　1/16
印　　张：16
字　　数：390 千字
版　　次：2018 年 8 月第 1 版
印　　次：2018 年 8 月第 1 次
定　　价：59.80 元

本社网址：www.jccbs.com　　微信公众号：zgjcgycbs
本书如出现印装质量问题，由我社市场营销部负责调换。联系电话：（010）88386906

前　　言

本教材依据建筑材料最新研究与应用进展、中华人民共和国最新国家标准进行编写，突出了材料的应用、选择和技术指标，适用于工程管理等土建类专业学生的教学和自学。

教材按建筑材料的类别分为11章，分别为：建筑材料绪论、建筑材料基本性质、无机胶凝材料、骨料及矿物掺合料、化学外加剂、混凝土、砌体材料、金属材料、高分子材料、功能材料及建筑材料试验。教材内容一方面力求讲清楚基本理论，另一方面着力于理论与工程实践相结合，为培养学生独立分析的能力、解决工程实际问题的能力打下良好的基础。内容的讲述注意深入浅出，言简意赅。

为了适应多种形式办学的需要，在编写过程中充分注意到方便自学的特点：在每章标题下面给出了该章学习内容的提要；每章结束给出了适量的复习思考题；书中最后一章给出了详细的6种常见建筑材料试验所用的仪器、试验方法、步骤及试验结果计算等内容。

本书由西安建筑科技大学何廷树、李国新、史琛编著。各章编写人员如下：何廷树（第1章、第5章、第6章）；李国新（第2章、第3章、第4章、第8章第1节~第4节）；史琛（第7章、第8章第5节~第8节、第9章、第10章、第11章）。

由于时间仓促，书中难免有不足之处，谨请批评指正。

编　者

2018年5月

目　录

第1章 绪 论

1.1 建筑材料的概念和分类

材料是建筑工程的物质基础，任何建（构）筑物都是用材料按一定的比例和要求构筑而成的。建筑材料是指修建建（构）筑物所用的一切材料。它包括土、木、砖、瓦、石、石灰、石膏、水泥、砂浆、混凝土、陶瓷、玻璃、钢材、沥青、塑料、橡胶、纤维，以及绝热、吸声、装饰材料等。建筑材料的品种、质量不仅直接关系到工程的使用功能和耐用年限，而且也制约着工程设计和施工方法。一种新材料的出现，往往可以加速结构形式的更新、设计方法的改进，以及施工技术的革新和提高。

建筑材料种类繁多、性能各异、用途不同，为便于区分和使用，工程中常从不同的角度，按不同的原则对其进行分类。

按材料来源分类，可分为天然材料（如土、木、石等）及人工材料（如混凝土、钢材、塑料等）。

按材料的功能分类，可分为结构材料和功能材料。结构材料是具有承重、传力作用的材料，如用于建造建（构）筑物的基础、梁、柱所用材料。功能材料是指具有其他偏重于某一功能的材料，如围护材料、防水材料、装饰材料、绝热材料、吸声材料等。

按材料用途分类，可分为建筑结构材料、建筑墙体材料、建筑装饰材料、建筑防水材料、建筑保温材料等。

按材料的组成物质及基本化学成分分类，可分为无机材料、有机材料和复合材料三大类，各大类材料又可进行更细的分类，见表1-1。

表1-1　常用建筑材料按组成物质及基本化学成分分类

无机材料	金属材料	黑色金属		钢、铁、不锈钢
		有色金属		铝、铜及其合金
	非金属材料	天人石材		花岗岩、石灰岩、砂岩大理岩等
		烧土及熔融制品		烧结砖、烧结瓦、陶瓷、玻璃、铸石等
		无机胶凝材料	气硬性胶凝材料	石灰、石膏、菱苦土、水玻璃
			水硬性胶凝材料	硅酸盐水泥、铝酸盐水泥、硫铝酸盐水泥等
		无机人造石材		砂浆、混凝土及各种硅酸盐制品
有机材料	植物材料			木材、竹材、农作物秸秆、天然纤维、天然橡胶等
	沥青材料			石油沥青、煤沥青及沥青制品
	合成高分子材料			塑料、合成纤维、合成橡胶、涂料、粘结剂、化学外加剂等
复合材料	金属-非金属复合材料、非金属-金属复合材料、有机-无机复合材料、无机-有机复合材料等			

1.2 建筑材料在工程中的地位及发展梗概

1.2.1 建筑材料在工程中的地位

材料是建筑工程建（构）筑物的物质基础，也是其质量基础。正确选择、使用合格的各种材料，是保证建筑工程质量的关键。很多建（构）筑物的病害和工程质量事故都与建筑材料的质量有关。材料选择不当，质量不符合要求，建筑物的正常使用功能、安全性及耐久性就得不到保证。

在建筑工程造价中，材料费所占比例很大，一般在50%～60%以上，并且随着建筑级别和档次的提高，材料所占比例也不断增大。因此，在实际工程中，材料的选择、使用及管理对工程造价影响很大。对于量大、体重的建筑材料，应注重就地取材，就地使用，尽量减少运输费用。通过认真学习并熟练掌握有关建筑材料的知识，可以帮助我们优化选择、正确使用各种材料，充分利用材料的各种功能，在保证建筑工程质量的前提下，降低工程成本，使建筑工程行业成为国民经济发展中的绿色产业。

1.2.2 建筑材料的发展梗概

建筑材料的发展是一个悠久而又缓慢的过程，它是随着人类的进化而发展起来的。在人类创造文明的历史长河中，材料扮演了重要的角色，从旧石器时代、新石器时代、青铜器时代、铁器时代、钢铁时代等历史时期的划分，可以看到材料对人类发展进步所起到的里程碑式的作用。

原始人混沌未开，栖居洞穴，这种形成天然洞穴的岩石，就是最初的建筑材料。在与自然界长期的斗争中，人类为了生存和发展，走出天然洞穴，学会了制造工具，开始使用土、石、草、木、藤等建筑材料建造半地穴式的棚屋，遮风避雨。以后，随着人类的进步，对建筑物有了更高的要求，建筑材料就从简单的利用逐渐过渡到发明和创造，到公元前10世纪前后，人类学会了用黏土烧制砖瓦，用岩石烧制石灰、石膏，标志着建筑材料进入了初步的生产阶段。砖瓦的出现，带来了建筑的革新，于是地球上有了村庄和城市，人类有了西方的古希腊和古罗马文明，东方的中华文明。我国秦朝和汉朝时期，砖瓦生产已很发达，砖瓦建筑已很先进，故有“秦砖汉瓦”之称。砖结构、砖木结构的建筑持续了漫长的时间，直到18世纪欧洲工业革命后，建筑材料才又进入了一个新的发展阶段，硅酸盐水泥、钢材、混凝土等建筑材料的发明和广泛应用，使建筑业和建筑技术发生了革命性的变化，钢筋混凝土结构、钢结构的房屋、桥梁等建（构）筑物的大规模修建，使得建筑业和建筑技术进入了新的、更高的现代发展时期。

现代建筑工程中，尽管传统的土、石等材料仍在基础工程中广泛使用，砖瓦、木材等传统材料在工程的某些方面的应用也较为普遍，但是，这些传统的材料在现代建筑工程中也不再占有主导地位，取而代之的是水泥、钢材、混凝土等材料的大量使用。同时，新型合金材料、各种人工合成有机材料、各种复合材料等在土木工程中也占有重要地位。

“环保、生态、绿色、健康”已成为21世纪人们生活的主题概念。其中“绿色”成为人们现代生活的主要追求。因此，大力发展和应用绿色建筑材料，是现代建筑材料的重要发展方向。我们应增强环保意识，在建筑材料的生产、选择和使用过程中，注重节约资源、节约能源，大力提倡使用节能利废的建筑材料，选择使用可循环利用或易于降解，对地球环境负荷小，有利于人类健康，有利于促进循环经济的发展及建筑工程领域科技进步的材料。

1.3 建筑材料的技术标准

标准就是对某项技术实行统一执行的要求。技术标准主要包括：基础标准、产品标准、方法标准、安全标准和卫生标准等。建筑材料涉及的主要是产品标准和方法标准。生产单位按照标准生产合格产品，使用单位按照标准对材料进行选择、验收及施工安装。

按照技术标准的约束性，可将其分为强制性标准和推荐性标准两种类型。凡是涉及工程建设的质量、安全、卫生方面的标准，以及国家需要控制的其他建设工程、产品及产品的生产和储运方面的标准，均为需要强制性执行的强制性标准。强制性标准以外的标准为推荐性标准。

按照使用范围，目前我国现行常用的标准有四大类型。

1. 国家标准

国家标准是由国家标准化主管机构批准、颁布，在全国范围内统一执行的标准。国家标准有个专业标准化技术委员会或国务院有关主管部门提出草案，报国家标准化主管部门或有其他委托的部门审批、颁布。

强制性国家标准的代号为GB，推荐性标准的代号为GB/T。工程建设方面的国家标准代号为GBJ。

2. 行业标准

行业标准是由行业标准化主管部门或行业标准化组织批准、颁布，在某行业内统一执行的标准。行业标准也分为强制性标准和推荐性标准（标准号后加/T）。我国与建筑材料相关的几个行业的标准代号见表1-2。

表 1-2　几个行业的标准代号

行业名称	建工行业	交通行业	建材行业	铁路行业
标准代号	JG	JT	JC	TB

3. 地方标准

地方标准是由省、自治区、直辖市标准化主管部门颁布，在当地执行的标准。制定和实施地方标准，主要因为各地具有不同的特色和条件，如自然和生态环境、资源情况、科技与生产水平、地方产品特色及民族和地方习俗等。地方标准代号有 DB 加上省、自治区、直辖市行政区划代码的前两位数字组成（推荐性标准加/T）。

4. 企业标准

企业标准是由企业批准颁布的标准，主要用作企业组织生产的依据。当有产品的统一标准时，企业标准技术指标应高于产品的统一标准（如国家标准）的相应技术指标。企业标准的代号 Q 为分子，分母为企业代号，可用汉语拼音的大写字母或阿拉伯数字或两者兼用所组成。

标准的组成，除代号外，还有标准颁布顺序号、颁布年限、标准名称。一个完整的标准表示方法如图 1-1 所示。

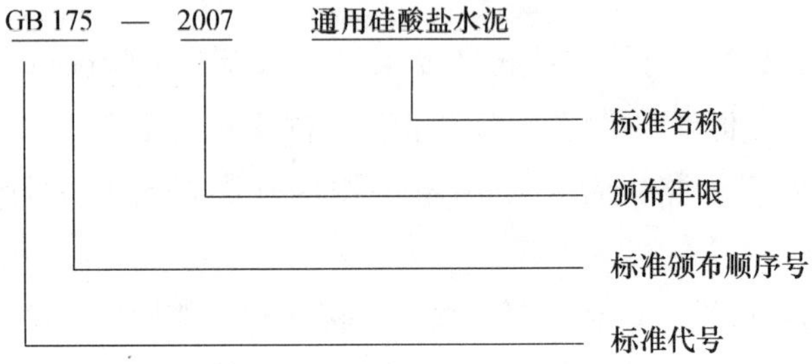

图 1-1　技术标准的表示方法

除了以上四种标准外，工程中使用的其他技术标准还有国际标准（ISO）、美国国家标准（ASTM）、英国标准（BS）、德国工业标准（DIN）、日本工业标准（JIS）、法国标准（NF）等。

1.4　建筑材料课程的主要内容及学习任务

1. 主要内容

本教材除介绍了建筑材料的基本性质以外，还重点介绍了当前常用的建筑材料，如无机胶凝材料、水泥混凝土、金属材料、木材、砌筑材料、高分子材料、建筑功能材料等。因此，本课程的学习内容多，所涉及的材料庞杂，既有材料的组成、结构、性能等方面的基础理论，又有材料的生产、工程应用、性能检测和评定方面的应用知识。为使学生更好地掌握所学材料的组成、结构、性能、用途和它们之间的相互关系，以及主要材料的技术性能指标和检验、评定方法，将本课程的学习任务分为理论课学习和实验课学习两部分。

2. 理论课学习任务

本课程的理论课学习，以掌握常用建筑材料的性能和用途为主，并掌握主要材料的技术指标、相应标准及检测方法。为此，必须了解主要材料的生产，以及它们的组成、结构、性能和用途及其相互关系；特别是水泥混凝土，不但要了解上述知识，还要了解其质量控制与评定的方法。

本课程还要求学生掌握常用建筑材料的主要品种、规格型号，工程实践中的选择、应用、储运和管理等方面知识。

3. 实验课学习任务

建筑材料在使用前，必须依据相应标准，经具有相关资质的实验室检验合格后方可使用；现场配制材料，需经相关实验室确定合适配比及操作方法，并经检验性能合格后，方可按此配比及操作方法进行配制和使用。材料在使用过程中，也要按规定抽样检测，以检验材料在使用周期内质量是否稳定，性能是否合格。在工程竣工验收中，还要对工程实体的质量进行检验评定。因此，建筑材料的性能检测，是一项经常化的技术性很强的工作，它包含在建筑施工的各个环节中。

本课程的实验课学习，主要分为验证性实验和综合性实验两部分。验证性实验主要是学习有关材料的质量检验、评定方法；综合性实验主要是要求学生应用已学的理论知识，根据工程的实际要求，选择、配制相应材料，并检测材料的性能。通过实验课，一方面加深学生对所学理论知识的深入理解，掌握相关材料性能的检测和评定方法；另一方面培养学生的实践技能、动手能力，为今后从事建筑工程实践工作打下坚实的基础。

第2章　建筑材料的基本性质

2.1　概　　述

建造不同的建筑物，将用到多种性质各异的建筑材料。这些材料常按其所起主要作用而命名，并应具备不同的技术性质，如：

结构材料——强度、变形性、表观密度等。

构造材料——强度、表观密度、外观等。

绝热材料——导热性、热容量、吸水率、表观密度等。

防水材料——抗渗性、感温性、变形性等。

地面材料——耐磨性、抗滑性等。

装饰材料——尺寸偏差、光泽、色差、耐候性等。

耐热材料——耐热性、强度等。

耐腐蚀材料——耐腐蚀性、密实度等。

特种材料——使用上的特殊要求。

所有建筑材料均应具有良好的耐久性，即长期处于一定使用条件（环境、荷载等）下，性能无显著劣化现象。

材料性能是材料内在因素（化学成分、矿物成分、结构、构造等）的客观表现，是设计取值的依据，施工质量的基础。材料的基本性质是指处于不同使用条件和使用环境时，通常必须考虑的基本、共有的性质。作为合格的建筑工程技术人员，必须正确掌握建筑材料的基本性质，以便科学地选择材料，使用材料。

2.2　材料的基本物理性质

2.2.1　密度

密度是材料在绝对密实状态下，单位体积的质量，其计算公式如下：

$$\rho = \frac{m}{V} \tag{2-1}$$

式中　ρ——密度，g/cm^3 或 kg/m^3；

m——干燥材料的质量，g 或 kg；

V——材料在绝对密实状态下的体积，cm^3 或 m^3。

材料在绝对密实状态下的体积是指不包括材料内部孔隙在内的体积，在建筑材料中，除钢材、玻璃等少数材料内部孔隙极少外，大多数材料内部均存在孔隙。

为测定有孔材料的绝对密实体积，应把材料磨成细粉，干燥后用密度瓶测定其体积。材料磨得越细，则测得的数值越接近于材料的真实体积。密度是材料物质结构的反映，凡单成分材料往往具有确定的密度值。

密度是材料的基本物理性质之一，与材料的其他性质存在着密切的相关关系。

2.2.2 表观密度

表观密度是材料在自然状态下，单位体积的质量。表观密度的计算公式如下：

$$\rho_0 = \frac{m}{V_0} \tag{2-2}$$

式中　ρ_0——表观密度，g/cm^3 或 kg/m^3；

m——材料的质量，g 或 kg；

V_0——材料在自然状态下的体积，cm^3 或 m^3。

材料在自然状态下的体积又称为表观体积，是指包括内部孔隙在内的体积，即密实体积和内部孔隙体积之和，如图 2-1 所示。

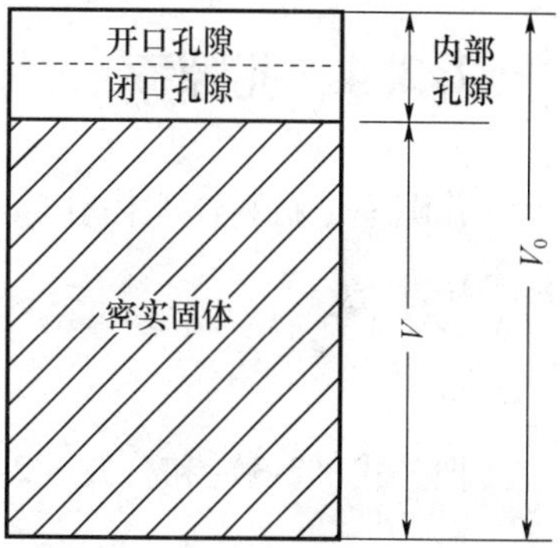

图 2-1　材料体积组成示意图

规则形状材料的体积可用量具测量、计算而得。不规则形状材料体积可按阿基米德原理测定，或直接用体积仪测定。

一般情况下，材料的表观密度是指材料在干燥状态下的干表观密度。当材料含水时，其质量和表观体积都会发生变化，所以湿表观密度不等于干表观密度。依据材料含水状态的不同，如绝干（烘干至恒重）、风干（气干）、含水（未饱和）、吸水饱和等，可分别将表观密度称为干表观密度、气干表观密度、湿表观密度、饱和表观密度等。对于大多数无机非金属材料，气干表观密度和干表观密度的数值比较接近。这些材料吸湿或吸水后，体积变化很小，一般可忽略不计。对于木材等轻质材料，由于吸湿和吸水性强，体积胀大，不同含水状态（包括气干状态）的表观密度数值差别较大，必须精确测定。

砂、石子等散粒材料的体积按自然堆积体积（V'）计算，单位堆积体积的质量，称为堆积密度（ρ'）。若以振实体积计算，则称紧密堆积密度。

散粒材料的颗粒内部或多或少存在着孔隙，颗粒与颗粒之间又存在空隙，所以对散粒材料而言，有密度、表观密度和堆积密度三个物理量，应加以区别。

在建筑工程中，凡计算材料用量和构件自重、进行配料计算、确定堆放空间及组织运输时，必须掌握材料的密度、表观密度及堆积密度等数据。表观密度与材料的其他性质（如强度、吸水性、导热性等）也存在着密切的关系。

几种常用材料的密度、表观密度及其孔隙率的数值见表 2-1。

表 2-1　几种常用材料的密度、表观密度及孔隙率

材料	密度（g/cm^3）	表观密度（kg/m^3）	孔隙率（%）
花岗岩	2.6～2.9	2500～2800	0.5～3.0
普通砖	2.5～2.8	1500～1800	30～40
普通混凝土	—	2300～2500	5～10
松木	1.55	380～700	55～75
建筑钢材	7.85	7850	0

2.2.3　密实度

密实度是材料体积内固体物质所充实的程度。密实度的计算公式如下：

$$D=\frac{V}{V_0}=\frac{\rho_0}{\rho} \tag{2-3}$$

对于绝对密实材料，因 $\rho_0=\rho$，故密实度 $D=1$ 或 100%；对于大多数建筑材料，因 $\rho_0<\rho$，故密实度 $D<1$ 或 $D<100\%$。

2.2.4　孔隙率

孔隙率是材料体积内孔隙体积与材料总体积（自然状态体积）的比率，其计算公式如下：

$$P\frac{V_0-V}{V_0}=1-\frac{V}{V_0}=1-\frac{\rho_0}{\rho} \tag{2-4}$$

把公式（2-3）和公式（2-4）相加可得：

$$P+D=1 \tag{2-5}$$

所以密实度和孔隙率值不必相提并论，通常以孔隙率表征材料的密实程度。

2.2.5　空隙率

空隙率是指砂、石子等散粒材料的堆积体积（V'）中，颗粒间空隙（表观体积与堆积体积之差）所占的比率，它以 P' 表示，其计算公式如下：

$$P'\frac{V'_0-V}{V'_0}=1-\frac{V_0}{V'}=1-\frac{\rho'}{\rho_0} \tag{2-6}$$

空隙率考虑的是散粒材料颗粒之间的空隙，而颗粒本身的孔隙率，则是颗粒内部的孔隙体积与颗粒外形所包含体积之比。

2.3　材料的力学性质

2.3.1　强度

材料的强度是材料在应力作用下抵抗破坏的能力。通常，材料内部的应力多由外力（荷载）作用而引起，随着外力的增加，应力也随之增大，直至应力超过材料内部质点所能抵抗的极限，即强度极限，材料发生破坏。

根据外力作用方式，材料强度有抗拉、抗压、抗剪、抗弯（抗折）强度等，如图 2-2 所示。

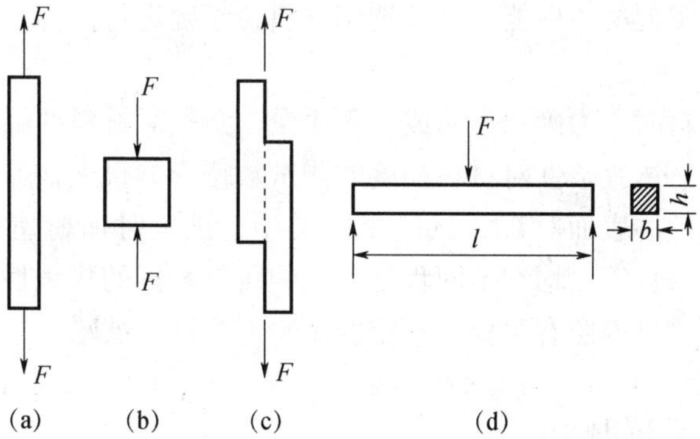

图 2-2　外力作用示意图

（a）抗拉；（b）抗压；（c）抗剪；（d）抗弯

在工程上，通常采用破坏实验法对材料的强度进行实测。将事先制作的试件安放在材料试验机上，施加外力（荷载），直至破坏，根据试件尺寸和破坏时的荷载值，计算材料的强度。

材料的抗拉、抗压及抗剪强度的计算公式如下：

$$f = \frac{F_{max}}{A} \tag{2-7}$$

式中　f——材料的极限强度，MPa；

F_{max}——材料破坏时最大荷载，N；

A——试件受力面积，mm^2。

材料的抗弯强度与试件受力情况、截面形状及支承条件有关。一般试验方法是将条形试件（梁）放在两支点上，中间作用为集中荷载。对矩形截面的试件，抗弯强度的计算公式为：

$$f_m = \frac{3F_{max}l}{2bh^2} \tag{2-8}$$

式中 f_m——材料的抗弯极限强度，MPa；

F_{max}——弯曲破坏时的最大集中荷载，N；

l——两支点的间距，mm；

b，h——分别为受弯试件截面的宽和高，mm。

材料的强度主要取决于材料的组成和结构。不同种类材料的强度差别很大，即使同类材料，强度也有很大差异。不同的受力形式，不同的受力方向，强度也不相同。强度是结构材料性能研究的主要内容。

为便于材料的生产和使用，结构材料均按强度值划分不同强度等级，并且强度等级一般作为结构材料产品质量等级标准，如烧结普通砖按抗压强度分为 MU30、MU25、MU20、MU15 等五个强度等级；普通水泥按抗压强度和抗折强度分为 42.5、52.5 等四个强度等级；普通混凝土有 C15、C20、C25、C30、C35、C40、C45、C50、C55 等强度等级；建筑钢材按机械性能（屈服点、抗拉强度、伸长率、冷弯性能等）划分钢号；结构用木材按弦向静曲强度划分强度等级。结构材料按强度性能划分等级，对于生产者控制生产工艺，保证产品质量，使用者掌握材料性能，合理选用材料，正确进行设计，精心组织施工，都是十分重要的。

在生产和使用材料时，为确保产品或工程质量，必须对材料的强度性能进行测试，作为出厂或验收的依据。试验条件对材料强度的测试数据影响很大，如试样的取样方法、试件的形状和尺寸、试件的表面状况、试验机的类型、试验时加荷速度、环境的温度和湿度，以及试验数据的取舍等，均在不同程度上影响所得数据的代表性和精确性。因此，对于各种建筑材料必须严格遵照有关标准规定的试验方法进行试验。

2.3.2 弹性和塑性

材料在外力作用下产生变形，外力去除后，变形消失，材料恢复原有形状的性能，称为弹性。如图 2-3 所示，当施加荷载至 A，产生的弹性变形为 OA，荷载卸除，变形恢复至 O 点。这种性能称为完全弹性。弹性变形与荷载成正比关系，即 OA 为一直线。荷载与变形之比，或应力与应变之比，即 $\tan\varphi$，称为材料的弹性模量。

如材料在外力作用下产生变形，外力去除，有一部分变形不能恢复，这种性质称为塑性，不能恢复的变形，称为塑性变形。如图 2-3 所示，当施加荷载超过 A 点，材料产生明显的塑性变形，至 B 点，ab 即为塑性变形，荷载卸除，变形恢复至 O'点，OO'为永久变形。对理想的弹塑性材料，$OA /\!/ O'B$，$OO' = ab$，建筑用低碳钢接近于理想的弹塑性材料，如荷载在 A 点以下，则接近于理想的弹性材料。许多建筑材料的荷载变形图如图 2-4 所示，材料受力后并不产生明显的塑性变形，但荷载变形关系呈曲线形，当荷载卸除，变形恢复至 O'，OO'为不可恢复的塑性变形或永久变形。混凝土的受力变形具有这种性质。

弹性和塑性有时作为描述材料变形性质的形容词，如弹性材料、塑性材料、弹塑性材料。材料受力变形的机理也比较复杂，实际材料的受力变形过程和性质与理想模型有一定差距。

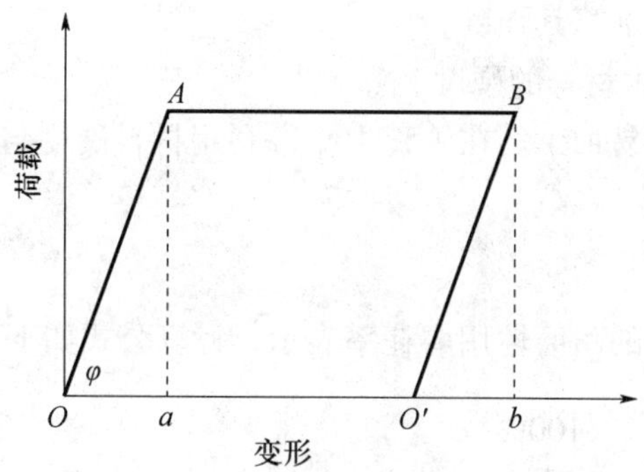

图 2-3　材料的弹性和塑性变形曲线

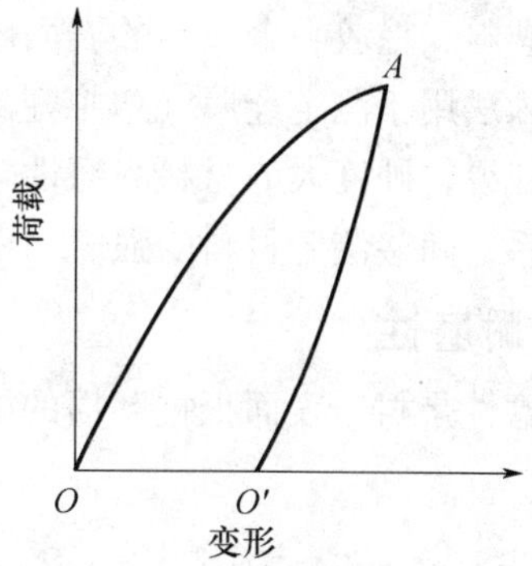

图 2-4　材料的弹塑性变形曲线

2.3.3　脆性和韧性

材料受力达到一定程度时，并无明显的变形即发生突然破坏，材料的这种性质称为脆性。脆性材料的变形曲线如图 2-5 所示。大部分无机非金属材料均属脆性材料，如天然石材、烧结普通砖、陶瓷、玻璃、普通混凝土、砂浆等。脆性材料的另一特点是抗压强度高而抗拉、抗折强度低。在工程中使用时，应注意发挥这类材料的特性。

材料在冲击或动力荷载作用下，能吸收较大能量而不破坏的性能，称为韧性或冲击韧性。韧性以试件破坏时，单位面积所消耗的功表示，计算公式如下：

$$a_k = \frac{W_k}{A} \tag{2-9}$$

式中　a_k——材料的冲击韧性，J/mm^2；

W_k——试件破坏时所消耗的功，J；

A——试件净截面积，mm^2。

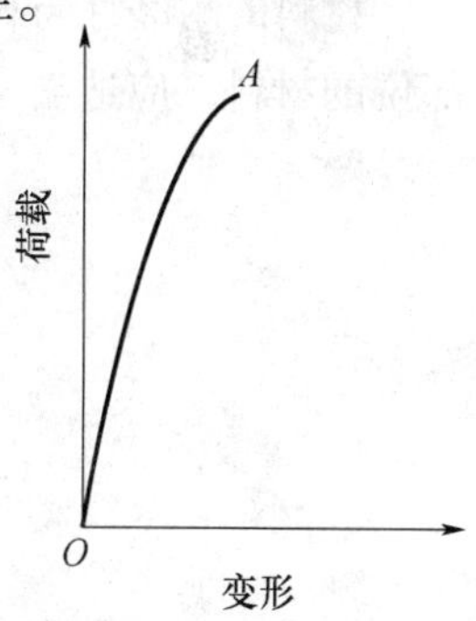

图 2-5　脆性材料的变形曲线

脆性材料的另一特性是冲击韧性低。钢材和木材的韧性较高。钢材的抗拉和抗压强度均高，而木材的顺纹抗拉强度和抗弯强度则高于顺纹抗压强度。钢材、木材的这种特性，使它们适于用作受拉或受弯的受力构件。

对于用作轨道、吊车梁及地面、路面等材料，有时需考虑材料的韧性。

2.3.4　硬度和耐磨性

1. 硬度

硬度是材料表面的坚硬程度，是抵抗其他物体刻划、压入其表面的能力。通常用刻划法、回弹法和压入法测定材料的硬度。

刻划法用于天然矿物硬度的划分，按滑石、石膏、方解石、萤石、磷灰石、长石、石英、黄晶、刚玉、金刚石等从软至硬的顺序，分为 10 个硬度等级。

回弹法用于测定混凝土表面硬度，并间接推算混凝土的强度；也用于测定陶瓷、砖、砂浆、塑料、橡胶、金属等的表面硬度并间接推算其强度。

压入法用于测定金属（包括建筑钢材）、木材等的硬度。

一般说，硬度大的材料耐磨性较强，但不易加工。在工程中，常利用材料硬度与强度间的关系，间接测定材料的强度。

2. 耐磨性

耐磨性是材料表面抵抗磨损的能力。材料的耐磨性用磨耗率表示，计算公式如下：

$$Q_{ab} = \frac{m_1 - m_2}{m_1} \times 100\% \tag{2-10}$$

式中 Q_{ab}——材料的磨损率,%；

m_1——试件磨耗前的质量，g；

m_2——试件磨耗后的质量，g。

对颗粒状石料，磨耗试验在洛杉机磨耗试验机上进行，即以一定规格级配的石料装入带钢球的金属磨耗鼓内，旋转一定转数后，筛除石料磨损部分，以石料质量损失的百分率表示。

对制品材料，耐磨试验是用一定形状的试件，经磨头在一定摩擦行程后，检查试件表面质量损失程度来评定的。磨头在试件表面的运行方式有往复式及回转式。

材料的耐磨性与材料组成、结构以及强度、硬度等有关。在建筑物地面、楼梯踏步等部位的材料，应适当考虑硬度和耐磨性。

2.4 材料与水有关的性质

2.4.1 亲水性和憎水性

材料与水接触时，根据材料表面被水润湿的情况，分为亲水性材料和憎水性材料两大类。

润湿就是水在材料表面上被吸附的过程，它与材料本身的性质有关。如材料分子与水分子间的相互作用力大于水分子之间的作用力，则材料表面能被水润湿。此时，在材料、水与空气的三相交点处，沿水滴表面所引切线与材料表面所成的夹角——润湿角 $\theta < 90°$，如图 2-6（a）所示，这种材料属于亲水性材料。润湿角 θ 越小，说明润湿性越好，亲水性越强。如材料分子与水分子间的相互作用力小于水分子之间的作用力，则材料表面不能被水润湿，此时，润湿角 $\theta > 90°$，如图 2-6（b）所示，这种材料属于憎水性材料。

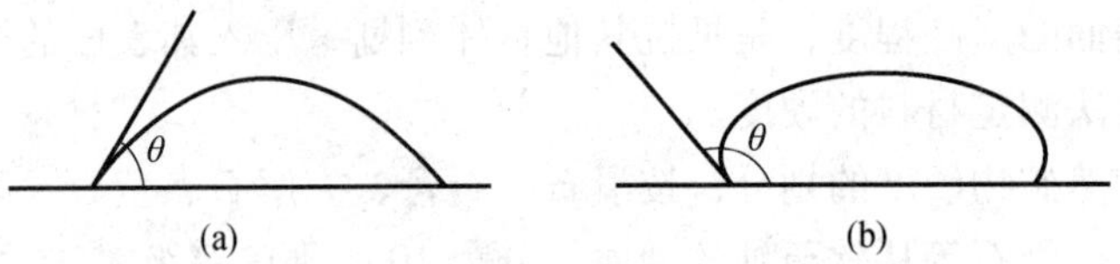

图 2-6　材料的润湿角

（a）亲水材料；（b）憎水材料

在亲水性材料的毛细管中，由于水分子间的相互作用力小于水分子与孔壁材料分子间的相互作用力，水在毛细管内形成凹形液面并上升到一定高度或浸润到一定深度，即所谓毛细管作用。在憎水性材料的毛细管中，水在毛细管内形成凸形液面，水在毛细管内下降或被排斥。

大多数建筑材料，如天然石材、砖瓦、陶瓷、玻璃、混凝土、钢材、木材等都属于亲水性材料。憎水性材料有沥青、石蜡、某些高分子材料。憎水性材料不仅可作防水材料，还可用于处理亲水性材料的表面，以降低材料的吸水性，提高材料的防水、防潮性能。

2.4.2　吸水性和吸湿性

1. 吸水性

材料能在水中吸水的性质，称为材料的吸水性，其大小用吸水率表示。质量吸水率的计算公式如下：

$$W = \frac{m_1 - m}{m} \times 100\% \tag{2-11}$$

式中　W——材料的质量吸水率,%；

m——材料干燥状态下（吸水前）的质量，g；

m_1——材料吸水饱和后质量，g。

体积吸水率的计算公式如下：

$$W_0 = \frac{m_1 - m}{V_0} \times 100\% \tag{2-12}$$

式中　W_0——材料的体积吸水率,%；

V_0——材料在自然状态下的体积，即表观体积，cm^3；

$m_1 - m$——所吸水质量，g，在数值上与所吸水的体积（cm^3）基本相等。

由式（2-11）和式（2-12）可得：

$$W_0 = W \cdot p_0 \tag{2-13}$$

如材料孔隙内全部充水，可得 $W_0 = P$，实际上，由于各种原因，通常 $W_0 < P$。材料的饱水系数可写为：

$$K_W = W_0/P \tag{2-14}$$

饱水系数说明材料孔隙内被水充满的程度。饱水系数的大小可用来判断材料的其他性能。

通常所说的吸水率，是指材料的质量吸水率。

材料内粗大的连通孔隙或空腔，所吸水分在空气中容易蒸发，仅能润湿孔壁表面；封闭的或微细的孔隙，水分则难以浸入，所以材料中所吸水分仅占孔隙的一部分。

2. 吸湿性

材料不但能在水中吸水，也能在空气中吸收水汽，吸入量随空气中湿度的大小而变化。材料在潮湿空气中吸收水分的性质称为吸湿性。材料中所含水分与空气湿度相平衡时的含水率称为平衡含水率。材料含水率是材料含水质量与材料的干质量之比，其计算公式如下：

$$W' = \frac{m' - m}{m} \times 100\% \tag{2-15}$$

式中 W'——材料的含水率,%；

m——材料干燥状态下的质量，g；

m'——材料吸湿状态下的质量，g。

由式（2-15）可得：

$$m' = (1 + W')\ m \tag{2-16}$$

式（2-16）是根据材料干质量和含水率计算材料吸湿状态下质量的公式。而根据材料吸湿状态下质量和含水率，计算材料干燥状态下质量的公式可写为：

$$m = \frac{m'}{1 + W'} \tag{2-17}$$

式（2-16）和式（2-17）是材料用量计算中常用的两个公式。

材料中的水无论是吸水饱和或含水未饱和状态，对材料的各项性质往往有不良的影响，它使材料的表观密度提高、强度降低、导热性增大、体积有所膨胀，如水分遭受冰冻，会因冻胀而进一步导致材料的破坏。木材等植物纤维质材料，在潮湿状态下，易遭腐朽。

2.4.3 耐水性

随着水分浸入到材料内部的毛细孔，减弱了材料内部质点的联结，使强度有所降低。材料在吸水饱和状态下，不发生破坏，强度也不显著降低的性能，称为材料的耐水性。耐水性的高低，用软化系数表示：

$$K_R = f_1 / f_0 \tag{2-18}$$

式中 K_R——材料的软化系数；

f_0——材料在干燥状态下的强度，MPa；

f_1——材料在吸水饱和状态下的强度，MPa。

各种不同建筑材料的耐水性差别很大，软化系数的波动范围为0～1。钢、玻璃、沥青等材料的软化系数基本为1；密实石材的软化系数接近于1；未经处理的生土材料的软化系数为0。

对经常受潮或位于水中的工程，材料的软化系数应不低于0.75。软化系数在0.85以上的材料，可以认为是耐水的。

2.4.4 抗冻性

材料吸水后，在负温下，水在材料毛细孔内冻结成冰，此时体积膨胀（约膨胀9%），冰的冻胀压力造成材料的内应力，会使材料遭到局部破坏。随着冻结和融解的循环进行，材料的破坏作用逐步加剧，这种破坏称为冻融破坏。

抗冻性是指材料在吸水饱和状态下，能经受反复冻融作用而不破坏、强度无显著降低的性能。抗冻性以试件在冻融后的质量损失、外形变化（破裂）或强度降低不超过一定限度时所能经受的冻融循环次数表示，或称抗冻等级。

材料的抗冻等级可分为 F15、F25、F50、F100、F200 等，按材料所处部位和当地气候条件适当选定。

材料饱水系数 $K_W < 0.85$ 时，由于有相当一部分孔隙未被水充满，未充水孔隙可缓解水冻结时的冰涨压力，材料的破坏作用较小，所以材料比较抗冻。

材料的抗冻性与材料的强度、孔结构、耐水性和吸水饱和程度有关。

抗冻性虽是抵抗冻融循环作用的性能，但经常作为无机非金属材料抵抗大气物理作用的一种耐久性指标。抗冻性良好的材料，对于抵抗温度变化、干湿交替等风化作用的能力也强。所以，对处于温暖地区的建筑工程，虽无冰冻作用，为抵抗大气的风化作用，确保其耐久性，对材料往往也提出一定的抗冻性要求。

2.4.5　抗渗性

抗渗性是材料在压力水作用下抵抗水渗透的性能。渗透是水在压力作用下通过材料内部毛细孔的迁移过程，与材料内部的孔结构有关。绝对密实的材料，如钢材，实际上是不透水的。

材料的抗渗性可用渗透系数表示，其计算公式如下：

$$K = \frac{Qd}{AtH} \tag{2-19}$$

式中　K——渗透系数，$cm^3/(cm^2 \cdot h)$；

Q——渗水量，cm^3；

A——渗水面积，cm^2；

d——试件厚度，cm；

H——静水压力水头，cm；

t——渗水时间，h。

抗渗性的另一种表示方法是试件能承受逐步增高的最大水压而不渗透的能力，称为材料的抗渗等级，如 P4、P6、P8、P10……，表示试件能承受逐步增高至 0.4MPa、0.6MPa、0.8MPa、1.0MPa，……水压而不渗透。

地下工程、容器结构、压力管道等受水压作用的材料均要求具有一定的抗渗等级。各种防水材料对抗渗性也有一定要求。

2.5　材料的热工性质

2.5.1　导热性

当材料两面存在温度差时，热量从材料一面通过材料传导至另一面的性质，称为材料的导热性。导热性用导热系数表示。导热系数的计算公式如下：

$$\lambda = \frac{Qd}{FZ(t_2 - t_1)} \tag{2-20}$$

式中 λ——导热系数，W/(m·K)；

Q——传导的热量，J；

d——材料厚度，m；

F——热传导面积，m^2；

Z——热传导时间，h；

$t_2 - t_1$——材料两面温度差，K。

在物理意义上，导热系数为单位厚度的材料，两面温度差为1K时，在单位时间内通过单位面积的热量。

几种典型材料的导热系数见表2-2。

表2-2　几种典型材料的导热系数

材料	导热系数［W/(m·K)］	材料	导热系数［W/(m·K)］
铜	370	松木（横纹）	0.15
钢	55	泡沫塑料	0.03
花岗岩	2.9	冰	2.20
普通混凝土	1.8	水	0.60
烧结普通砖	0.55	密闭空气	0.025

材料的热传导是分子热运动的结果，所以导热系数由材料的物质结构决定。金属材料的导热系数远高于非金属材料的导热系数。非金属材料的导热系数与材料孔结构有很大关系。由于材料孔隙内的密闭空气的导热系数很小［$\lambda = 0.025$W/(m·K)］，所以导热系数随孔隙率增大而减小。孔隙的大小和连通程度对导热系数也有影响。材料吸水、受潮或遭冰冻后，导热系数会大大提高，因为水和冰的导热系数较高［$\lambda = 0.60$ 和 2.20W/(m·K)］。绝热材料在设计、安装时，应采取适当的措施，防止材料受潮，如设置防水层、防潮层、隔蒸汽层等，使绝热材料经常处在干燥状态。

随着温度的提高，无机非金属材料的导热系数有所提高。

2.5.2 热容量和比热

材料在受热时吸收热量，冷却时放出热量的性质称为材料的热容性。单位质量材料温度升高或降低1K所吸收或放出的热量称为热容量系数或比热。比热的定义及计算公式如下：

$$C = \frac{Q}{m(t_2 - t_1)} \tag{2-21}$$

式中 C——材料的比热，J/(g·K)；

Q——材料吸收或放出的热量，J；

m——材料质量，g；

$(t_2 - t_1)$——材料受热或冷却前后的温差，K。

几种典型材料的比热见表 2-3。

表 2-3　几种典型材料的比热

材料	比热［J/(g·K)］	材料	比热［J/(g·K)］
铜	0.38	松木（横纹）	1.63
钢	0.46	泡沫塑料	1.30
花岗岩	0.80	冰	2.05
普通混凝土	0.88	水	4.19
烧结普通砖	0.84	密闭空气	1.00

比热与材料质量的乘积，称为材料的热容量值，它表示材料温度升高或降低 1K 所吸收或放出的热量。材料的热容量值对保持建筑物内部温度稳定有很大意义，热容量值较大的材料或部件，能在热流变动或采暖、空调工作不均衡时，缓和室内的温度波动。

2.5.3　热阻和传热系数

热阻是材料层（墙体或其他围护结构）抵抗热流通过的能力，热阻的计算公式如下：

$$R = d/\lambda \tag{2-22}$$

式中　R——材料层热阻，$(m^2 \cdot K)/W$；

d——材料层厚度，m；

λ——材料的导热系数，$W/(m \cdot K)$。

为提高围护结构的保温效能，改善建筑物的热工性能，应选用导热系数较小的材料，以增加热阻，而不宜加大材料层厚度。加大厚度，意味着材料用量增加，随之带来一系列不良的后果。

热阻的倒数 $1/R$ 称为材料层（墙体或其他围护结构）的传热系数。传热系数是指材料两面温度差为 1K 时，在单位时间内通过单位面积的热量。

2.6　材料的耐久性

所谓耐久性是泛指材料在使用条件下，受各种内在或外来因素作用，能长期不破坏、不失去原有性能仍能正常使用的性质。

材料在建筑物使用过程中，除材料内在原因使其组成、结构和性能发生变化以外，尚受到使用条件和各种自然因素的作用。这种作用可概括为物理作用、机械作用、化学作用和生物作用。

（1）物理作用。物理作用包括温度和湿度的交替变化，即冷热、干湿、冻融等循环作用。在这些作用的影响下，材料发生膨胀、收缩或产生内应力，长期的反复循环作用，使材料逐渐被破坏。在寒冷地区，冻融循环作用，对材料的破坏最为明显。

（2）机械作用。机械作用包括使用荷载的持续作用会造成材料结构变化，交变荷载会引起材料疲劳，冲击、磨损、磨耗等会劣化材料性能。

（3）化学作用。化学作用包括大气、土壤、水以及使用条件下酸、碱、盐等液体或有害气体对材料的侵蚀作用。

（4）生物作用。生物作用包括菌类、昆虫等的作用而使材料腐朽、蛀蚀而破坏。

一般情况下，天然石材、砖瓦、陶瓷、混凝土、砂浆等暴露在大气中，主要受到大气的物理作用；当材料处于水中或水位变化区时，还受到环境水的化学侵蚀作用或冰融循环作用。金属材料在大气或潮湿条件下易遭锈蚀——电化学作用。木材及植物纤维质材料，常因腐朽、虫蚀而遭到破坏。沥青及高分子材料在阳光、空气及热的作用下，会逐渐老化、变质而破坏。

耐久性是材料的一种综合性质，其破坏的作用及其影响因素，往往比较复杂。材料的抗冻性、抗风化性、抗老化性、耐化学侵蚀性等均属于耐久性的范围。材料的强度（长期强度、疲劳强度等）、抗渗性、耐磨性等与材料的耐久性也有密切关系。

为提高材料的耐久性，可根据材料特点和使用情况采取相应的措施，除从材料本身组成、结构上设法外，还应提高材料对外界作用的抵抗能力（如提高密实度、防腐处理、化学浸渍等）；用其他材料保护主体材料（覆面、抹灰、喷刷涂料等），也可设法减轻侵蚀介质对材料的破坏作用（降低湿度、排除侵蚀性物质、通风、疏导等）。

提高材料的耐久性，对保证工程长期正常使用，减少维护费用，延长使用年限，节约社会财富，具有重要的意义。

复习思考题

1. 试解释下列名词或术语

密度；表观密度；堆积密度；孔隙率；空隙率；脆性材料；韧性材料；亲水性；憎水性；吸湿性；吸水性；软化系数；饱水系数；抗渗性；抗冻性

2. 工程上常用的材料强度有哪几种？分别写出其计算公式。

3. 影响材料强度测试结果的试验条件因素有哪些？

4. 材料冻融破坏的原因是什么？饱水系数与抗冻性有什么关系？

5. 评价材料热工性能的常用参数有哪几个？欲保持房屋内温度的稳定并减少热损失，其围护结构应选择什么样的建筑材料？

6. 有一块烧结普通砖，在潮湿状态下重2750g，经测定含水率为10%，砖的尺寸为240mm×115mm×53mm，经干燥并磨成细粉，用排水法测得绝对密实体积为926cm^3。试计算该砖的密度、干表观密度、孔隙率和密实度。若将该砖浸水饱和后重2900g，试计算该砖的质量吸水率、体积吸水率和饱水系数。并判断该砖抗冻性的优劣。

7. 已知某卵石的密度为2.65g/cm^3，表观密度为2.61g/cm^3，堆积密度为1680kg/m^3，求此石子的孔隙率和空隙率。

第3章 无机胶凝材料

3.1 概　　述

无机胶凝材料是指当其与水或水溶液拌和后，所形成的塑性浆体经过一系列的物理、化学反应，能逐渐凝结硬化，并形成具有一定强度石状体的无机粉末材料。

按照硬化条件的不同，无机胶凝材料可分为气硬性胶凝材料和水硬性胶凝材料。前者是指只能在空气中凝结硬化，也只能在空气中保持和发展其强度的胶凝材料，如石膏、石灰等；后者是指不仅能在空气中凝结硬化，而且能更好地在水中硬化，保持并发展其强度的胶凝材料，如各种水泥。无机胶凝材料在建筑工程中，用量较大的是各类水泥。

将无机胶凝材料分为气硬性和水硬性胶凝材料，有着重要的实用意义：气硬性胶凝材料一般只适用于地上或干燥环境，不宜用于潮湿环境，更不可用于水中；而水硬性胶凝材料不仅可用于地上工程，而且适用于水中或潮湿环境中的工程。

水泥有很多品种。通常按其用途和性能可分为通用水泥、专用水泥及特性水泥。通用水泥是一般建筑工程中通常采用的水泥；专用水泥是专门用途的水泥，常以所用工程的名称命名，如道路硅酸盐水泥、砌筑水泥等；特性水泥是某种性能比较突出的水泥，如快硬硅酸盐水泥、低热矿渣硅酸盐水泥等。按水泥的主要水硬性矿物可分为：硅酸盐水泥、铝酸盐水泥、硫铝酸盐水泥、铁铝酸盐水泥等。

通用硅酸盐水泥是以硅酸盐水泥熟料和适量石膏，以及规定的混合材料制成的水硬性胶凝材料。

所谓硅酸盐水泥熟料，是由主要含 CaO、SiO_2、Al_2O_3、Fe_2O_3 的原料按适当比例磨成细粉烧至部分熔融所得以硅酸钙为主要矿物成分的水硬性胶凝物质。其中，硅酸钙矿物含量（质量分数）不低于66%，氧化钙和氧化硅的质量比不低于2.0。

通用硅酸盐水泥按其熟料粉磨时掺入混合材料的品种和掺量，分为6个品种：硅酸盐水泥、普通硅酸盐水泥、矿渣硅酸盐水泥、火山灰质硅酸盐水泥、粉煤灰硅酸盐水泥和复合硅酸盐水泥。

水泥是最重要的建筑材料之一，它的品质优劣直接关系到混凝土的性能和工程质量的优劣。

3.2 硅酸盐水泥

硅酸盐水泥按混合材料的品种和掺量分为两个型号：不掺混合材料的为 P·I 型硅酸盐水泥；在硅酸盐水泥熟料粉磨时，掺加不超过水泥重量 5% 的石灰石或粒化高炉矿渣的为 P·II 型硅酸盐水泥。

3.2.1 硅酸盐水泥的原料及生产

生产硅酸盐水泥的原料，主要是石灰质和黏土质两类原料。石灰质的原料有石灰岩、白垩、石灰质凝灰岩等，它主要提供 CaO；用作黏土质的原料有各类黏土、黄土等，它主要提供 SiO_2、Al_2O_3 和 Fe_2O_3。为了补充铁质及改善煅烧条件，还可加入适量铁粉、萤石等。

生产水泥的基本工序是：先将原材料破碎并按其化学成分配料后，在球磨机中研磨成生料，然后入窑进行煅烧得到水泥熟料，最后将熟料配以适量的石膏（加或不加混合材料）在球磨机中研磨至一定细度，即得到硅酸盐水泥成品。所以生产水泥的基本工序可以概括为“两磨一烧”（图 3-1）。水泥的煅烧一般在回转窑（旋窑）中完成。烧成的水泥熟料经迅速冷却后即可堆存备用。

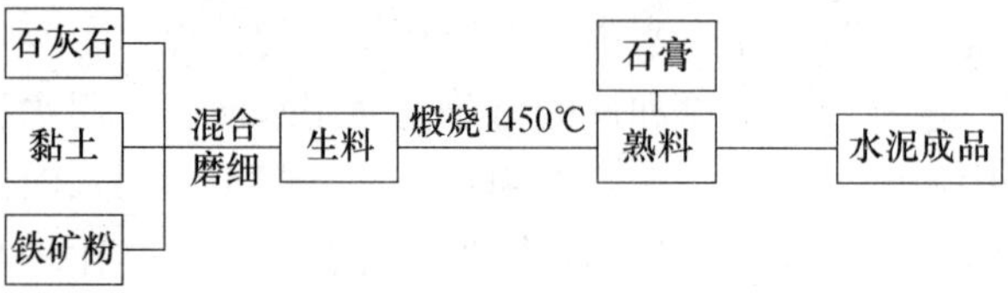

图 3-1 P·I 型硅酸盐水泥生产工序

3.2.2 硅酸盐水泥熟料的矿物组成与矿物成分的水化反应

1. 矿物组成

硅酸盐水泥熟料由四种主要矿物成分构成，其名称与含量范围如下：

硅酸三钙 $3CaO \cdot SiO_2$，简写为 C_3S，含量为 37% ~60%；

硅酸二钙 $2CaO \cdot SiO_2$，简写为 C_2S，含量为 15% ~37%；

铝酸三钙 $3CaO \cdot Al_2O_3$，简写为 C_3A，含量为 7% ~15%；

铁铝酸四钙 $4CaO \cdot Al_2O_3 \cdot Fe_2O_3$，简写为 C_4AF，含量为 10% ~18%。

其中，硅酸钙含量为 70% 以上，而 $C_3A + C_4AF$ 仅占 18% ~25%。

除四种主要矿物成分外，水泥中尚含有少量游离 CaO、MgO，以及 SO_3 和及碱（K_2O、Na_2O），这些成分均为有害成分，国家标准中有严格限制。

2. 矿物成分的水化反应

工程中使用水泥时，首先要用水拌和。水泥颗粒与水接触，熟料矿物立即与水产生水化反应并放出一定热量。

$$2(3CaO \cdot SiO_2) + 6H_2O = 3CaO \cdot 2SiO_2 \cdot 3H_2O + 3Ca(OH)_2 \tag{3-1}$$

硅酸三钙　　水化硅酸钙　　氢氧化钙

$$2(2CaO \cdot SiO_2) + 4H_2O = 3CaO \cdot 2SiO_2 \cdot 3H_2O + Ca(OH)_2 \tag{3-2}$$

硅酸二钙

$$3CaO \cdot Al_2O_3 + 6H_2O = 3CaO \cdot Al_2O_3 \cdot 6H_2O \tag{3-3}$$

铝酸三钙　　水化铝酸钙

$$4CaO \cdot Al_2O_3 \cdot Fe_2O_3 + 7H_2O = 3CaO \cdot Al_2O_3 \cdot 6H_2O + CaO \cdot Fe_2O_3 \cdot H_2O \tag{3-4}$$

铁铝酸四钙　　水化铁酸钙

在上述水化反应进行的同时，水泥熟料磨细时掺入的石膏也参与了化学反应：

$$3(CaSO_4 \cdot 2H_2O) + 3CaO \cdot Al_2O_3 \cdot 6H_2O + 19H_2O = 3CaO \cdot Al_2O_3 \cdot 3CaSO_4 \cdot 31H_2O \tag{3-5}$$

二水石膏　　水化硫铝酸钙（钙矾石）

不同矿物成分的水化特点是不同的，主要表现在反应速度、强度增长规律、水化放热量等的差异性上。

硅酸三钙的水化反应速度很快，水化放热量较高。生成的水化硅酸钙几乎不溶解于水，而立即以胶体微粒析出，并逐渐凝聚而成凝胶体，称为托勃莫来石凝胶。生成的氢氧化钙在溶液中很快达到饱和，呈六方晶体析出。硅酸三钙的迅速水化，水泥的强度增长很快。它是决定水泥强度高低（尤其是早期强度）最重要的矿物。硅酸三钙在 28d 内通常可水化 70% 左右。

硅酸二钙与水反应的速度慢得多，约为 C_3S 的 1/20，水化放热量很少，早期强度很低，但在后期稳定增长，大约一年可接近 C_3S 的强度。

铝酸三钙与水反应的速度最快，水化放热量最多，但强度值不高，增长也甚微。

铁铝酸四钙与水反应的速度较快，水化放热量少，强度值高于 C_3A，但后期增长甚少。

综上所述，硅酸盐水泥水化后的主要水化产物有：水化硅酸钙和水化铁酸钙凝胶；氢氧化钙、水化铝酸钙和水化硫铝酸钙（钙矾石）晶体。在充分水化的水泥石中，水化硅酸钙凝胶约占 70%，$Ca(OH)_2$ 占 20% ~25%。由于各矿物单独水化时所表现出的特性不同，所以改变各矿物的相对比例，水泥的性质将产生相应变化，所谓不同品种的硅酸盐水泥，即为所含 4 种矿物成分比例不同的水泥，提高 C_3S 和 C_3A 的含量可以制得快硬硅酸盐水泥。

3. 硅酸盐水泥的凝结硬化

水泥加水拌和后，成为塑性的水泥浆，水泥浆随时间延长而逐渐变稠失去塑性，但尚不具有强度的过程，为水泥的“凝结”。随后，水泥浆产生明显的强度并逐渐变成坚硬的人造石——水泥石，这一过程为水泥的“硬化”。凝结和硬化是人为划分的，实际上是一个连续的、复杂的变化过程。

硅酸盐水泥的凝结硬化过程如图3-2所示。当水泥拌和水后，在水泥颗粒表面即发生水化反应，水化产物立即溶于水中。这时，水泥颗粒又暴露出一层新的表面，水化反应继续进行。由于各种水化产物溶解度很小，水化产物的生成速度大于水化产物在溶液中的扩散速度，所以很快使水泥颗粒周围液相中的水化产物浓度达到饱和或过饱和状态，并从溶液中析出，成为高度分散的凝胶体，如图3-2（b）所示。随着水化作用的继续进行，凝胶体含量不断增加，游离水分不断减少，水泥浆逐渐失去塑性，即出现凝结现象，但此时尚不具有强度，如图3-2（c）所示。

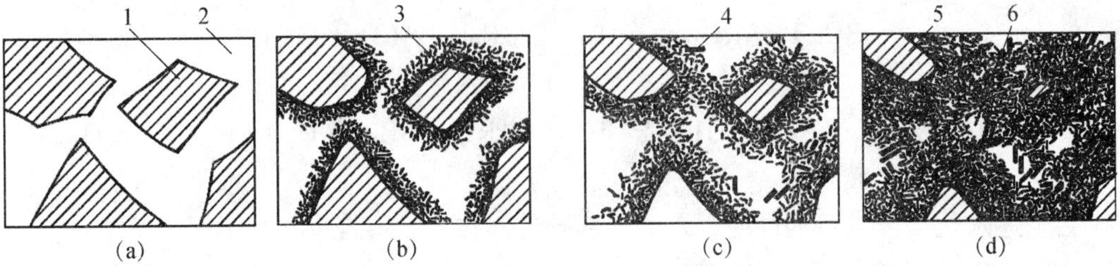

图3-2　水泥凝结硬化过程示意图

（a）分散在水中未水化水泥颗粒；（b）水泥颗粒表面形成水化物膜层；

（c）膜层长大并互相连接（凝结）；（d）水化物进一步增多并填充毛细孔（硬化）

1—水泥颗粒；2—水分；3—凝胶；4—晶体；5—未水化水泥颗粒内核；6—毛细孔

随着水化产物的不断增加，水泥颗粒之间的毛细孔不断被填实，加之水化产物中的氢氧化钙晶体、水化铝酸钙晶体不断贯穿于水化硅酸钙等凝胶体之中，逐渐形成了具有一定强度的水泥石，从而进入了硬化阶段，如图3-2（d）所示。水化产物的进一步增加，水分的不断丧失，使水泥石的强度不断发展。

实际上，水泥的水化过程很慢，较粗水泥颗粒的内部很难完全水化。因此，硬化后的水泥石是由晶体、胶体、未完全水化颗粒、游离水及气孔等组成的不均质体。

4. 影响水泥凝结硬化的主要因素

（1）矿物组成。水泥的矿物组成是影响水泥凝结硬化的最重要的内在因素。如前所述，不同矿物成分单独与水起反应时所表现出来的特点是不同的，如C_3A水化速率最快，放热量最大而强度不高；C_2S水化速率最慢，放热量最少，早期强度低，后期强度增长迅速。因此，改变水泥的矿物组成，其凝结硬化情况将产生明显变化。

（2）石膏。石膏作为水泥缓凝剂掺入水泥。实践表明：不掺石膏的水泥，由于C_3A的迅速水化将导致水泥的不正常急速凝结（即瞬凝），使水泥不能正常使用。石膏起缓凝作用的机理可解释为：水泥水化时，石膏能很快与铝酸三钙作用生成水化硫铝酸钙（钙矾石），钙矾石很难溶解于水，它沉淀在水泥颗粒表面上形成保护膜，从而阻碍了铝酸三钙的水化反应，控制了水泥的水化反应速度，延缓了凝结时间。

水泥中石膏掺量必须严格控制，适宜的石膏掺量主要取决于水泥中C_3A的含量和石膏中SO_3的含量，同时与水泥细度及熟料中SO_3含量有关。石膏掺量一般为水泥质量的3%～5%。石膏掺入量过多，将引起水泥石的膨胀性破坏（详见水泥的体积安定性）。

（3）水泥细度。在矿物组成相同的条件下，水泥的细度越细，与水接触时，水化反应表面积越大，水化反应产物增长较快，凝结硬化加速，水化热增多。

（4）环境温度、湿度。提高温度可以使水泥水化反应加速，强度增长加快；相反，温度降低，则水化反应减慢，强度增长变缓。当降到0℃以下时，水泥的水化反应基本停止，强度不仅不增长，甚至会因水结冰而导致水泥石结构破坏。水的存在是水泥水化反应的必备条件。当环境十分干燥时，水泥中的水分将很快蒸发，以致水泥不能充分水化，硬化也将停止；反之，水泥的水化将得以充分进行，强度正常增长。所以，水泥混凝土在浇筑后的一段时间里，应特别注意保温、保湿养护。

（5）时间（龄期）。水泥的凝结硬化是随时间延长而渐进的过程。与此同时，强度不断增长。只要温度、湿度适宜，水泥强度的增长可持续若干年。强度增长的规律，在水泥拌和水后的几天内增长最为迅速，如水化7d的强度常可达到28d强度的70%左右，28d以后强度增长则明显减缓。

5. 硅酸盐水泥的技术性质

硅酸盐水泥的技术性质是水泥应用的理论基础。国家标准《通用硅酸盐水泥》GB 175—2007对其技术性质中的细度、凝结时间、体积安定性和强度等均作了明确规定。

（1）细度。水泥颗粒的粗细程度对水泥的使用有重要影响。水泥颗粒粒径一般在7~200μm范围内，颗粒越细，与水起反应的表面积就越大，水化反应进行越快、越充分，早期强度和后期强度都较高。一般认为，水泥粒径在40μm以下的颗粒才具有较高的活性，大于100μm的颗粒活性就很小了。但水泥颗粒过细，将使研磨水泥的能耗大幅增加，需水性增大，储存时活性下降过快，若在空气中硬化时，收缩值也会增大。

水泥的细度可用比表面积或0.080mm或0.045mm方孔筛的筛余量（未通过部分占试样总量的百分率）表示。所谓比表面积是指单位质量水泥颗粒表面积的总和（m^2/kg或cm^2/g）。硅酸盐水泥的比表面积应大于300m^2/kg，一般常为317~350m^2/kg。

一般出厂水泥如符合国家标准的要求，使用单位可不检验水泥的细度（即选择性指标）。

（2）标准稠度需水量。国家标准规定检验水泥的凝结时间和体积安定性时需用“标准稠度”的水泥净浆。“标准稠度”是使用水泥标准稠度测定仪测定的，人为规定的稠度。将水泥净浆达到标准稠度时的用水量与水泥质量的百分比称为水泥标准稠度需水量，硅酸盐水泥的标准稠度用水量一般在21%~28%之间。

（3）凝结时间。凝结时间分初凝时间和终凝时间。初凝时间为标准稠度的水泥净浆从加水拌和至净浆开始失去可塑性所需的时间；终凝时间为标准稠度的净浆从加水拌和至完全失去可塑性，并开始产生强度所需的时间。为使混凝土或砂浆有充分的时间进行搅拌、运输、浇捣、砌筑，水泥的初凝时间不能过短。当施工完毕，则要求水泥尽快硬化，使强度快速增长，以保证施工工期，故终凝时间不能太长。

国家标准规定，水泥的凝结时间是以标准稠度的水泥净浆，在规定温度及湿度环境下用水泥净浆凝结时间测定仪测定。硅酸盐水泥的初凝时间不得早于45min，终凝时间不得迟于6h30min。实际上，硅酸盐水泥的初凝时间为1~3h，终凝时间为3~4h。

（4）体积安定性。水泥体积安定性是水泥浆硬化后因体积膨胀而产生变形的性质。它是评定水泥质量的重要指标之一，也是保证混凝土工程质量的必备条件。体积安定性不良的水泥不得应用于工程中，否则将导致严重后果。

造成水泥体积安定性不良的原因，主要是由于熟料中所含游离氧化钙（f-CaO）过多。当熟料中所含氧化镁过多或掺入石膏过量时，也会导致安定性不良。熟料中所含游离氧化钙或氧化镁都是过烧的，结构致密，水化很慢，加之被熟料中其他成分所包裹，使得在水泥已经硬化后才进行熟化：

$$CaO + H_2O = Ca(OH)_2 \tag{3-6}$$

$$MgO + H_2O = Mg(OH)_2 \tag{3-7}$$

这时体积膨胀97%以上，从而引起不均匀体积膨胀，使水泥石开裂。当石膏掺量过多时，在水泥硬化后，残余石膏与固态水化铝酸钙继续反应生成高硫型水化硫铝酸钙（钙矾石），体积增大约1.5倍，从而导致水泥石开裂。

国家标准规定，水泥的体积安定性用雷氏法或试饼沸煮法检验。当用雷氏法检验时，标准稠度水泥净浆试件沸煮3h后膨胀值不超过5mm为体积安定性合格；当用试饼沸煮法检验时，标准稠度水泥净浆试饼沸煮4h后，经肉眼观察未发现裂纹，用直尺检查没有弯曲为体积安定性合格，反之为不合格。当用这两种方法检验结果相矛盾时，以雷氏法结论为准。

上述两种方法均是通过沸煮加速游离氧化钙水化而检验安定性的，所以只能检查游离氧化钙所引起的水泥安定性不良问题。水泥中的氧化镁只有在压蒸条件下才能加速熟化，过量石膏的危害则需长期浸在常温水中才能发现，所以检测氧化镁、石膏导致安定性不良问题应分别采取压蒸法和长期浸水法。

（5）强度。强度是评价硅酸盐水泥质量的又一个重要指标。强度除受到水泥矿物组成、细度、石膏掺量、龄期、环境温度和湿度的影响外，还与加水量、试验条件（搅拌时间、振捣程度等）、试验方法有关。

我国采用以水泥胶砂强度评定水泥强度的方法，所用砂子的规格和品质也将直接影响评定结果。国家标准《通用硅酸盐水泥》GB 175—2007和《水泥胶砂强度检验方法（ISO法）》GB/T 17671—1999规定，检验水泥强度所用胶砂的水泥和标准砂按1∶3混合，水灰比为0.5，制成40mm×40mm×160mm试件，在（20±1）℃的水中养护，测定其3d和28d的强度。按照测定结果，将硅酸盐水泥分为42.5、42.5R、52.5、52.5R、62.5、62.5R六个强度等级。各等级硅酸盐水泥在不同龄期的强度最低值见表3-1。

表3-1 硅酸盐水泥各龄期的强度要求（GB 175—2007）

强度等级	抗压强度（MPa）		抗折强度（MPa）	
	3d	28d	3d	28d
42.5	17.0	42.5	3.5	6.5
42.5R	22.0	42.5	4.0	6.5
52.5	23.0	52.5	4.0	7.0
52.5R	27.0	52.5	5.0	7.0
62.5	28.0	62.5	5.0	8.0
62.5R	32.0	62.5	5.5	8.0

注：表中R表示早强型，其他为普通型。

（6）水化热。水泥矿物在水化反应中放出的热量称为水化热。大部分的水化热是在水化初期（7d 内）放出的，以后逐渐减少。

水泥水化热的大小及放热的快慢，主要取决于熟料的矿物组成和水泥细度。通常水泥强度等级越高，水化热越大。凡对水泥起促凝作用的因素（如掺早强剂 $CaCl_2$ 等）均可提高早期水化热。反之，凡能延缓水化作用的因素（如掺混合材或缓凝剂）均可降低早期水化热。

水泥的这种放热特性直接关系到工程应用。对大体积混凝土工程，由于水化热积聚在内部不易散发而使混凝土内部温度过高（可达 80℃），导致内外温差过大，产生明显的温度应力，使混凝土表面产生裂缝。因此，大体积混凝土工程应用低热水泥或减少水泥用量。反之，对采用蓄热法施工的冬期混凝土工程，水泥的水化热则有助于水泥的水化反应和提高早期强度。

除上述技术性质之外，在进行混凝土配合比计算及储运水泥时，还需要了解水泥的密度和堆积密度。硅酸盐水泥的密度为 3.10 ~ 3.15g/cm^3；堆积密度因堆积的松紧程度而异，一般为 1000 ~ 1700kg/m^3。

3.3 掺混合材料的硅酸盐水泥

3.3.1 水泥混合材料

在生产硅酸盐水泥的过程中，为了改善水泥的性质，调节水泥性能而加入水泥中的人工或天然矿物材料，称为水泥混合材料。

混合材料磨成细粉加水拌和后，本身不能发生水化反应，但在石灰、石膏或水泥水化产物氢氧化钙的激发作用下，在常温下可与水发生水化反应，生成具有水硬性的水化产物，这种性质最早发现于火山爆发产生的火山灰，故称之为火山灰活性，具有火山灰活性的混合材料，称之为做火山灰质混合材料。

水泥混合材料按其活性不同，可分为活性混合材料和非活性混合材料（也称为惰性混合材料，填充性混合材料）两大类。

1. 非活性混合材料

属于非活性混合材料的有磨细石英砂、石灰石、黏土、缓冷矿渣等。它们掺入水泥中，不与水起化学反应或化学反应很弱，主要起填充作用，可降低水泥强度，降低水化热及增加水泥产量等。

2. 活性混合材料

常用活性混合材料有粒化高炉矿渣、粉煤灰及其他火山灰质混合材料等。其主要化学成分为活性氧化硅和活性氧化铝。这些活性材料本身难于产生水化反应，无胶凝性。但在氢氧化钙或石膏等溶液中，它们却能产生明显的水化反应，形成水化硅酸钙和水化铝酸钙：

$$xCa(OH)_2 + SiO_2 + mH_2O \longrightarrow xCaO \cdot SiO_2 \cdot nH_2O \tag{3-8}$$

$$yCa(OH)_2 + Al_2O_3 + mH_2O \longrightarrow yCaO \cdot Al_2O_3 \cdot nH_2O \tag{3-9}$$

水泥熟料水化反应会产生大量氢氧化钙，水泥中也含有石膏，因此具备了使活性混合材料发挥活性的条件，氢氧化钙、石膏常被称为活性混合材料的“激发剂”。激发剂浓度越高，激发作用越大，混合材料活性发挥越充分。

1）粒化高炉矿渣

高炉矿渣是高炉炼铁时所排出的以硅酸钙和铝酸钙为主要成分的熔融物，经淬冷成粒后即为粒化高炉矿渣。它的主要化学成分为 CaO、SiO_2、Al_2O_3、MgO 和 Fe_2O_3等，通常 CaO、SiO_2及 Al_2O_3含量占高炉矿渣的 90% 以上。高炉矿渣的活性在很大程度上取决于各化学成分的比例和内部结构形态，而内部结构形态与熔融矿渣的冷却条件直接相关：当缓慢冷却时，SiO_2等形成晶体，活性极小，属非活性混合材料；当采用水、压缩空气等对熔融矿渣进行快速冷却时，则可形成玻璃态结构，并呈疏松颗粒，火山灰活性高；同时，粒化高炉矿渣由于含有一定的β-硅酸二钙和铝酸钙，又具有一定的弱自硬性。

2）粉煤灰

粉煤灰是火力发电厂煤粉燃烧后从烟气中收集下来的粉状物，粒径为 $1 \sim 50\mu m$，呈玻璃质的实心或空心球状颗粒。从其化学成分及形成条件看，应属于火山灰质混合材料中的火山玻璃质类。SiO_2及 Al_2O_3含量越高，含碳量越低；细度越细的粉煤灰活性越高。

粉煤灰的排放量大，已成为水泥行业和预拌混凝土行业的重要原材料之一。国家标准《用于水泥和混凝土中的粉煤软》GB/T 1596—2017 规定用作水泥混合材料的粉煤灰的品质指标为：$SO_3 \leq 3.5\%$；烧失量$\leq 8.0\%$；强度活性指数$\geq 70\%$等。

3）其他火山灰质混合材料

除粒化高炉矿渣及粉煤灰以外，用作水泥活性混合材的其他天然或人工的火山灰质材料还有很多，按其化学成分及矿物结构可分为三类：含水硅酸质混合材料（如硅藻土、硅藻石、蛋白石等），其主要活性成分为无定形的含水硅酸（$SiO_2 \cdot nH_2O$）；火山玻璃质混合材料（如火山灰、硅灰、凝灰岩、浮石等），其主要活性成分为玻璃质的 SiO_2和 Al_2O_3；烧黏土质混合材料（如烧黏土、烧页岩、煤矸石、煤渣、煤灰等），其主要活性成分为偏高岭石分解出来的活性 SiO_2和 Al_2O_3。

3.3.2 掺混合材料硅酸盐水泥的定义

1. 普通硅酸盐水泥（代号 P·O）

普通硅酸盐水泥简称普通水泥。它是一种由硅酸盐水泥熟料、6% ~20% 混合材料、适量石膏（水泥中 SO_3含量不得超过 3.5%）共同磨细制成的水硬性胶凝材料。普通硅酸盐水泥中活性混合材料的最大掺量不得超过水泥质量的 20%；非活性混合材料的最大掺量不得超过水泥质量的 8%。

2. 矿渣硅酸盐水泥（代号 P·S）

矿渣硅酸盐水泥简称矿渣水泥。它是一种由硅酸盐水泥熟料和粒化高炉矿渣、适量石膏共同磨细制成的水硬性胶凝材料。矿渣水泥中，粒化高炉矿渣掺量按质量百分比计为20% ~70%。当矿渣掺量为20% ~50%时，该矿渣硅酸盐水泥的代号为P·S·A；当矿渣掺量为50% ~70%时，该矿渣硅酸盐水泥的代号为P·S·B。

3. 火山灰质硅酸盐水泥（代号P·P）

火山灰质硅酸盐水泥简称火山灰水泥。它是一种由硅酸盐水泥熟料、火山灰质混合材料和适量石膏（水泥中SO_3含量不得超过3.5%）磨细制成的水硬性胶凝材料。火山灰水泥中火山灰质混合材料掺加量，按水泥质量百分比计为20% ~40%。

4. 粉煤灰硅酸盐水泥（代号P·F）

粉煤灰硅酸盐水泥简称粉煤灰水泥。它是一种由硅酸盐水泥熟料和粉煤灰及适量石膏（水泥中SO_3含量不得超过3.5%）磨细制成的水硬性胶凝材料，粉煤灰水泥中粉煤灰掺量按质量百分比计为20% ~40%。

5. 复合硅酸盐水泥（代号P·C）

复合硅酸盐水泥是由硅酸盐水泥熟料，两种或两种以上规定的混合材料、适量石膏（水泥中SO_3含量不得超过3.5%）磨细制成的水硬性胶凝材料，简称复合水泥。复合水泥中混合材料（活性的或非活性的）总掺量按水泥质量百分比应大于20%，不超50%（允许含8%及以下的窑灰）。

3.3.3 掺混合材料硅酸盐水泥的技术性质

1. 化学指标

掺混合材料硅酸盐水泥的化学指标应符合表3-2的规定。

表3-2 掺混合材料的硅酸盐水泥的化学指标规定值（%）

<table>
<tr><th>品种</th><th>代号</th><th>不溶物</th><th>烧失量</th><th>三氧化硫</th><th>氧化镁</th><th>氯离子</th></tr>
<tr><td>普通水泥</td><td>P·O</td><td>—</td><td>≤5.0</td><td>≤3.5</td><td>≤5.0[a]</td><td rowspan="6">≤0.06[c]</td></tr>
<tr><td rowspan="2">矿渣水泥</td><td>P·S·A</td><td>—</td><td>—</td><td rowspan="2">≤4.0</td><td>≤6.0[b]</td></tr>
<tr><td>P·S·B</td><td>—</td><td>—</td><td>—</td></tr>
<tr><td>火山灰水泥</td><td>P·P</td><td>—</td><td>—</td><td rowspan="3">≤5.0</td><td rowspan="3">≤6.0[b]</td></tr>
<tr><td>粉煤灰水泥</td><td>P·F</td><td>—</td><td>—</td></tr>
<tr><td>复合水泥</td><td>P·C</td><td>—</td><td>—</td></tr>
</table>

注：a. 如果水泥压蒸试验合格，则水泥中氧化镁的含量（质量分数）允许放宽至6.0%。

b. 如果水泥中氧化镁的含量（质量分数）大于6.0%，需进行水泥压蒸安定性试验并合格。

c. 当有更低要求时，该指标由买卖双方协商确定。

2. 物理指标

（1）凝结时间。普通水泥、矿渣水泥、火山灰水泥、粉煤灰水泥、复合水泥初凝时间不早于45min，终凝时间不迟于10h。

（2）安定性。用沸煮法检验，必须合格。

（3）强度。普通硅酸盐水泥根据3d和28d龄期的抗压强度和抗折强度，分为42.5、42.5R、52.5、52.5R四个强度等级。火山灰、粉煤灰、复合硅酸盐水泥也根据3d和28d龄期的抗压强度和抗折强度，分为32.5、32.5R、42.5、42.5R、52.5、52.5R六个强度等级。

不同品种、不同强度等级的掺混合材料硅酸盐水泥，其不同龄期的强度应符合表3-3的规定。

表3-3　掺混合材料的硅酸盐水泥不同龄期的强度要求

<table>
<tr><th rowspan="2">品种</th><th rowspan="2">强度等级</th><th colspan="2">抗压强度（MPa）</th><th colspan="2">抗折强度（MPa）</th></tr>
<tr><th>3d</th><th>28d</th><th>3d</th><th>28d</th></tr>
<tr><td rowspan="4">普通硅酸盐水泥</td><td>42.5</td><td>≥17.0</td><td rowspan="2">≥42.5</td><td>≥3.5</td><td rowspan="2">≥6.5</td></tr>
<tr><td>42.5R</td><td>≥22.0</td><td>≥4.0</td></tr>
<tr><td>52.5</td><td>≥23.0</td><td rowspan="2">≥52.5</td><td>≥4.0</td><td rowspan="2">≥7.0</td></tr>
<tr><td>52.5R</td><td>≥27.0</td><td>≥5.0</td></tr>
<tr><td rowspan="6">矿渣硅酸盐水泥
火山灰硅酸盐水泥
粉煤灰硅酸盐水泥
复合硅酸盐水泥</td><td>32.5</td><td>≥10.0</td><td rowspan="2">≥32.5</td><td>≥2.5</td><td rowspan="2">≥5.5</td></tr>
<tr><td>32.5R</td><td>≥15.0</td><td>≥3.5</td></tr>
<tr><td>42.5</td><td>≥15.0</td><td rowspan="2">≥42.5</td><td>≥3.5</td><td rowspan="2">≥6.5</td></tr>
<tr><td>42.5R</td><td>≥19.0</td><td>≥4.0</td></tr>
<tr><td>52.5</td><td>≥21.0</td><td rowspan="2">≥52.5</td><td>≥4.0</td><td rowspan="2">≥7.0</td></tr>
<tr><td>52.5R</td><td>≥23.0</td><td>≥4.5</td></tr>
</table>

注：R表示早强型。

（4）细度。矿渣水泥、火山灰水泥、粉煤灰水泥、复合水泥以筛余表示，80μm方孔筛筛余不大于10%或45μm方孔筛筛余不大于30%。

3.3.4　掺混合材料硅酸盐水泥的性能与应用特点

1. 普通硅酸盐水泥

普通硅酸盐水泥的性质和应用与同强度等级的硅酸盐水泥相近。普通硅酸盐水泥掺入少量混合材料的主要作用是扩大强度等级范围，以利于工程合理选用。由于混合材料掺量较少，其矿物组成的比例仍在硅酸盐水泥的范围内，所以其性能、应用范围与同强度等级的硅酸盐水泥相近。与硅酸盐水泥比较，普通硅酸盐水泥早期硬化速度稍慢，强度略低；抗冻性、耐磨性及抗碳化性稍差；而耐腐蚀性稍好，水化热略有降低。

2. 矿渣水泥、火山灰水泥、粉煤灰水泥、复合水泥

1）共同性质

（1）凝结硬化慢。这四种水泥的共同点是熟料的用量相对减少，混合材料用量相对较多。这四种水泥的水化，首先是水泥熟料矿物与水反应生成水化硅酸钙、水化铝酸钙、水化铁酸钙及氢氧化钙。然后，所生成的氢氧化钙和掺入水泥中的石膏作为混合材料的激发剂，与混合材料中的活性二氧化硅、活性氧化铝进行二次水化反应，生成水化硅酸钙、水化铝酸钙、水化硫铝酸钙等水化产物。由于上述的水化过程分两步进行，因此导致水泥浆

体的凝结硬化较慢。

(2) 早期强度低，后期强度增长较快。由于水泥凝结硬化速度慢，所以早期（3d、7d）强度较低，但二次反应后生成的水化硅酸钙凝胶逐渐增多，所以后期强度发展较快，将赶上甚至超过硅酸盐水泥。

(3) 水化热低。由于这几种水泥中熟料的含量相对较少，所以水泥的水化放热较低。

(4) 耐腐蚀性强。由于水泥熟料含量相对较少，水泥中的铝酸三钙和氢氧化钙含量较少，并且通过二次水化反应，耗用了较多的氢氧化钙，故掺加混合材料的硅酸盐水泥抵抗软水及硫酸盐介质的侵蚀能力较强，可优先用于水下或有硫酸盐侵蚀的工程。

(5) 抗碳化、耐磨、抗冻等性能较差。这几种水泥硬化后的水泥石碱度低、抗碳化能力差，对防止钢筋锈蚀不利，不宜用于重要钢筋混凝土结构和预应力混凝土。同时，与硅酸盐水泥相比，抗冻性、耐磨性差，不适用于受反复冻融作用的工程和有耐磨性要求的工程。

2）各自特性

由于混合材料品种和掺量的差异性，这四种水泥又有各自的特性。

(1) 矿渣水泥。矿渣是一种耐热材料，故矿渣水泥具有较好的耐热性，可用于配制混凝土。由于矿渣是较疏松的材料，亲水性差，所以矿渣水泥保水性差、泌水性大、干缩性大，容易在混凝土内部形成毛细管通道，使混凝土孔隙多，降低混凝土的密实性及均匀性。因此，矿渣水泥干缩性大，抗裂性差，不宜用于有抗渗要求的工程。

(2) 火山灰水泥。火山灰水泥的特点是需水量大，因此干缩性更大，极易发生收缩裂缝，在混凝土养护不好、环境十分干燥的情况下，收缩尤为严重，所以该水泥抗裂性较差，不宜用于有抗裂要求的结构，即使用于普通混凝土，也应加强养护，使混凝土保持潮湿环境。但是它的泌水性小，具有较高的抗渗性，可以用于有抗渗要求的工程。

(3) 粉煤灰水泥。粉煤灰是一种致密的球状物，与水反应时需水量低，同时它的水化热低，可有效地防止混凝土温度裂缝的产生，因此粉煤灰水泥干缩小，抗裂性好，可用于有抗裂要求的混凝土结构。

(4) 复合水泥。复合水泥的性质因掺加混合材料的种类、比例等不同而异。很多研究表明，混合材料双掺或多掺时，不但能改善混凝土的某些性能，而且还可改善单掺时水泥的某些性能。

3.4　铝酸盐水泥

铝酸盐水泥是以石灰岩和矾土为主要原料，配制成适当成分的生料，烧至全部或部分熔融所得的以铝酸钙为主要矿物的熟料，经磨细而成的水硬性胶凝材料，代号 CA。

3.4.1　铝酸盐水泥的主要矿物成分

铝酸盐水泥以铝酸钙为主要矿物成分，具体矿物有：

铝酸一钙（$CaO \cdot Al_2O_3$，简写 CA），它是铝酸盐水泥中最主要的矿物，其特点是凝结速度慢，而硬化迅速，为铝酸盐水泥强度的主要来源。其他矿物还有二铝酸一钙（$CaO \cdot 2Al_2O_3$，简写 CA_2）、七铝酸十二钙（$12CaO \cdot 7Al_2O_3$，简写 $C_{12}A_7$）、铝方柱石（$2CaO \cdot Al_2O_3 \cdot SiO_2$，简写 C_2AS）及少量的硅酸二钙。

3.4.2 铝酸盐水泥的水化反应及水化产物

铝酸一钙的水化反应随温度的不同可形成性能差异很大的水化产物。

当温度低于 20℃时，水化生成水化铝酸一钙：

$$CaO \cdot Al_2O_3 + 10H_2O \longrightarrow \underset{\text{（水化铝酸一钙，}CAH_{10}\text{）}}{CaO \cdot Al_2O_3 \cdot 10H_2O} \tag{3-10}$$

当温度在 20～30℃时，水化生成水化铝酸二钙和铝胶：

$$2(CaO \cdot Al_2O_3) + 11H_2O \longrightarrow \underset{\text{（水化铝酸二钙，}C_2AH_8\text{）}}{2CaO \cdot Al_2O_3 \cdot 8H_2O} + \underset{\text{（铝胶）}}{Al_2O_3 \cdot 3H_2O} \tag{3-11}$$

当温度高于 30℃时，生成水化铝酸三钙和铝胶：

$$3(CaO \cdot Al_2O_3) + 12H_2O \longrightarrow \underset{\text{（水化铝酸三钙，}C_3AH_6\text{）}}{3CaO \cdot Al_2O_3 \cdot 6H_2O} + 2(Al_2O_3 \cdot 3H_2O) \tag{3-12}$$

由于 C_3AH_6 属于立方晶系，基本上是等尺寸的晶体，又常有较多的晶体缺陷，故强度较低，因而铝酸盐水泥不宜在高于 30℃的条件下进行养护。

在较低温度下形成的 CAH_{10} 或 C_2AH_8 结构十分致密，使水泥石具有很高的强度。

铝酸盐水泥水化产物的结合水量可达水泥重量的 50%，远高于硅酸盐水泥水化产物的结合水量 25% 左右，这也是铝酸盐水泥石结构致密的原因之一。

3.4.3 铝酸盐水泥的技术性能

铝酸盐水泥通常呈黄或褐色，也有呈灰色的。密度为 3.00～3.20g/cm^3，堆积密度为 1000～1300kg/m^3，紧密状态时为 1000～1800kg/m^3。

1. 化学组成

铝酸盐水泥按 Al_2O_3 含量分为四类，见表 3-4。

表 3-4 铝酸盐水泥按 Al_2O_3 含量分类（%）（GB 201—2015）

类型	Al_2O_3	SiO_2	Fe_2O_3	R_2O（Na_2O + 0.658K_2O）	S	Cl
CA-50	≥50，<60	≤8.0	≤2.5	≤0.4	≤0.1	≤0.1
CA-60	≥60，<68	≤5.0	≤2.0			
CA-70	≥68，<77	≤1.0	≤0.7			
CA-80	≥77	≤0.5	≤0.5			

铝酸盐水泥水化时几乎不析出$Ca(OH)_2$，加之低钙水化铝酸盐结构致密，故具有较强的抗硫酸盐、酸类腐蚀的性能。但当R_2O含量超标时，铝酸盐水泥的抗硫酸盐、酸类腐蚀性能下降，所以，R_2O超标的铝酸盐水泥为废品。

2. 物理性能

（1）细度。比表面积不小于$300m^2/kg$或$45\mu m$筛余不大于20%。

（2）凝结时间。按《铝酸盐水泥》GB/T 201—2015的规定，当标准试杆在水泥和标准砂的质量比为1∶1的胶砂中沉入深度达到距底板5～7mm时的胶砂稠度称为标准稠度，此时的用水量称为该种水泥的标准稠度用水量。用标准稠度的胶砂测得的凝结时间应符合如下要求：CA-50、CA-70、CA-80铝酸盐水泥的初凝时间应不早于30min，终凝时间应不迟于6h；CA-60铝酸盐水泥的初凝时间应不早于60min，终凝时间应不迟于18h。

（3）强度。各类型铝酸盐水泥的不同龄期强度值不得低于表3-5的规定。

表中数据表明铝酸盐水泥，由于矿物成分中含有快凝组分$C_{12}A_7$和快硬组分CA，其强度特征为早强快硬。水化放热量较高，且集中在早期放出。

表3-5　铝酸盐水泥的强度要求（GB/T 201—2015）

类型	抗压强度（MPa）				抗折强度（MPa）			
	6h	1d	3d	28d	6h	1d	3d	28d
CA-50	20	40	50	—	3.0	5.5	6.5	
CA-60	—	20	45	85	—	2.5	5.0	10.0
CA-70	—	30	40	—	—	5.0	6.0	
CA-80	—	25	30	—	—	4.0	5.0	

3. 耐高温性能

铝酸盐水泥受到高温作用时，由于产生了固相反应，烧结结合代替了水化结合，因而具有良好的耐高温性能。如受900℃高温作用后仍具有初始强度的70%，1300℃时尚有初始强度的53%，所以铝酸盐水泥是配制不定形耐火材料的重要胶凝材料。

3.4.4　铝酸盐水泥在工程中的应用

上述技术性质表明，铝酸盐水泥主要用于不定形耐火材料、抗硫酸盐等侵蚀、冬季施工、抢修工程等，也是配制膨胀水泥、自应力水泥等新型建材的掺合料。

建筑工程中应用较多的铝酸盐水泥是CA-50，使用时应注意以下问题：

（1）CA-50一般不应与硅酸盐水泥、石灰等能析出$Ca(OH)_2$的胶凝材料混用，否则将产生闪凝现象（浆体瞬间失去流动性以致无法施工）。闪凝导致水化反应不能充分进行，使强度降低。产生闪凝的原因，主要是$Ca(OH)_2$加速了CA-50的凝结以及硅酸盐水泥中起缓凝作用的石膏被铝酸盐水泥所消耗而失去了缓凝作用。

（2）CA-50的最佳硬化温度为15℃，一般不应超过25℃，否则将形成强度低、易被腐蚀的水化铝酸三钙。这一点在夏季施工中应特别注意，必须采取相应的降温措施。

（3）CA-50不得用于受碱腐蚀的工程中。一方面，碱金属的碳酸盐会与CAH_{10}或

C_2AH_8反应，生成的 KOH 或 NaOH 再与水泥中的 Al_2O_3反应生成钾、钠等的铝酸盐；另一方面，空气中的 CO_2再与 $K_2O \cdot Al_2O_3$等铝酸盐反应，进一步产生 K_2CO_3，这样就使上述反应循环进行而导致了腐蚀。

（4）铝酸盐水泥后期强度下降较大，特别在湿热条件下下降更为严重，使用时应按最低稳定强度设计。

CA-50 铝酸盐水泥混凝土最低稳定强度值以试件脱模后放入（50 ±2）℃水中养护，取龄期为 7d 和 14d 强度值之低者来确定。

长期强度下降的原因是：CAH_{10}和 C_2AH_8都是亚稳定晶体，随着时间的推移要逐渐转化为比较稳定的 C_3AH_6，该转化过程随着环境温度的上升而加速。单位体积的 CAH_{10}转化为 C_3AH_6后，由于密度大为增加，固相体积缩小到原体积的 48.9%，同时析出原体积 56.8% 的水，从而使孔隙率大为增加，而且转化生成物 C_3AH_6本身的强度较低，所以导致了强度的降低。因此，铝酸盐水泥一般不能用于长期使用的结构工程中。

3.5 其他品种水泥

3.5.1 白色硅酸盐水泥与彩色硅酸盐水泥

以适当成分的生料烧至部分熔融，所得以硅酸钙为主要成分，氧化铁含量极少的熟料为白色硅酸盐水泥熟料。由白色硅酸盐水泥熟料加入适量石膏及 0 ~ 10% 的石灰石或窑灰，磨细制成的水硬性胶凝材料称为白色硅酸盐水泥，简称白水泥。

生产白水泥的技术关键是严格限制着色氧化物（Fe_2O_3、MnO、Cr_2O_3、TiO_2等）的含量，如当白水泥中的 Fe_2O_3含量从 3% ~4% 降低为 0.35% ~0.4% 时，其颜色将从硅酸盐水泥的暗灰色变为白兼淡绿色。

1. 生产白水泥的主要技术要求

（1）精选原料，限制着色氧化物含量。如采用纯净的高岭土、石英砂、石灰石用作缓凝组分的石膏，采用洁白的雪花石膏或优质纤维石膏等。生产白水泥不得掺用铁粉。

（2）为了避免在水泥生产过程中混入着色氧化物，研磨水泥生料及熟料时，一般不用钢质衬板和研磨体。煅烧水泥时常用重油或煤气作燃料。当用煤作燃料时，应严格限制煤的灰分含量，一般小于 7% 。

（3）将煅烧好的熟料进行洒水漂白或加入 $CaCl_2$还原剂，熟料中 Fe_2O_3还原为颜色较浅的 Fe_3O_4或 FeO。

（4）适当提高粉磨细度也可提高白度。

2. 白水泥的技术性质

由于白水泥的基本矿物组成为硅酸钙，所以主要技术性质如细度、凝结时间、体积安定性等与普通水泥相同。强度等级分为32.5、42.5和52.5。其白度值应不低于8.7。

我国制定了白水泥的专门国家标准《白色硅酸盐水泥》GB 2015—2005。

3. 彩色硅酸盐水泥

彩色硅酸盐水泥简称彩色水泥。它是用白水泥熟料，掺入适量石膏和耐碱矿物颜料共同磨细而制成的。也可以在白水泥生料中加入适当金属氧化物作着色剂，在一定燃烧气氛中直接烧成彩色水泥熟料，如加入适量CoO，并在还原焰中烧成可制得浅黄色水泥熟料，但这种方法工艺复杂，生产较难控制，所以国内外极少采用。

掺入的矿物颜料不应对水泥起有害作用，常用的矿物颜料有氧化铁（红、黄、褐、黑色）、氧化锰（褐、黑色）、氧化铬（绿色）、群青（蓝色）、赭石（赭色）等。

深色调的彩色水泥可在普通硅酸盐水泥中掺入适当颜料而制得。

白水泥和彩色水泥在建筑装修中应用广泛，如制作彩色水磨石、镶贴浅色调的饰面砖、锦砖、玻璃马赛克以及制作水刷石、斩假石、弹涂、水泥花砖等。

3.5.2 快硬硫铝酸盐水泥

以低品位矾土（如Al_2O_3含量为50%～60%）、石灰石和石膏为原料，配制成适当成分的生料，煅烧成以无水硫铝酸钙［$3(CaO \cdot Al_2O_3) \cdot CaSO_4$］和β型硅酸二钙为主要矿物的熟料，加入约10%的石膏磨细制得的水泥称为快硬硫铝酸盐水泥，也称超早强水泥。

该水泥的水化反应产物主要是钙矾石$3CaO \cdot Al_2O_3 \cdot 3CaSO_4 \cdot 31H_2O$和氢氧化铝胶体。它们是由无水硫铝酸钙和石膏反应而形成的。硅酸二钙水化形成水化硅酸钙和氢氧化钙，其中的氢氧化钙和氢氧化铝与石膏反应也可形成钙矾石。氢氧化铝胶体、水化硅酸钙凝胶填充于钙矾石晶体骨架的空间，形成十分致密的体系，因此这种水泥不仅早期强度高，而且具有良好的抗冻性、抗渗性。

随着石膏掺量的增多，快硬硫铝酸盐水泥具有微膨胀的性能，其膨胀量的大小，可通过调节石膏掺量予以控制。

快硬硫铝酸盐水泥的初凝时间为0.5～1.0h，终凝时间1.0～1.5h，初凝与终凝时间比较接近，有时初凝时间甚至只有几分钟，必要时可加入缓凝剂调节。缓凝剂可导致早期强度降低，但24h后强度有明显提高。

快硬硫铝酸盐水泥12h的强度可达28d强度的50%～70%，通常以3d强度确定其强度等级。由于C_2S的存在，缓慢水化，后期强度仍有稳定增长。

由于主要水化产物钙矾石在70℃以上开始脱水，强度大幅度下降，故这种水泥耐热性较差。水化产物中氢氧化钙极少，使其具有较好的抗腐蚀能力。

由于快硬硫铝酸盐水泥具有快凝、快硬、水化热大、微膨胀等特点。因此，它宜用于紧急抢修、冬期施工、喷锚支护、抗渗、浇筑装配式构件接头以及混凝土预制构件生产中。

3.6　水泥在建筑工程中的应用

水泥在砂浆和混凝土中起胶结作用。正确选择水泥品种、严格质量验收、妥善运输与储存等是保证工程质量、杜绝质量事故的重要措施。

3.6.1　水泥品种的选择原则

不同品种水泥具有不同的性能特点（表3-6），深入理解这些特点是正确选择水泥品种的基础。

表3-6　通用水泥的特性及强度等级

项目	硅酸盐水泥	普通硅酸盐水泥	矿渣硅酸盐水泥	火山灰质硅酸盐水泥	粉煤灰硅酸盐水泥	复合硅酸盐水泥
密度（g/cm^3）	3.0~3.15	3.0~3.15	2.8~3.1	2.8~3.1	2.8~3.1	2.8~3.1
堆积密度（kg/m^3）	1000~1600	1000~1600	1000~1200	1000~1200	1000~1200	1000~1200
强度等级、类型	42.5、42.5R 52.5、52.5R 62.5、62.5R	42.5、42.5R 52.5、52.5R	32.5、32.5R 42.5、42.5R 52.5、52.5R	32.5、32.5R 42.5、42.5R 52.5、52.5R	32.5、32.5R 42.5、42.5R 52.5、52.5R	32.5、32.5R 42.5、42.5R 52.5、52.5R
主要成分	以硅酸盐水泥熟料为主，不掺或掺加不超过5%的混合材料	硅酸盐水泥熟料，>5%且≤20%的混合材料	硅酸盐水泥熟料，>20%且≤70%的粒化高炉矿渣	硅酸盐水泥熟料，>20%且≤40%的火山灰质混合材料	硅酸盐水泥熟料，>20%且≤40%的粉煤灰	硅酸盐水泥熟料，>20%且≤50%的不少于两种混合材料
特性	1. 硬化快，强度高 2. 水化热较高 3. 抗冻性较好 4. 耐热性较差 5. 耐腐蚀性较差	1. 早期强度较高 2. 水化热较高 3. 抗冻性较好 4. 耐热性较差 5. 耐腐蚀性较差	1. 硬化慢，早期强度低，后期强度增长较快 2. 水化热较低 3. 抗冻性差，易碳化 4. 耐腐蚀性较好 5. 耐热性较好 6. 对温度、湿度变化较为敏感	抗渗性较好，其他同矿渣水泥（耐热性不及矿渣水泥）	干缩性较小，抗裂性较好，其他同矿渣水泥	3d龄期强度高于矿渣水泥，其他同矿渣水泥

1. 按环境条件选择水泥品种

环境条件主要包括环境的温度以及所含侵蚀性介质的种类、数量等。如当混凝土所处环境具有较强的侵蚀性介质时，应优先选用矿渣水泥、火山灰质水泥、粉煤灰水泥和复合水泥，而不应使用硅酸盐水泥和普通水泥。若侵蚀性介质强烈时（如硫酸盐含量较高），可选用具有优良抗侵蚀性的特种水泥（如抗硫酸盐硅酸盐水泥）。

2. 按工程特点选择水泥品种

大体积混凝土工程，应选用水化热低、水化放热速度慢的掺混合材料的硅酸盐水泥，或专用的中热硅酸盐水泥、低热矿渣硅酸盐水泥，不得使用硅酸盐水泥等。有早强要求的紧急工程、有抗冻要求的工程应选用硅酸盐水泥、普通硅酸盐水泥，而不应选用矿渣水泥、火山灰水泥及粉煤灰水泥等。

承受高温作用的混凝土工程（工业窑炉及基础等）不应使用硅酸盐水泥。这是因为，用硅酸盐水泥拌制的混凝土受热至 250～300℃时，水化物开始脱水（水化硅酸盐 160℃时即开始脱水），水泥收缩，强度开始下降。当受热温度达 400～600℃时，强度明显下降，700～1000℃时强度严重下降，甚至完全破坏。水化产物氢氧化钙在 547℃以上将脱水分解成氧化钙，如果受到潮湿和水的作用，又将引起氧化钙熟化生成氢氧化钙而膨胀，破坏水泥石结构。这类混凝土应选用矿渣水泥或铝酸盐水泥，若温度不高也可使用普通水泥等。

快速施工、紧急抢修等特殊工程可选用快硬硅酸盐水泥、快凝快硬硅酸盐水泥或快硬硫铝酸盐水泥。

修补、堵漏、防水及自应力钢筋混凝土压力管等应选用膨胀水泥或自应力水泥。

3. 按混凝土所处部位选择水泥品种

经常遭受水冲刷的混凝土、水位变化区的外部混凝土、构筑物的溢流面部位混凝土等，应优先选用硅酸盐水泥、普通硅酸盐水泥或中热硅酸盐水泥，避免采用火山灰水泥等。

位于水中和地下部位的混凝土，采取蒸汽养护等湿热处理的混凝土应优先采用矿渣硅酸盐水泥、火山灰质硅酸盐水泥或粉煤灰硅酸盐水泥等。

水泥强度等级的选择原则：高强度等级水泥适用于配制高强度等级的混凝土或早强混凝土；低强度等级水泥适宜于配制低强度等级的混凝土或砌筑砂浆。因为水泥强度等级越高，其强度增长越快，强度值也越高，抗冻性、耐磨性越强，所以建筑工程中重要的钢筋混凝土结构、预应力结构均采用 42.5 级及以上的水泥。

3.6.2　水泥的验收

水泥出厂前是按同品种、同强度等级编号的。每一编号为一取样单位，取样应有代表性，可连续取，也可从 20 个以上不同部位取等量样品，总量至少为 12kg。

水泥编号按水泥厂年产量规定，如年产量为 60～120 万吨的，不超过 1000 吨为一编号。

水泥供货分散装和袋装两种。散装水泥用专用运输车辆运输，以“吨”为计量单位，袋装水泥以“吨”或“袋”为计量单位，每袋水泥质量 50kg，偏差不得低于 49.5kg。

用户所订水泥到货后应认真验收。

1）核对物品

根据供货单位的发货明细表或入库通知单及质量合格证，分别核对水泥包装上所注明的工厂名称、水泥品质、名称、代号和强度等级、“立窑”或“旋窑”生产、包装日期、产品编号等是否相符。

2）数量验收

袋装水泥按袋计数验收，随机抽取20袋，其总质量应不少于1000kg。

3）外观质量验收

外观质量验收主要检查受潮变质情况。

（1）棚车到货的水泥，验收时应检查车内有无漏雨情况；敞车到货的水泥应检查有无受潮现象。受潮水泥应单独堆放并做好记录。

观察袋装水泥受潮现象的方法，首先检查纸袋是否因受潮而变色、发霉，然后用手按压纸袋，凭手感判断袋内水泥是否结块。

包装袋破损者应记录情况并作妥善处理，如重包装等。

（2）散装水泥到货，应先检查车、船的密封效果，以便判断是否受潮。

（3）中转仓库应妥善保管水泥质量证明文件，以备用户查询。

3.6.3 水泥的运输与储存

水泥的运输和储存，主要是防止受潮，不同品种、强度等级和出厂日期的水泥应分别储运，不得混杂，避免错用并应考虑先存先用，不可储存过久。

水泥是水硬性胶凝材料，在储运过程中不可避免地要吸收空气中的水分而受潮结块，丧失胶凝活性，使强度大为降低。水泥强度等级越高，细度越细，吸湿受潮性严重，活性损失越快。在正常储存条件下，经3个月后，水泥强度降低10%～25%；储存6个月降低25%～40%。

储存水泥的库房必须干燥，库房地面应高出室外地面30cm。若地面有良好的防潮层并以水泥砂浆抹面，可直接储存水泥；否则应用木料垫离地面20cm。袋装水泥堆垛不宜过高，一般为10袋，如储存时间短，包装袋质量好可堆至15袋。袋装水泥垛一般应离开墙壁和窗户30cm以上。水泥垛应设立标示牌，注明生产工厂、品种、强度等级、出厂日期等。应尽量缩短水泥的储存期：通用水泥不宜超过3个月；铝酸盐水泥不宜超过2个月；快硬水泥不宜超过1个月，否则应重新测定强度，按实测强度使用。

露天临时储存袋装水泥，应选择地势高、排水良好的场地，并应认真上盖下垫，以防止水泥受潮。

散装水泥应按品种、强度等级及出厂日期分库存放，储存应密封良好、严格防潮。

3.6.4 水泥质量的仲裁

由于水泥品质不合格而导致工程事故的例子是屡见不鲜的，轻者加固修补，重者推倒重建，甚至造成重大生命财产损失。

凡凝结时间、安定性、强度、MgO、SO_3、氯离子、不溶物、烧失量中的任一项不符合规定时称为不合格品。不合格品不得出厂。

当用户需要时，生产者应在水泥发出之日起 7d 内寄发除 28d 强度以外的各项检测结果。试验报告内容应包括相应水泥标准所规定的各项技术要求的试验结果（含细度），助磨剂、石膏、混合材料的名称和掺量也应写明。28d 强度试验结果应在水泥发出之日起 32d 内补报。

交货时，水泥的质量验收可抽取实物试样以其检验结果为验收依据，也可用水泥厂同编号水泥的检验报告为验收依据。

当以抽取实物试样的检验结果为依据时，买卖双方应在发货前或交货地共同取样和签封。取样按规定方法进行，试样数量为 20kg 并缩分为二等份。一份由卖方保存 40d，一份由买方按国家标准进行检验。在 40d 以内，买方检验认为产品质量不符合标准要求而卖方又有异议时，则双方应将卖方保存的另一份试样送省级或省级以上国家认可的水泥质量监督检验机构进行仲裁检验。安定性仲裁检验时，应在取样之日起 10d 以内完成。

当以水泥厂同编号水泥的检验报告为验收依据时，在发货前或交货时买方在同编号水泥中抽取试样，双方共同签封后保存三个月，或认可卖方在同编号水泥中自行取样，签封并保存三个月。在三个月内，买方对水泥质量有疑问时，则买卖双方应将签封的试样送省级或省级以上国家认可的水泥质量监督检验机构进行仲裁检验。

3.7　气硬性胶凝材料

除混凝土生产中需要使用水泥作为胶结材料外，还有许多建筑材料的生产中都离不开无机胶凝材料，如砌体结构中的砂浆，各种免烧墙体块体、板体材料及无机装饰材料中的胶结材料，基础处理中用到的灰土、三合土等。建筑材料生产中用到的无机胶凝材料，除各种水泥等水硬性胶凝材料外，还有各种气硬性胶凝材料，如石灰、石膏、水玻璃等，其中石灰、石膏是最常用的气硬性胶凝材料。

3.7.1　石灰

石灰是使用最早的气硬性胶凝材料之一。由于生产石灰的原料广泛，工艺简单，成本低廉，所以至今仍被广泛应用于建筑工程中。

1. 石灰的原料及生产

生产石灰的主要原料是以碳酸钙（$CaCO_3$）为主要成分的天然岩石——石灰岩。除天然原料外，生产石灰还可以使用化学工业副产品，如用碳化钙（CaC_2）制取乙炔时所产生的电石渣，其主要成分是氢氧化钙，即消石灰（或称熟石灰）；或者用氨碱法制碱所得的残渣，其主要成分为碳酸钙。

将石灰岩进行煅烧，即可得到以氧化钙（CaO）为主要成分的生石灰，其分解反应如下：

$$CaCO_3 \xrightarrow{900℃} \underset{\text{生石灰}}{CaO} + CO_2\uparrow \tag{3-13}$$

生石灰呈白色或灰色块状。由于石灰岩中常含有一些碳酸镁（$MgCO_3$），因而生石灰中还含有次要成分氧化镁（MgO）。根据 MgO 含量的多少，生石灰被分为钙质石灰（MgO 含量≤5%）和镁质石灰（MgO 含量>5%）。生石灰质量的好坏与其氧化钙和氧化镁的含量有很大关系。建材行业标准《建筑生石灰》JC/T 479—2013 将生石灰划分为三个等级，具体指标见表 3-7。

表 3-7　建筑生石灰技术指标（JC/T 479—2013）

项目	钙质生石灰			镁质生石灰		
	优等品	一等品	合格品	优等品	一等品	合格品
CaO + MgO 含量不小于（%）	90	85	80	85	80	75
CO_2 含量不大于（%）	5	7	9	6	8	10
未消化残渣含量（5mm 圆孔筛余）不大于（%）	5	10	15	5	10	15
产浆量，不小于（L/kg）	2.8	2.3	2.0	2.8	2.3	2.0

另外，生石灰的质量还与煅烧条件（煅烧温度和煅烧时间）有直接关系，碳酸钙适宜的分解温度为 900℃左右，实际生产中，为加速分解过程，煅烧温度常提高到 1000～1100℃。煅烧过程对石灰质量的主要影响是：煅烧温度过低或煅烧时间不足，将使生石灰中残留有未分解的石灰岩核心，这部分石灰称为欠火石灰，欠火石灰降低了生石灰的有效成分含量，使质量等级降低；若煅烧温度过高或煅烧时间过久，将产生过火石灰，过火石灰的特征是质地密实，表面常被黏土杂质融化形成的玻璃质薄膜所包覆，非常致密，与水反应（熟化）很慢，使用这种生石灰时，要注意正确的熟化方法，以免对建筑物造成危害。

碳酸镁分解温度较碳酸钙低（600～650℃），更易烧成致密而不易熟化的氧化镁，使石灰活性降低，质量变差。故采用碳酸镁含量高的白云质石灰岩做原料时，需适当降低煅烧温度。

2. 生石灰的熟化

建筑工程中使用块状生石灰，应先将生石灰加水，使之熟化成消石灰粉或石灰膏之后再使用。

1）熟化过程及其特点

块状生石灰加水后，即迅速水化生产熟石灰——氢氧化钙，并放出大量的热，这个过程称为生石灰的熟化。其反应式如下：

$$CaO + H_2O \longrightarrow Ca(OH)_2 + 64.8kJ \tag{3-14}$$

上述过程有两个显著特点：

（1）放热量大。生石灰熟化时最初 1h 放出的热量是半水石膏水化 1h 放出热量的 10 倍，是普通硅酸盐水泥水化 1d 放出热量的 9 倍。因此，生石灰具有强烈的水化能力，其放热量、放热速度都比其他胶凝材料大得多。

(2) 体积增大。成分较纯并煅烧适宜的生石灰熟化成熟石灰后，体积可增大1~2.5倍。

2）熟化方法

(1) 喷淋消化法。生石灰中均匀加入70%左右的水（理论值为31.2%）便得到颗粒细小、分散的消石灰粉。工地调制消石灰粉时，常采用喷淋消化法，即每堆放0.5m高的生石灰块，淋60%~80%的水，再堆放再淋，使之成粉且不结团为止。

(2) 灰池熟化法。调制石灰浆常在化灰池和储灰坑中进行，如图3-3所示。其方法是将块状生石灰和水加入化灰池中熟化，熟化时应控制温度，防止温度过高或过低。如果温度过高而水量又不足时，易使形成的$Ca(OH)_2$凝聚在CaO周围，妨碍继续熟化，若温度达547℃时，熟化反应还会逆向进行，$Ca(OH)_2$又分解为CaO和H_2O。对于熟化慢的石灰，加水应少而慢，保持较高温度，促使熟化较快完成。熟化后的浆体和部分未熟化的细颗粒通过筛网流入储灰坑中，而大块的欠火石灰和过火石灰块则予以清除。为了进一步消除过火石灰在使用中造成的危害（因为过火石灰熟化很慢，若石灰已经硬化，过火石灰再开始熟化，使得原体积膨胀，引起隆起或开裂），石灰浆应在储灰坑中“陈伏”1~2周。“陈伏”期间，石灰浆表面应保持一层水分，与空气隔绝，以免石灰浆表面碳化。

石灰浆在储灰坑中沉淀并除去上层水分后，称为石灰膏。1kg石灰块可熟化成表观密度为1300~1400kg/m^{3}的石灰膏1.5~3.0L。

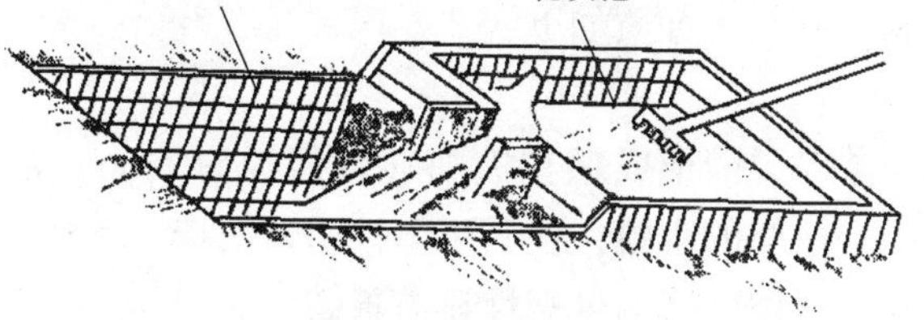

图3-3　石灰熟化示意图

3. 熟石灰的硬化

石灰浆在空气中逐渐硬化，是由结晶和碳化两个同时进行的过程来完成的。

1）结晶过程

石灰浆中的主要成分是$Ca(OH)_2$和H_2O，随着游离水的蒸发，氢氧化钙逐渐从饱和溶液中结晶出来。

2）碳化过程

结晶出来的氢氧化钙与空气中的二氧化碳化合生成碳酸钙晶体，释放出水分并被蒸发：

$$Ca(OH)_2 + CO_2 + nH_2O = CaCO_3 + (n+1)H_2O \tag{3-15}$$

碳化过程实际是二氧化碳与水形成碳酸，然后与氢氧化钙反应生成碳酸钙硬壳的过程。这个过程不但受空气中CO_2浓度影响，而且与材料含水多少有关。若材料处于干燥状态，则这种碳化反应几乎停止。碳化作用发生后，由于形成的碳酸钙硬壳阻碍水分进一步向外蒸发及CO_2进一步向内渗透，所以，这种硬化过程十分缓慢。石灰浆体硬化后，表层为碳酸钙晶体，内部为 $Ca(OH)_2$晶体，硬化后的石灰是由两种不同晶体组成的。

4. 石灰的技术性质

根据我国建材行业标准《建筑消石灰粉》JC/T 481—2013 规定，将消石灰粉分为钙质消石灰粉（MgO 含量≤4%）、镁质消石灰粉（4%≤MgO 含量≤24%）和白云石消石灰粉（24%≤MgO 含量≤30%）三类，并按它们的技术指标分为优等品、一等品、合格品三个等级，主要技术指标见表 3-8。通常优等品、一等品适用于饰面层和中间涂层；合格品仅用于砌筑。

表 3-8 建筑消石灰粉的技术指标（JC/T 481—2013）

项目		钙质消石灰粉			镁质消石灰粉			白云石消石灰粉		
		优等品	一等品	合格品	优等品	一等品	合格品	优等品	一等品	合格品
CaO + MgO 含量不小于（%）		70	65	60	65	60	55	65	60	55
游离水（%）		0.4～2	0.4～2	0.4～2	0.4～2	0.4～2	0.4～2	0.4～2	0.4～2	0.4～2
体积安定性		合格	合格	—	合格	合格	—	合格	合格	—
细度	0.90mm 筛筛余不大于，（%）	0	0	0.5	0	0	0.5	0	0	0.5
	0.125mm 筛筛余不大于，（%）	3	10	15	3	10	15	3	10	15

石灰作为胶凝材料，其技术性质如下：

1）可塑性好

生石灰熟化为石灰浆时，能形成颗粒极细（直径约为 1μm）的呈胶体分散状态的氢氧化钙粒子，表面吸附一层厚的水膜，使其可塑性明显改善。利用这一性质，在水泥砂浆中掺入一定量的石灰膏，可使砂浆的可塑性显著提高。

2）硬化慢、强度低

从石灰浆体的硬化过程中可以看出，由于空气中二氧化碳稀薄（一般达 0.03%），碳化十分缓慢。同时，硬化后强度也不高，灰砂比为 1∶3 的石灰砂浆 28d 抗压强度通常只有 0.2～0.5MPa。

3）耐水性差

若石灰浆体尚未硬化，就处于潮湿环境中，由于石灰浆中的水分不能蒸发，则其硬化停止；若已硬化的石灰，长期受潮或受水浸泡，则由于 $Ca(OH)_2$不断溶于水，会使已硬化的石灰强度降低甚至溃散。因此，石灰不宜用于潮湿环境及易受水浸泡的部位。

4）收缩大

石灰浆体硬化过程中要蒸发大量水分而引起显著收缩，所以除调成石灰乳作薄层涂刷外，不宜单独使用。工程应用时，常在石灰中掺入砂、麻刀、纸筋等材料，以减少其收缩并增加抗拉强度。

5. 石灰的应用

我国使用石灰已有数千年的历史，主要用途如下：

1）拌制灰土或三合土

所谓灰土是将消石灰粉和黏土按一定比例拌和均匀、夯实而成。石灰常用比例为灰土总重的10% ~30%，即一九灰土、二八灰土及三七灰土。石灰用量过高，往往导致其强度和耐水性降低。若将消石灰粉、黏土和骨料（砂、碎砖块、炉渣等）按一定比例混合均匀并夯实，即为三合土。

灰土和三合土广泛用作建筑物的基础、路面或地面的垫层，它的强度和耐水性远远高出石灰或黏土。其原因可能是黏土颗粒表面的少量活性氧化硅、氧化铝与石灰之间产生了化学反应，生成了水化硅酸钙和水化铝酸钙等水硬性矿物的缘故。石灰改善了黏土的可塑性，在强力夯打之下，紧密度提高也是其强度和耐水性改善的原因之一。

2）配制混合砂浆和石灰砂浆

熟化并陈伏好的石灰膏和水泥、砂配制而成的砂浆称为混合砂浆，它是目前用量最大、用途最广的砌筑砂浆；石灰膏和砂配制而成的砂浆称为石灰砂浆；石灰膏和麻刀或纸筋配制成的膏体称为麻刀灰或纸筋灰，它们广泛用于内墙、天棚的抹面工程中。

3）生产硅酸盐制品

石灰是生产硅酸盐混凝土及其制品的主要原料之一。

以石灰和硅质材料（如石英砂、粉煤灰、矿渣等）为原料，加水拌和，经成型、蒸压处理等工序而成的建筑材料统称为蒸压硅酸盐制品。

随着墙体材料改革的不断推进，硅酸盐砖、硅酸盐混凝土砌块及其他硅酸盐制品在墙体砌筑材料中应用逐渐增加。

6. 石灰的储存和运输

块状生石灰放置太久，会吸收空气中水分自动熟化成石灰粉，再与空气中二氧化碳作用形成碳酸钙而失去胶凝能力。所以储存生石灰，不但要防止受潮，而且不宜久存，最好运到后即熟化成石灰浆，变储存期为“陈伏”期。另外，生石灰受潮熟化要放出大量的热，且体积膨胀，所以，储存和运输生石灰时，应注意安全。

3.7.2　石膏

石膏作为胶凝材料有着悠久的历史。石膏制品（如石膏板等）具有质轻、强度较高、绝热、防火、美观、易于加工等优良性质，因此受到了普遍重视并得到迅速发展。

1. 石膏的原料

生产石膏胶凝材料的原料有天然二水石膏、天然无水石膏和化工石膏等。

1）天然二水石膏

天然二水石膏（即天然石膏矿，又称软石膏或生石膏）的主要成分为含两个结晶水的硫酸钙（$CaSO_4 \cdot 2H_2O$），其中 CaO 占 32.56%，SO_3 占 46.51%，H_2O 占 20.93%。

2）天然无水石膏

天然无水石膏是以无水硫酸钙（$CaSO_4$）为主要成分的沉积岩，又称硬石膏，它结晶紧密，质地较硬，仅用于生产无水石膏水泥。

3）化工石膏

除天然石膏外，在化工生产中产生的一些含有 $CaSO_4 \cdot 2H_2O$ 或 $CaSO_4 \cdot 2H_2O$ 与 $CaSO_4$的废渣或副产品，称之为化工石膏，如火电厂烟气脱硫产生的脱硫石膏，使用磷灰石制造磷酸过程中产生的磷石膏，使用萤石制造氟化氢过程中产生的氟石膏等。化工石膏也是石膏生产的重要原料，利用化工石膏时应注意添加适量石灰石或石灰中和其中的酸性成分后再使用。使用化工石膏作为建筑石膏的原料，可扩大石膏的来源，变废为宝，达到综合利用工业固体废弃物的目的。

2. 石膏胶凝材料（熟石膏）的生产

石膏胶凝材料的生产，通常是将二水石膏在不同压力和温度下煅烧，再经磨细制得的。同一原料，煅烧条件不同，得到的石膏品种不同，其结构、性质也不同。

建筑石膏是将二水石膏（生石膏）加热至110℃～170℃时，部分结晶水脱出后得到β型半水石膏，再经磨细得到粉状的建筑中常用的石膏品种，如反应式（3-16）所示。

$$CaSO_4 \cdot 2H_2O \rightarrow CaSO_4 \cdot \frac{1}{2}H_2O + 1\frac{1}{2}H_2O \tag{3-16}$$

将二水石膏在0.13MPa、124℃的压蒸锅内蒸炼，则生成比β型半水石膏晶体粗大的α型半水石膏，称为高强度石膏。半水石膏有α型和β型两个品种。将α型半水石膏磨细得到的石膏粉，称为高强度石膏。将β型半水石膏磨细得到的石膏粉，称为建筑石膏。若粉磨得更细则称为模型石膏。α型和β型半水石膏在微观结构上相似，但作为胶凝材料，其宏观性质相差很大。高强度石膏晶体粗大，比表面积小，调成可塑性浆体时需水量（35%～45%）只是建筑石膏需水量的一半。所以高强度石膏硬化后密实而强度高，可用于室内高级抹灰、装饰制品和石膏板的原料。掺入防水剂，可制成高强度防水石膏，用于潮湿环境中。

由上述得出，半水石膏在干燥空气常压条件下继续升温煅烧，各温度下呈现出不同的无水石膏，其性质由可溶过渡到不溶。对于不溶的石膏（硬石膏），掺入适量激发剂（如石灰等）混合磨细即得无水石膏水泥，其强度可达5～30MPa，用于制造石膏板和其他制品及灰浆等。

石膏品种繁多，建筑上应用最广的仍为建筑石膏。因此，本节主要介绍建筑石膏的性质及应用。

3. 建筑石膏的水化、硬化

建筑石膏加水后成为可塑性浆体，经过一系列物理化学变化，逐渐发展成为坚硬的固体。

建筑石膏加水后很快溶解并进行水化反应：

$$CaSO_4 \cdot \frac{1}{2}H_2O + 1\frac{1}{2}H_2O = CaSO_4 \cdot 2H_2O \tag{3-17}$$

因为水化反应的生成物二水石膏在溶液中的溶解度（20℃为2.05g/L溶液）比半水石膏的溶解度（20℃为8.16g/L溶液）小得多，因此，对二水石膏来说溶液就成了过饱和溶液。所以，二水石膏以胶体微粒迅速自水析出。由于二水石膏的析出，破坏了半水石膏溶解的平衡状态，使半水石膏进一步溶解和水化，以补偿由于二水石膏析晶在溶液中减少的

$CaSO_4$含量。如此循环进行，直到半水石膏安全水化为止。浆体中的自由水分因水化和蒸发而逐渐减少，二水石膏胶体微粒数量则不断增加，而这些微粒比原来的半水石膏粒子要小得多，微粒总表面积增加，需要更多水分包裹，所以，浆体稠度逐渐增大，以致失去可塑性，这个过程称为凝结。其后，胶体微粒逐渐凝聚成为晶体，晶体不断长大，并彼此连生、交错，形成结晶结构网，浆体固化，强度不断增大，直至完全干燥，这个过程称为硬化（图3-4）。

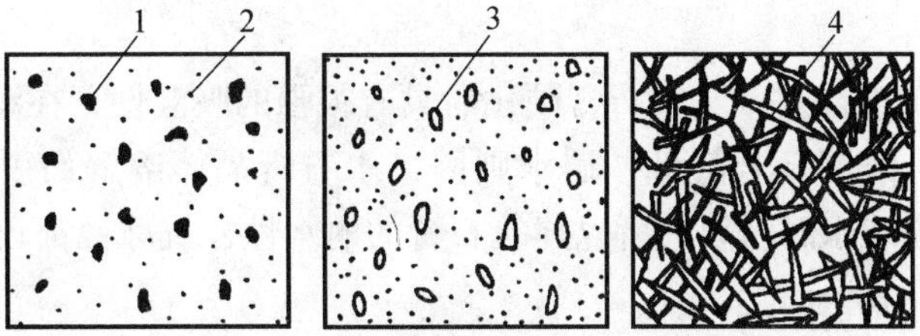

图3-4 建筑石膏凝结硬化示意图

（a）水化初期；（b）水化中期；（c）水化后期

1—半水石膏；2—二水石膏胶体微粒；3—二水石膏晶体；4—交错晶体

4. 建筑石膏的技术性质

1）建筑石膏的技术标准

纯净的建筑石膏为白色粉末，密度为2.60～2.75g/cm³，堆积密度为800～1000kg/m³。《建筑石膏》GB 9776—2008标准规定：建筑石膏按照其强度、细度、凝结时间分为三个等级，见表3-9。

表3-9 建筑石膏的物理力学性能要求（GB 9776—2008）

物理力学性能		3.0级	2.0级	1.6级
2h强度（MPa）	抗折强度≥	3.0	2.0	1.6
	抗压强度≥	6.0	4.0	3.0
细度	0.2mm方孔筛筛余（%）≤	10.0	10.0	10.0
凝结时间（min）	初凝时间≥	3		
	终凝时间≤	30		

2）建筑石膏的技术性质

建筑石膏具有如下技术性质：

（1）凝结硬化快。建筑石膏加水拌和后的数分钟内，便开始失去可塑性，这对成型带来一定的困难。如要降低它的凝结硬化速度，可掺入缓凝剂，使半水石膏溶解度降低，或者降低其溶解速度，使水化过程延长。常用的缓凝剂是硼砂、柠檬酸、亚硫酸盐纸浆废液、动物胶等（骨胶、皮胶），其中硼砂缓凝剂效果较好，用量为石膏质量的0.1%～0.5%。

（2）微膨胀性。建筑石膏浆体在凝结硬化初期体积产生微膨胀（膨胀量为0.5%～1.0%），这一性质使石膏胶凝材料在使用中不会产生裂纹。因此，建筑石膏装饰制品，形体饱满密实，表面光滑细腻。

（3）多孔性。建筑石膏水化时理论需水量为石膏质量的18.6%，为了使石膏浆体具有必要的可塑性，往往要加入60%～80%的水，这些多余的自由水蒸发后留下许多孔隙（占总体积的50%～60%）。因此，石膏制品具有表观密度小、绝热性好、吸声性强等优点。但它的强度较低，吸水率较大，抗渗性差。

（4）防火性。建筑石膏硬化后的主要成分是 $CaSO_4 \cdot 2H_2O$，它含有21%左右的结晶水。当受到高温作用时，结晶水开始脱出，并在表面上产生一层水蒸气幕，阻止了火势蔓延，起到了防火作用。

（5）耐水性、抗冻性差。建筑石膏硬化后具有很强的吸湿性，在潮湿条件下，晶体粒子间的粘结力减弱，强度显著降低；遇水则因二水石膏晶体溶解而引起破坏；吸水受冻后，将因孔隙中水分结冰而崩裂。所以建筑石膏的耐水性、抗冻性都较差。

5. 建筑石膏的应用

建筑石膏在建筑工程中可用作室内抹灰、粉刷、制造各种建筑制品以及水泥原料中的缓凝剂和激发剂。

1）石膏砂浆及粉刷石膏

以建筑石膏为基料加水、砂拌和成的石膏砂浆，用于室内抹灰时，因其热容量大、吸湿性大、能够调节室内温度和湿度，使之经常保持均衡，给人以舒适感。

2）建筑石膏制品

建筑石膏除了作抹灰材料外，还可制作石膏制品，如石膏板、石膏砌块，它们有着广阔的应用前景。

3.7.3 水玻璃

水玻璃俗称泡花碱，由碱金属氧化物和二氧化硅组成，属可溶性的硅酸盐类。其化学式为 $R_2O \cdot nSiO_2$，式中 R_2O 为碱金属氧化物，n 为二氧化硅和 R_2O 分子的比值（即 $n=\frac{SiO_2}{R_2O}$），也称为水玻璃模数。

根据碱金属氧化物的不同，水玻璃有硅酸钠水玻璃（$Na_2O \cdot nSiO_2$）、硅酸钾水玻璃（$K_2O \cdot nSiO_2$）、硅酸锂水玻璃（$Li_2O \cdot nSiO_2$）等品种，由于钾、锂等碱金属盐类价格较贵，相应的水玻璃生产较少，最常用的是硅酸钠水玻璃。

根据水玻璃模数的不同，又分为“碱性”水玻璃（$n<3$）和“中性”水玻璃（$n \geqslant 3$）。实际上中性水玻璃和碱性水玻璃的溶液都呈明显的碱性。

1. 水玻璃的生产

生产水玻璃的方法分为湿法和干法两种。

湿法生产硅酸钠水玻璃是将石英砂和苛性钠溶液在压蒸釜内用蒸汽加热，直接反应而成。

干法生产硅酸钠水玻璃是将石英砂和碳酸钠磨细拌匀，在熔炉内于1300～1400℃温度下熔化而生成的，其反应式为：

$$Na_2CO_3 + nSiO_2 \longrightarrow Na_2O \cdot nSiO_2 + CO_2 \uparrow \quad (3\text{-}18)$$

按水玻璃的状态不同可分为：

（1）固体水玻璃。它是由熔炉中排出的熔融态硅酸钠冷却而得。

（2）液体水玻璃。它是由固体水玻璃溶解于水而得。固体水玻璃在水中溶解的难易随模数而定。n 为1时，能溶解于常温的水中；n 增大，则只能在热水中溶解；当 n 大于3时，要在0.4MPa大气压以上的蒸汽中才能溶解。常见水玻璃模数在1.5～3.7之间。

液体水玻璃因所含杂质的不同，而呈青灰色、黄绿色，以无色透明的液体为佳。

水玻璃在水溶液中的含量（或称浓度），可用密度表示，它与水玻璃的粘结力呈现以下规律：同一模数的液体水玻璃，其浓度越稠，密度越大，则黏性越大，粘结力越强；不同模数的液体水玻璃，模数高的，其胶体组分（SiO_2）相对增多，粘结力随之增加。

2. 水玻璃的硬化

液体水玻璃在空气中吸收二氧化碳，形成无定形硅酸凝胶，随着水分的蒸发，无定形硅酸凝胶脱水形成氧化硅，逐渐干燥硬化。

$$Na_2O \cdot nSiO_2 + mH_2O + CO_2 = Na_2CO_3 + nSiO_2 \cdot mH_2O \quad (3\text{-}19)$$

由于空气中 CO_2 浓度较低，这个过程进行得很慢，为了加速硬化，常加入氟硅酸钠（Na_2SiF_6）作为促硬剂，促使硅酸凝胶加速析出，其反应为：

$$2(Na_2O \cdot nSiO_2) + mH_2O + Na_2SiF_6 = (2n+1)SiO_2 \cdot mH_2O + 6NaF \quad (3\text{-}20)$$

硅酸凝胶（$SiO_2 \cdot mH_2O$）脱水变成固体氧化硅。

$$SiO_2 \cdot mH_2O = SiO_2 + mH_2O \quad (3\text{-}21)$$

氟硅酸钠的适宜用量为水玻璃重量的12%～15%，如果用量小于12%，不但硬化速度缓慢，强度降低，而且未经反应的玻璃易溶于水，因而耐水性差。但如用量超过15%，又会引起凝结过速，造成施工困难。

3. 水玻璃的技术性质

1）粘结力强

水玻璃硬化后具有较高的粘结强度、抗拉强度和抗压强度，如水玻璃胶泥，其抗拉强度大于2.5MPa；水玻璃砂浆和水玻璃混凝土的抗压强度不小于15MPa和20MPa。另外，水玻璃硬化析出的硅酸凝胶还有堵塞毛细孔隙而防止水分渗透的作用。

2）耐酸性好

硬化后的水玻璃，其主要成分是 SiO_2，所以它能抵抗大多数无机酸和有机酸的侵蚀，尤其是在强氧化性酸中仍有较高的化学稳定性。但不耐碱性介质侵蚀。

3）耐热性高

水玻璃硬化后形成 SiO_2 空间网状骨架，高温下强度并不降低，甚至有所增加，因此具有优异的耐热性。若以铸石粉为填料，配制的水玻璃胶泥，耐热度可达900～1100℃，利用这一性质，选择不同的耐热骨料，可配制不同耐热度的水玻璃耐热混凝土。

4. 水玻璃的应用

水玻璃在建筑工程中有多种用途：

1）涂刷材料表面

直接将液体水玻璃涂刷在建筑物表面，可显著提高其抗风化能力，提高建筑物耐久性。如用密度为1.35g/cm^{3}左右的液体水玻璃浸渍或涂刷黏土砖、硅酸盐制品、水泥混凝土等多孔材料，可使材料的密实度、强度、抗渗性、耐水性均得到提高。这是因为水玻璃与材料中的$Ca(OH)_2$作用生成硅酸钙胶体、填充了制品的孔隙，从而使制品致密，反应式为：

$$Na_2O \cdot nSiO_2 + Ca(OH)_2 = Na_2O\ (n-1)\ SiO_2 + CaO \cdot SiO_2 + H_2O \quad (3\text{-}22)$$

同时，硅酸钠本身硬化所析出的硅酸凝胶也有利于保护材料。

但需注意，不能用它涂刷或浸渍石膏制品，因为硅酸钠与硫酸钙发生反应可生成Na_2SO_4，并在制品孔隙中结晶膨胀，导致制品破坏。

2）加固土壤

将模数为2.5~3的液体水玻璃和氯化钙溶液通过金属管交替向地层压入，两种溶液发生化学反应：

$$Na_2O \cdot nSiO_2 + CaCl_2 + xH_2O = 2NaCl + nSiO_2 \cdot\ (x\text{-}1)\ H_2O + Ca(OH)_2 \quad (3\text{-}23)$$

析出的硅酸胶体，将土壤颗粒包裹并填充其空隙。硅酸胶体作为一种吸水膨胀的冻状凝胶，因吸收地下水而经常处于膨胀状态，阻止水分渗透并使土壤固结。用这种方法加固的砂土，抗压强度可达3~6MPa。

3）配制防水剂

以水玻璃为基料，加入两种、三种或四种矾可配制不同防水剂，称为二矾、三矾或四矾防水剂。这种防水剂凝结迅速，一般不超过1min，适用于堵塞漏洞、缝隙等局部抢修。由于凝结过速，不宜调配水泥防水砂浆用作屋面或地面的刚性防水层。

4）配制水玻璃矿渣砂浆，修补砖墙裂缝

将液体水玻璃、粒化高炉矿渣粉、砂和氟硅酸钠按一定比例配成砂浆，直接压入砖墙裂缝，可起到粘结和增强的作用。掺入的矿渣粉不仅起填充和减少砂浆收缩的作用，还能与水玻璃起化学反应，增加砂浆强度。使用时，先将砂和矿渣粉拌和均匀，再将促硬剂加入60℃左右温水化成糊状，然后倒入液体水玻璃中拌和。氟硅酸钠促硬剂有毒，操作时应做好安全防护。

5）配制耐酸砂浆、耐酸混凝土

用水玻璃作为胶凝材料，选择耐酸骨料，可配制满足耐酸工程要求的耐酸砂浆、耐酸混凝土等。

复习思考题

1. 试解释下列名词或术语。

胶凝材料；水硬性胶凝材料；气硬性胶凝材料；标准稠度用水量；比表面积；硅酸盐水泥熟料；P·O42.5R；C_3S；C_2S。

2. 硅酸盐水泥的矿物成分在水化反应中各表现出什么特性？形成了哪些主要水化产物？

3. 泥的细度对水泥应用有什么影响？是不是细度越细越好？

4. 什么是水泥的体积安定性？水泥体积安定性不良的原因是什么？这些因素为什么

会导致安定性不良？

5. 限制水泥的初凝时间不得过短、终凝时间不得过长对水泥在混凝土工程中的应用有什么意义？

6. 如何确定硅酸盐水泥的强度等级？六种通用水泥各划分为哪几个强度等级、型号？为什么以28d抗压强度的最低值来命名强度等级？

7. 生产硅酸盐水泥时为什么必须加一定量的石膏？石膏的加入量主要依什么因素而变化？若石膏加入量过多将会出现什么问题？已经硬化的水泥（或混凝土）遇到石膏（含石膏的水、汽、骨料等）又会出现什么问题？

8. 什么是水泥的活性混合材料和非活性混合材料？它们各使水泥的性质发生了什么变化？

9. 什么是普通水泥，矿渣水泥，火山灰质水泥，粉煤灰水泥和复合水泥？

10. 掺混合材的水泥与硅酸盐水泥相比，在性能上有些什么特点？为什么会出现这些特点？

11. 现有下列工程和构件生产任务，试分别选用合理的水泥品种，并说明选用理由？(1）现浇楼板、梁、柱工程，冬季施工；（2）紧急抢修工程；（3）大体积混凝土工程（如大型高炉基础、大坝工程等)；(4）有硫酸盐腐蚀的地下工程；(5）采用蒸汽养护的混凝土预制构件；(6）海港码头及海洋混凝土工程；（7）工业窑炉及其他有耐热要求的混凝土工程。

12. 石灰石、生石灰、熟石灰、硬化后石灰的化学成分各是什么？

13. 生石灰熟化时，在储灰坑中进行“陈伏”的目的是什么？磨细生石灰是否可不经“陈伏”直接使用？为什么？

14. 建筑石膏有哪些技术性质？从凝结硬化过程简述多孔性，耐水性。

15. 水玻璃的化学组成是什么？何谓水玻璃的模数？水玻璃的模数和密度对水玻璃的黏性有何影响？

第4章　骨料及矿物掺合料

4.1　概　　述

所谓骨料是指均匀分布于混凝土的胶凝材料之中，起填充、支撑或改性作用的颗粒状材料。骨料是混凝土的重要组成部分，一般占混凝土材料总质量的70% ~80%（对于普通混凝土）。它在混凝土中除起骨架作用以外，还具有减小混凝土收缩、提高混凝土弹性模量、改善混凝土耐久性等作用。

按来源不同，将骨料分为天然骨料、人造骨料及工业灰渣骨料三类。按颗粒尺寸大小不同，将骨料分为细骨料和粗骨料两类。

现代混凝土很少为仅由水泥、砂、石、水构成的四组分混凝土，绝大多数是由水泥、砂、石、水、化学外加剂和矿物掺合料构成的六组分混凝土。矿物掺合料被称为混凝土的第六组分，是拌制混凝土过程中掺入的无机粉体矿物质材料。矿物掺合料在混凝土中广泛使用，不仅可以有效地改善混凝土性能，特别是强度和耐久性能，降低混凝土成本，而且还可以大量消耗各种工业固体无机矿物质废弃物，变废为宝，有效利用资源，减少固体废弃物堆存造成的环境污染。

本章主要介绍普通混凝土常用骨料和常用矿物掺合料的品种、分类、分级、主要技术性能及其在混凝土工程中的应用。

4.2　细骨料

将颗粒粒径在0.15 ~4.75mm范围内的骨料称为细骨料，它包括天然砂、人工砂及工业灰渣砂。

天然砂是由天然岩石长期风化、水流搬运等自然条件作用而形成的岩石颗粒。按产源，天然砂可分为河砂、湖砂、山砂及海砂。由于受水流的长期冲刷作用，河砂、湖砂和海砂颗粒比较圆滑、坚硬、洁净。海砂内含有贝壳碎片、可溶性氯盐、硫酸盐等有害物质，一般情况下不直接使用，故配制普通混凝土采用河砂、湖砂最好。山砂是岩体风化后在山涧堆积下来的岩石碎屑，颗粒多棱角，表面粗糙，容易含较多黏土和有机物等杂质，品质较差。

人工砂是将天然岩石用机器破碎、筛分后制成的，符合细骨料尺寸规定的颗粒，其棱角多，片状颗粒多，且石粉多，成本较高，所配混凝土的和易性较差，但强度常高于天然砂混凝土。

工业灰渣砂是指颗粒尺寸在细骨料规定范围内的炉渣、矿渣及某些矿山尾矿，经试验合格后，可代替或部分代替天然岩石砂使用。在混凝土中使用工业灰渣砂，不但有利于资源综合利用，而且有利于减少工业灰渣堆存对环境的污染，保护生态环境。

《建设用砂》GB/T 14684—2011 标准将人工砂和工业灰渣砂统一划归为机制砂。

砂的性质对所配制混凝土的性能影响很大。为了保证混凝土的质量，要求所用砂具有稳定的物理性能、稳定的化学性能（不与水泥发生有害反应）、尽可能少的有害杂质含量、坚固耐久、良好的粒形及颗粒级配等。根据《建设用砂》GB/T 14684—2011，砂按技术要求分为Ⅰ类、Ⅱ类、Ⅲ类三个类别，每个类别的物理、化学性质均有具体规定。

4.2.1　砂的物理性质

1. 表观密度、堆积密度、空隙率

砂子的表观密度（ρ_{0s}）与矿物成分有关，一般常用的是石英河砂，其变动范围为 2.60 ~ 2.70g/cm^3。ρ_{0s}大的砂结构致密，吸水率小。

砂子的堆积密度（ρ'_{0s}）与砂子堆积的松紧程度和含水状态有关，其大小可以粗略地反映砂子的空隙率大小。干燥状态下砂的堆积密度为 1350 ~ 1650kg/m^3，一般可取 1450kg/m^3。

砂子空隙率（P'）的大小与其粒形、级配及含水率等有关。表面形状扁平或带有棱角的颗粒含量多，级配不良者，其空隙率较大；细砂、特细砂的空隙率往往比中砂大。

2. 砂的含水状态与湿涨特性

一般情况下，砂子不是绝对干燥的，或多或少地含有水分，砂子的含水情况有如图 4-1所示的几种状态。

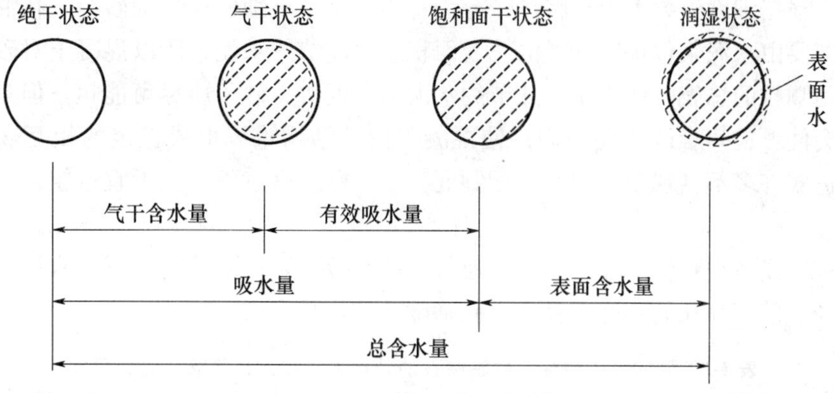

图 4-1　砂石含水状态图

干燥状态又称为绝干状态，砂的含水率接近或等于零。

气干状态是指砂子含有与大气湿度相平衡的水分，砂子的含水率与大气的湿度大小有关。

饱和面干状态是指砂子表面干燥而颗粒内部的孔隙含水饱和的状态。骨料在饱和面干状态时的含水率称为饱和面干吸水率。饱和面干砂既不从混凝土拌合物中吸取水分，也不给拌合料带入额外水分。因此，在计算混凝土各项材料的配合比时，按理应以饱和面干的砂子为准。但是实际工程中计算混凝土配合比时一般以干燥骨料为基准。

润湿状态是指砂子不仅颗粒内部孔隙的含水量达到饱和，而且颗粒表面还附着一层自由水的状态。

4.2.2 砂的颗粒形状及表面特征

砂的表面特性主要指其表面的粗糙程度及孔隙特征等，这些特性将影响砂子与水泥石之间的粘结性能，从而影响混凝土拌合物的和易性、混凝土的强度，尤其是抗弯强度，这对于高强混凝土更为明显。机制砂的颗粒多具有棱角，表面粗糙，与水泥粘结较好；河砂、海砂长期受水的冲刷作用，颗粒多呈圆形，表面光滑，与水泥的粘结较差。因而在水泥用量和水用量相同的情况下，前者拌制的混凝土流动性较差，但强度较高，而后者则反之。

4.2.3 砂的粗细程度及颗粒级配

砂的粗细程度和颗粒级配对混凝土拌合物及硬化混凝土的性能有很大影响，它们是评定砂质量的重要指标，在配制混凝土时，两者应同时予以考虑。

1. 砂的粗细程度

砂的粗细程度也即细度，是指不同大小砂粒混合在一起的总体粗细程度，通常用细度模数表示。根据细度模数大小，将砂子分为粗砂、中砂、细砂、特细砂等。在混凝土中砂子的表面需要由水泥浆包裹，砂子的总表面积越小越节约水泥，所以混凝土对砂的一个基本要求就是颗粒的总表面积要小，从节约水泥的角度讲，砂子应尽可能粗。但是，砂子若过粗，又会使颗粒间难以相互嵌固，使混凝土内部结构难以形成稳定的相互嵌固堆聚结构，从而造成许多不良现象。因此，配制混凝土用砂不宜过细，也不宜过粗，一般以中砂为宜。

砂的细度模数和颗粒级配情况可以通过砂的筛分试验测定。筛分试验宜用方孔筛，砂的公称粒径、砂筛筛孔的公称直径和方孔筛筛孔的边长见表4-1。

表4-1 砂的公称粒径、砂筛筛孔的公称直径和方孔筛筛孔边长尺寸

砂的公称粒径	5.00mm	2.50mm	1.25mm	630μm	315μm	160μm	80μm
砂筛筛孔的公称直径	5.00mm	2.50mm	1.25mm	630μm	315μm	160μm	80μm
方孔筛筛孔边长	4.75mm	2.35mm	1.18mm	600μm	300μm	150μm	75μm

筛分试验采用具有代表性的，通过 9.50mm 方孔筛的筛下烘干砂样，所用方孔筛为孔径逐级递减 1/2 的组合标准筛套筛（孔径分别是 4.75mm、2.36mm、1.18mm、600μm、300μm、150μm）。筛分后计算出分计筛余百分率 a——每级筛网上余留砂质量与试样总质量之比，以及累计筛余百分率 A（简称累计筛余率）——某级筛子及其以上各级筛的分计筛余百分率 a 之和，计算方法见表 4-2。

表 4-2　累计筛余百分率与分计筛余百分率的关系

公称粒径	筛孔尺寸	分计筛余（%）	累计筛余（%）
5.00mm	4.75mm	a_1	$A_1 = a_1$
2.50mm	2.36 mm	a_2	$A_2 = a_1 + a_2$
1.25mm	1.18mm	a_3	$A_3 = a_1 + a_2 + a_3$
630μm	600μm	a_4	$A_4 = a_1 + a_2 + a_3 + a_4$
315μm	300μm	a_5	$A_5 = a_1 + a_2 + a_3 + a_4 + a_5$
160μm	150μm	a_6	$A_6 = a_1 + a_2 + a_3 + a_4 + a_5 + a_6$

根据下列公式计算砂的细度模数 M_x：

$$M_x = \frac{(A_2 + A_3 + A_4 + A_5 + A_6) - 5A_1}{100 - A_1} \tag{4-1}$$

砂的细度模数 M_x 越大，表示砂越粗。将 $M_x = 3.7 \sim 3.1$ 时的砂定义为粗砂；将 $M_x = 3.0 \sim 2.3$ 时的砂定义为中砂；将 $M_x = 2.2 \sim 1.6$ 时的砂定义为细砂；将 $M_x = 1.5 \sim 0.7$ 时的砂定义为特细砂。

2. 砂的颗粒级配

砂的颗粒级配是指不同大小颗粒和数量比例的砂子的组合或搭配情况。砂子的级配良好，表明颗粒大小及比例搭配合理，可以达到较小颗粒填充较大颗粒间的空隙，通过逐级填充使砂子达到最紧密堆积（图 4-2），减小砂子的空隙率，不但可以节约水泥用量，而且可以提高混凝土性能。若砂子级配不好，颗粒大小接近，则无法形成相互填充空隙，则砂子空隙率较大，需要更多的水泥浆来填充，同时颗粒堆聚结构也不稳定，容易产生崩离现象。

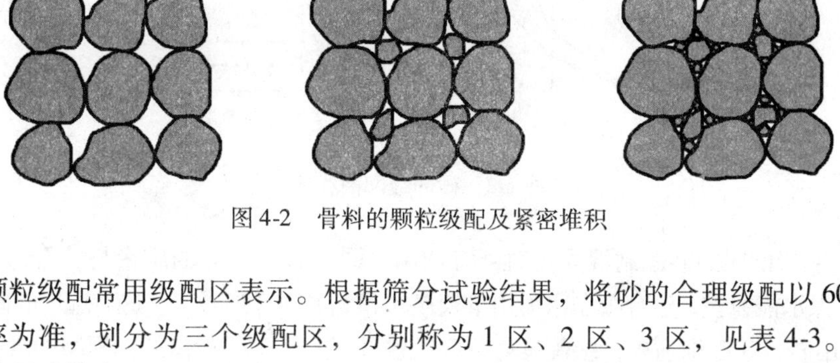

图 4-2　骨料的颗粒级配及紧密堆积

砂的颗粒级配常用级配区表示。根据筛分试验结果，将砂的合理级配以 600μm 级的累计筛余率为准，划分为三个级配区，分别称为 1 区、2 区、3 区，见表 4-3。任何一种砂，只要其累计筛余 $A_1 \sim A_6$ 分别分布在某同一级配区的相应累计筛余率的范围内，即为级配合理，符合级配要求。具体评定时，除4.75mm和600μm级外，其他级的累计筛余率允许稍有超出，但超出总量不得大于5%。由表4-3中数值可见，在三个级配区内，只有600μm级的累计筛余率是不重叠的，故称其为控制粒级，控制粒级使任何一个砂样只能处于某一级配区内，避免出现同属两个级配区的现象。

表4-3　砂的颗粒级配区范围

公称粒径	筛孔尺寸	累计筛余量（%）		
		1区	2区	3区
10mm	9.50mm	0	0	0
5mm	4.75mm	10~0	10~0	10~0
2.5mm	2.36 mm	35~5	25~0	15~0
1.25mm	1.18mm	65~35	50~10	25~0
630μm	600μm	85~71	70~41	40~16
315μm	300μm	95~80	92~70	85~55
160μm	150μm	100~90	100~90	100~90

注：1.　1区人工砂中150μm筛孔的累计筛余率可以放宽至97%~85%；
2.　2区人工砂中150μm筛孔的累计筛余率可以放宽至94%~80%；
3.　3区人工砂中150μm筛孔的累计筛余率可以放宽至94%~75%。

评定砂的颗粒级配，也可采用作图法，以筛孔直径为横坐标，以累计筛余率为纵坐标，将表4-3规定的各级配区相应累积筛余率的范围标注在图上形成级配区域，也称为砂子的1、2、3级配区的筛分曲线，如图4-3所示。然后，把某种砂的累计筛余率 $A_1 \sim A_6$ 在图上依次描点连线，若所连折线都在某一级配区的累计筛余率范围内，即为级配合理。

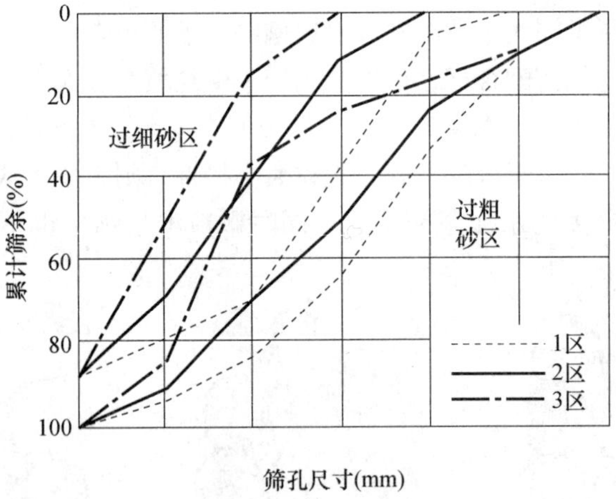

图4-3　砂的级配曲线图

采用不同级配区的砂配制混凝土时，宜选用不同的砂率（砂的质量与砂石总量之比）。1区砂偏粗，保水能力差，适合配制水泥用量较多的和低流动性混凝土，这时选用的砂率也稍大；2区砂为常用砂，其粗细适中，级配良好，工艺性能较好；3区砂偏细，配制的混凝土黏聚性大，保水性好，使用不当易增加混凝土的干缩量，产生裂纹，故选用的砂率应稍小。

4.2.4　砂中的有害杂质

为保证混凝土的质量，必须对骨料中有害杂质严加限制。砂中常含有黏土、淤泥、有机物、碎云母片、轻物质、氯盐、硫化物、硫酸盐等。

黏附在天然砂颗粒表面的黏土、淤泥，或混杂在砂子中的泥块，会影响砂与水泥的粘结，降低混凝土的性能，这些黏土、污泥或泥块为砂的有害成分，一般用含泥量或泥块含量表示。将砂中粒径小于0.075mm的黏土、淤泥、尘埃含量称为砂的含泥量。将砂中粒径大于1.18mm，经水浸洗、手捏后粒径小于0.6mm的颗粒含量，称为砂的泥块含量。

含泥量超过一定限度时，将影响混凝土拌合物和易性，降低混凝土强度，增大干缩，降低抗冻性和耐磨性等性能。当砂中混杂有泥块时，会形成混凝土中的薄弱部分，也会严重降低凝土质量。因此，砂的含泥量和泥块含量是现场经常检验项目，严格控制其含量，对于高强混凝土或有抗冻、抗渗、抗腐蚀方面要求时，更应对砂中含泥量与泥块含量加以严格限制。

机制砂生产过程中会产生一定量的石粉，并混入砂中。石粉的粒径虽小于0.075mm，但与天然砂中的泥土成分不同，粒径分布也不一样，它对混凝土性能的影响与含泥量也不完全相同。机制砂中适量的石粉对混凝土质量是有益的，主要是可以改善混凝土拌合物的工作性能。此外，由于石粉主要是由0.040~0.075mm的微粒组成，它能在细骨料间隙中嵌固填充，因而还可提高混凝土的密实性。

根据《建设用砂》GB/T 14684—2011标准规定，不同类别的天然砂，其含泥量和泥块含量有不同的要求（表4-4）；不同类别的机制砂，其石粉含量和泥块含量，也有不同的要求（表4-5）。

表4-4　天然砂的含泥量和泥块含量要求

项目	指标		
	Ⅰ类	Ⅱ类	Ⅲ类
含泥量（按质量计）（%）	<1.0	<3.0	<5.0
泥块含量（按质量计）（%）	0	<1.0	<2.0

表4-5　机制砂中石粉含量和泥块含量要求

项目			指标		
			Ⅰ类	Ⅱ类	Ⅲ类
亚甲蓝试验	MB值≤1.4或合格	MB值	≤0.5	≤1.0	≤1.4
		石粉含量（按质量计）（%）	<10.0		
		泥块含量（按质量计）（%）	0	≤1.0	≤2.0
	MB值>1.4或不合格	石粉含量（按质量计）（%）	≤1.0	≤3.0	≤5.0
		泥块含量（按质量计）（%）	0	≤1.0	≤2.0

注：MB值≤1.4或合格时的指标根据使用地区或用途的不同，可在试验验证的基础上，由供需双方协商确定。

云母是层状构造，层片断面是光滑平面。云母含量多时会使混凝土内部出现大量胶结的软弱面，呈不连通的“裂缝”状，减小混凝土粘结能力，显著降低抗拉强度。砂中云母含量超过2%时，混凝土的需水量几乎呈直线增加，使抗冻性、抗渗性和耐磨性明显降低。对有抗冻、抗渗要求的混凝土用砂，其云母含量应从严控制。

砂中轻物质，一般指表观密度小于2.0g/cm^{3}的物质，如煤粒、贝壳、软岩粒等。它们都会引起钢筋腐蚀或混凝土表面因膨胀而剥离破坏。

当混凝土中的游离氯离子超过一定量时，会引发混凝土结构中的钢筋锈蚀，因此应控制骨料中氯离子含量。

砂中硫酸盐含量大，易引起混凝土中水泥石的膨胀性腐蚀。

云母、轻物质、有机物、含硫物质、含氯离子的物质均是砂子的有害杂质，为保证混凝土的质量，需对它们严加限制。根据《建设用砂》GB/T 14684—2011 标准规定，不同类别的砂子对其中的上述有害杂质的限量要求见表4-6。

表4-6　砂中有害杂质含量

项目	指标		
	Ⅰ类	Ⅱ类	Ⅲ类
云母（按质量计）（%） <	1.0	2.0	2.0
轻物质（按质量计）（%） <	1.0	1.0	1.0
有机物（比色法）	合格	合格	合格
硫化物及硫酸盐（按 SO_3质量计）（%） <	0.5	0.5	0.5
氯化物（按氯离子质量计）（%） <	0.01	0.02	0.06

除上面介绍的砂中有害杂质外，混凝土用砂中还不能含有活性二氧化硅，以避免混凝土产生碱-骨料膨胀裂缝。

4.2.5　砂的坚固性

砂的坚固性是指砂子在气候或其他物理因素作用下抵抗破坏的能力，其与砂子对应的原岩的节理、孔隙率、孔径分布、孔结构及其吸水能力等因素有关。砂的坚固性通常用硫酸钠溶液浸泡法检测，它是将砂试样在饱和硫酸钠溶液中浸泡20h，再在一定温条件下烘4h为一个循环，经5次循环后，依据其质量损失来评定其类别（表4-7）。

表4-7　砂的坚固性指标（GB/T 14684—2011）

项目	指标		
	Ⅰ类	Ⅱ类	Ⅲ类
质量损失（%）	≤8		≤10

机制砂除了要满足表4-7中的规定外，压碎指标还应满足表4-8中的规定。

表4-8　机制砂的压碎指标（GB/T 14684—2011）

类别	指标		
	Ⅰ类	Ⅱ类	Ⅲ类
单级最大压碎指标（%）	≤20	≤25	≤30

4.3　粗骨料

将颗粒粒径大于 4.75mm 的骨料称之为粗骨料。

如图 4-4 所示，按密度将粗骨料分为重骨料、普通骨料和轻骨料三类。按来源将粗骨料分为天然骨料、人造骨料和工业废渣骨料三类。天然骨料中的天然岩石粗骨料，有卵石和碎石两种，其应用最为广泛，它们常用于配制密度为 2400kg/m^3左右的普通混凝土。

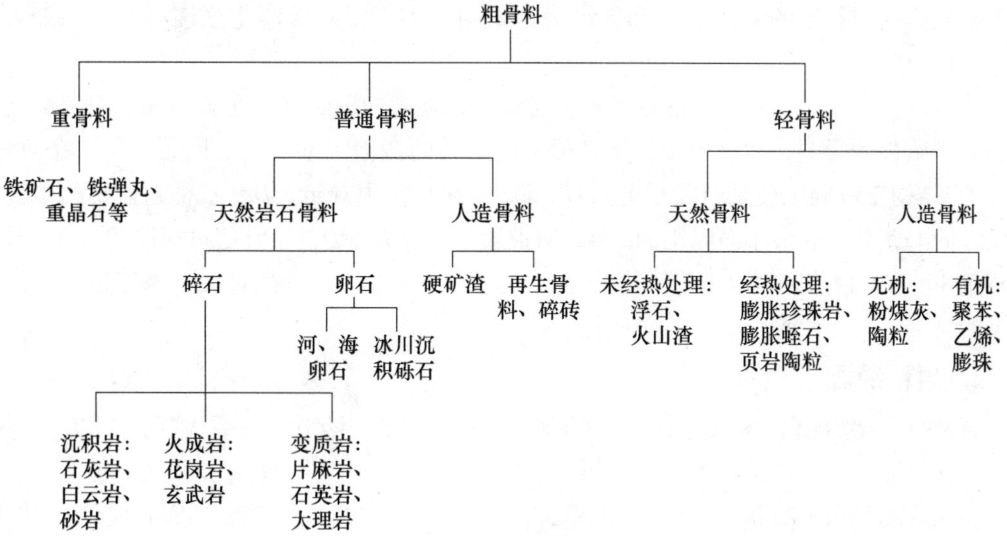

图 4-4　粗骨料构成图

卵石即砾石，是岩石经多年的风化、冰川活动、岩石破碎，被水流冲刷、搬运，在湖、河、海等水域或特定地域沉积的，外形浑圆、光洁、大小不等的石粒，按产源又分为河卵石、海卵石和山卵石。碎石是将坚硬的天然大块岩体（原岩）经爆破、机械破碎、过筛而得的，表面粗糙、多棱角的石粒。

石子的质量对所配制混凝土拌合物的和易性、物理力学性能以及耐久性有重要影响。而石子的质量优劣，与原岩的成分、组织和自身的级配、形状等关系密切。

4.3.1　粗骨料的表观密度、吸水率、空隙率

石子的表观密度（ρ_{0g}）大，表明其结构致密，孔隙率小，吸水率也小，耐久性好。石子的表观密度 $\rho_{0g} \geq 2.55 \sim 2.90g/cm^3$。$\rho_{0g} < g/cm^3$ 的往往质地差，孔隙、层理较明显。一般情况下，石子的吸水率 $W_g < 3\%$。

4.3.2 石子的最大粒径及颗粒级配

1. 最大粒径

石子各粒级的公称粒径上限称为石子的最大粒径（D_{max}）。当骨料粒径增大时，其表面积随之减小，保证一定厚度润滑层所需的水泥浆或砂浆的数量也相应减少，即混凝土用水量及水泥用量都可以减少。因此，石子的粒径（D_{max}）应在条件允许情况下，尽量选用大些，这样在混凝土和易性和水泥用量一定的情况下，因减少了用水量，可提高混凝土强度。但是，单从石子大小对混凝土强度的影响来说，最佳的 D_{max} 取决于混凝土的水泥用量。

对于高强混凝土而言，为了减少石子本身缺陷、降低石子下侧因气囊造成的微裂缝、提高水泥砂浆与石子的粘结面积和粘结力，采用较小石子对混凝土强度有利，一般要求 D_{max} 小于 20。

确定最佳 D_{max} 时，除了考虑石子大小对混凝土强度的影响外，还要考虑它对混凝土的浇筑成型质量的影响，故选用 D_{max} 还必须考虑结构的截面尺寸、钢筋间距、施工条件等，《混凝土结构工程施工质量验收规范》GB 50204—2015 中规定，D_{max} 不得超过结构截面最小尺寸的 1/4 和钢筋最小净间距的 3/4；对混凝土实心板，D_{max} 不宜超过板厚的 1/3，且不得超过 40mm。目前，混凝土施工多为泵送混凝土，如果 D_{max} 选用过大，施工过程会出现堵泵的情况。

2. 颗粒级配

石子的颗粒级配表示构成粗骨料的不同粒径颗粒之间的相互比例关系。石子颗粒级配的优劣，关系到混凝土拌合物的流动性、离析泌水特性，以及水泥用量、混凝土强度、耐久性等。

连续级配是指骨料颗粒的尺寸由小到大连续分级，其中每一级骨料都占适当的比例。一般天然河卵石属于连续级配。连续级配骨料配制的混凝土一般和易性好，不易发生离析、泌水，是最常用的骨料。

单粒级级配是指石子颗粒粒径处于某一区间，通过不同单粒级骨料以适当比例组合，可以配成各种不同的连续级配骨料。

石子的级配也是通过筛分试验确定的。石子筛分试验应采用方孔筛，标准的石子筛孔径尺寸为 2.36mm、4.75mm、9.50mm、16.0mm、19.0mm、26.5mm、31.5mm、37.5mm、53.0mm、63.0mm、75.0mm、90.0mm 等 12 个，依次组合而成。

4.3.3 石子的颗粒形状及表面特征

石子颗粒形状，大致分为浑圆形、不规则弧面形、扁平形和细长形。混凝土用粗骨料的颗粒形状以三维长度相等为好，比较理想的粒形是近似球形或立方体形，而三维尺寸相差较大的针、片状颗粒的质量较差。所谓针状颗粒是其长轴长度大于平均颗粒粒径 2.4 倍的颗粒；片状颗粒是颗粒厚度小于平均粒径 0.4 倍的颗粒。

石子中含有的针、片状颗粒不仅影响混凝土的和易性、密实度和强度（特别是降低抗拉强度），同时会影响混凝土的耐久性。如针、片状颗粒含量达到 25% 时，混凝土坍落度减小、抗渗性能降低均较显著。《建设用卵石、碎石》GB/T 14685—2011 标准，对石子中针、片状颗粒含量有限制要求（表 4-9）。

表 4-9 混凝土用粗骨料的针、片状颗粒含量要求（GB/T 14685—2011）

项目	指标		
	Ⅰ类	Ⅱ类	Ⅲ类
针、片状颗粒（按质量计）（%）	≤5	≤10	≤15

石子表面特征主要指颗粒表面平整、粗糙程度及表面孔隙特征等。碎石表面粗糙，而卵石表面光滑。石子表面特征主要影响骨料与水泥石之间的粘结、吸附、啮合、内摩擦等性能，从而影响混凝土的强度，尤以对抗弯强度影响最大。这方面对高强混凝土影响更为显著。碎石表面粗糙并且有吸附、啮合水泥浆的孔隙特征，使混凝土中石子界面粘结力较强；卵石表面圆滑光洁处比例大，石子与水泥浆粘结力较差，但拌合物易流变，和易性好。当混凝土 *W/C* 较小时，碎石混凝土比相同配合比的卵石混凝土的强度约高 10%，故强度等级较高的混凝土，宜使用碎石作为粗骨料。

4.3.4 石子的有害杂质

混凝土用的卵石和碎石中不应混有草根、树叶、树枝、塑料、煤块、炉渣等杂物，泥、黏土块、有机物、硫化物及硫酸盐等有害物质对混凝土的危害与砂子的相同。《建设用卵石、碎石》GB/T 14685—2011 规定，混凝土用石子的有害物质限量应符合表 4-10 的要求。

表 4-10 混凝土用卵石和碎石中泥、泥块和有害物质含量要求

项目	指标		
	Ⅰ类	Ⅱ类	Ⅲ类
含泥量（按质量计）（%）	≤0.5	≤1.0	≤1.5
泥块含量（按质量计）（%）	0	≤0.2	≤0.5
有机物（比色法）	合格	合格	合格
硫化物及硫酸盐（按 SO_3 质量计）（%）	≤0.5	≤1.0	≤1.0

除上面介绍的粗骨料中有害物质外，混凝土用的粗骨料中还不能含有活性二氧化硅（如蛋白石、玉髓等）或碳酸镁成分（如白云石质石灰岩，方解石质石灰岩中的白云石等），因为这些成分可在一定条件下与水泥中的碱产生化学反应，形成的产物膨胀而破坏已硬化的混凝土。

4.3.5 强度及坚固性

1. 强度

为了保证混凝土的强度，石子必须具有足够的强度。石子强度的检验方法有两种：间接测定石子对应的原岩立方体（或圆柱体）抗压强度，或直接测定石子的压碎指标。

石子对应的原岩抗压强度，是将原岩制成 50mm×50mm×50mm 的立方体（或直径与高均为 50mm 的圆柱体）试件，在浸水饱和状态下测得的抗压强度值。一般情况下，火成岩的抗压强度不宜小于 80MPa，变质岩的抗压强度不宜小于 60MPa，水成岩的抗压强度不宜小于 30MPa，并且石子对应原岩抗压强度与混凝土的设计强度等级之比一般应不小于 1.2。

压碎指标是表示石子抵抗压碎的能力，以间接地推测其相应的强度。特别是对石子中存在的软弱颗粒分辨力较好。混凝土工程中常用这种方法来检验石子强度。测定石子压碎指标值时，是将风干后粒径在 9.5～19.0mm 之间的一定质量石子，装入规定规格的金属圆筒内，在压力机上加荷到 200kN 并稳荷 5s，卸荷后取出石子，用孔径 2.36mm 的筛子筛出被压碎的细粒，称取试样的筛余量，用下式计算压碎指标值。

$$\delta_a = \frac{m - m_1}{m} \times 100\% \tag{4-2}$$

式中 δ_a——压碎指标，%；

m——试样质量，g；

m_1——压碎试验后试样筛余量，g。

压碎指标值越大，说明骨料的强度越小。标准 GB/T 14685—2011 中规定，石子的压碎指标值应符合表 4-11 的要求。

表 4-11 碎石或卵石的压碎指标值

项目	指标		
	Ⅰ类	Ⅱ类	Ⅲ类
碎石压碎指标（%）	≤10	≤20	30
卵石压碎指标（%）	≤12	≤14	≤16

2. 坚固性

坚固性是骨料在自然风化和其他物理化学因素作用下抵抗破裂的能力。

石子的坚固性，内因方面与原岩的节理、孔隙率、孔分布、孔结构及吸水能力等有关。外在因素中，影响最显著的是孔隙水的冻融膨胀力破坏。

一般使用硫酸盐浸泡法来衡量石子的坚固性。标准 GB/T 14685—2011 中规定采用硫酸盐法检验坚固性，即石子在饱和 Na_2SO_4（>300g/L）溶液中经 5 次浸渍－烘干循环后，其质量损失符合表 4-12 规定。

表 4-12 碎石或卵石的压碎指标值

项目	指标		
	Ⅰ类	Ⅱ类	Ⅲ类
质量损失（%）	≤5	≤8	≤12

一般讲，石子越密实、强度越高，则吸水率越小，其坚固性越好。反之，若石子的矿物结晶粒粗大，结构疏松，矿物成分复杂不均匀，其坚固性就越差。质量损失率>12% 的石子，会造成混凝土强度明显降低。

4.4　矿物掺合料

矿物掺合料是指在拌制混凝土过程中，为了节约水泥、改善混凝土性能加入的，具有一定细度的，以硅、铝、钙等的一种或多种氧化物为主要成分的无机矿物粉体材料。绝大多数矿物掺合料在碱性或兼有硫酸盐成分存在的液相条件下，可进行水化反应，生成具有胶凝、固化特性的物质，所以它们又被认为是“第二胶凝材料”或“辅助胶凝材料”。

4.4.1　矿物掺合料的来源、种类及特点

1. 矿物掺合料的来源

按来源不同，将矿物掺合料分为天然的、人工的和工业废渣的三类。

（1）天然矿物掺合料。这类掺合料有：火山灰、凝灰岩磨细粉、硅藻土磨细粉、沸石磨细粉等。

（2）人工矿物掺合料。这类掺合料有：煅烧页岩磨细粉、煅烧黏土磨细粉等。

（3）工业废渣掺合料。这类掺合料有：粉煤灰、硅灰、粒化高炉矿渣磨细粉、钢渣磨细粉、磷渣磨细粉、钛渣磨细粉等。

2. 矿物掺合料的种类

根据化学反应活性不同，将矿物掺合料分为如下两大类：

1）惰性掺合料（非活性掺合料）

这类粉体材料掺入混凝土中，在常温下不发生化学反应，仅起微骨料填充作用，如缓冷矿渣粉、石灰石粉、白云石粉、石英粉等。但研究发现，掺入混凝土中的缓冷矿渣粉、石灰石粉及白云石粉仍具有弱的、缓慢的化学活性，且石英粉在高温下具有明显的化学活性。

2）活性掺合料

这类粉体材料掺入混凝土中，在常温下具有化学反应活性。根据水化特性不同，将活性掺合料又分为两类：具有弱自硬性（弱水硬性）的矿物掺合料；具有火山灰活性（潜在水硬性）的矿物掺合料。

（1）弱自硬性（弱水硬性）掺合料。这类粉体材料掺入混凝土中，在常温下具有较弱的与水直接发生水化反应的“第一胶凝材料”特性，同时具有较强的“第二胶凝材料”的火山灰活性，即在碱性物质（如水泥水化产物氢氧化钙）或兼有硫酸盐成分存在的液相条件下，可以发生水化反应，生成具有胶凝性质的物质。弱自硬性（弱水硬性）掺合料有水淬粒化高炉矿渣粉、高钙粉煤灰等。

（2）火山灰活性掺合料。这类粉体材料掺入混凝土中，在常温下不能直接与水发生水

化反应，但具有较强的“第二胶凝材料”的火山灰活性特性。这类粉体材料有火山灰、粉煤灰、烧页岩磨细微粉、硅灰、沸石粉等。

3. 矿物掺合料的活性

矿物掺合料的活性是指在一定条件下能发生水化反应，生成胶凝物质的能力，它包括：弱自硬性、火山灰活性。掺合料的活性大小，直接影响掺合料的掺量，以及添加掺合料混凝土的强度，特别是后期强度和耐久性能。描述矿物掺合料活性的参数有：活性指数(胶砂抗压强度比)、活性率、质量系数等。不同种类的掺合料，其活性表述参数和测定方法不尽相同，但活性指数（胶砂抗压强度比）是简单的、常用的、较为通用的掺合料活性表示方法。

所谓活性指数是指按照《水泥胶砂强度检测方法》GB/T 17671 的规定，采用基准水泥或合同约定水泥、ISO 标准砂，在总胶凝材料及配合比参数不变的情况下，掺合料取代部分水泥的胶砂与纯水泥胶砂的同龄期（7d、28d）抗压强度之比。计算公式如下：

$$\text{活性指数}=\frac{\text{掺合料取代部分水泥的胶砂7d（或28d）抗压强度}}{\text{纯水泥胶砂的7d（或28d）抗压强度}}\times 100\% \qquad (4\text{-}3)$$

对于粉煤灰等火山灰掺合料，掺合料取代水泥的百分比为30%；对于矿渣粉，掺合料取代水泥的百分比为50%。

活性指数测定方便，结果直接表示掺合料取代水泥之后的强度效能，所以在研究和使用掺合料中，经常通过测定活性指数来判定掺合料的活性大小。

4. 混凝土掺合料与水泥混合材的关系

由混凝土掺合料的分类和特性可知，它与通用硅酸盐水泥的混合材有许多相似或相同之处，如反应机理、活性表述方法及分类依据等。但是，它们也有不同之处，除掺入方式明显不同外，在性能和用途方面的主要不同点如下：

（1）种类不完全相同。一般情况下，能用作水泥混合材的无机粉体材料，都能用作混凝土掺合料，但能用作混凝土掺合料的无机粉体材料，未必一定能用作水泥混合材。

（2）细度不完全相同。一般情况下，细度越大，活性越高。对混凝土掺合料而言，通常综合考虑活性指数和粉磨能耗来确定合适细度，但对于水泥混合材而言，细度过大，可能导致标准稠度需水量增大。因此，同种无机粉体材料，作为掺合料的合适细度，未必是其作为混合材的合适细度。

（3）掺量不同。《通用硅酸盐水泥》GB 175—2007 标准，为了保证水泥性能，对各类品种水泥的混合材掺量均有限量。但是，作为混凝土掺合料，只要能够满足所设计混凝土的性能要求，原则上讲，掺合料的掺量无限量规定。

（4）使用目的不同。掺入水泥混合材是为了改善水泥性能、调节水泥强度、增加水泥品种和产量，掺混合材的水泥必须符合相应水泥性能要求。在混凝土中掺入掺合料，其主要目的可能是：减少水泥用量，降低成本；提高混凝土强度，配制高强混凝土；提高混凝土耐久性，配制高性能混凝土；降低水化热，配制大体积混凝土；纯粹是为了改善混凝土拌合物性能，提高泵送施工效果。

4.4.2　常用矿物掺合料

混凝土掺合料来源广泛，品种较多，但经常使用的掺合料主要有粉煤灰、粒化高炉矿渣粉、硅灰、沸石粉，以及复合掺合料（粒化高炉矿渣、钢渣、炉渣等按一定比例复合而成的磨细微粉）。本节主要介绍前四种单组分掺合料。

1. 粉煤灰

未加工的原状粉煤灰，按排放方式分为干排灰、增湿灰和湿排灰；按加工方式分为分选粉煤灰和磨细粉煤灰；按化学成分分为高钙粉煤灰（C 类，CaO > 10%）和低钙粉煤灰（F 类，CaO ≤ 10%）。在混凝土中，粉煤灰的主要功能是利用其火山灰活性、玻璃微珠改善和易性、微细粉末的微骨料效应。

对粉煤灰品质的技术要求因其用途不同而异。《用于水泥和混凝土中的粉煤灰》GB/T 1596—2017 规定用于混凝土中的粉煤灰的质量指标应符合表 4-13 的规定。

表 4-13　粉煤灰质量指标（GB/T 1596—2017）

项目		级别		
		Ⅰ级	Ⅱ级	Ⅲ级
细度（45μm）方孔筛筛余（%），≤	F 类粉煤灰，C 类粉煤灰	12.0	25.0	45.0
烧失量（%），≤	F 类粉煤灰，C 类粉煤灰	5.0	8.0	15.0
需水量比（%），≤	F 类粉煤灰，C 类粉煤灰	95	105	115
SO_3（%），≤	F 类粉煤灰，C 类粉煤灰	3.0		
含水量（%），≤	F 类粉煤灰，C 类粉煤灰	1.0		
游离氧化钙含量（%），≤	F 类粉煤灰	1.0		
	C 类粉煤灰	4.0		
安定性（雷氏夹沸煮后增加距离，mm），≤	C 类粉煤灰	5.0		

2. 粒化高炉矿渣粉

粒化高炉矿渣粉（blast furnace slag powder，简称 SG）是指粒化高炉矿渣经干燥、粉磨（可以添加少量石膏）达到规定细度并符合规定活性指数的粉体材料，简称矿渣微粉或矿渣粉。

用作高强高性能混凝土的矿渣，应粉磨至比表面积达到 $400m^2/kg$ 以上。综合考虑粉磨能耗和活性，矿渣微粉的细度一般为比表面积为 $450m^2/kg$ 左右。

矿渣粉的活性除了与细度紧密相关外，主要取决于各氧化物之间的比例关系。通常用矿渣中碱性氧化物与酸性氧化物的比值 M，计算式如下：

$$M = \frac{CaO\% + MgO\%}{SiO_2\% + Al_2O_3\%} \tag{4-4}$$

依据 M 大小将矿渣粉分为碱性矿渣（$M > 1$）、中性矿渣（$M = 1$）和酸性矿渣（$M < 1$）三种。M 值越大，矿渣的活性越好，故碱性矿渣的胶凝性较好。

根据《用于水泥和混凝土中的粒化高炉矿渣粉》GB/T 18046—2008，其主要质量指标见表4-14。按活性指数大小将矿渣粉划分为S105、S95、S75三个质量等级。

表4-14 粒化高炉矿渣粉质量指标（GB/T 18046—2008）

项目		级别		
		S105	S95	S75
比表面积（m^2/kg）≥		500	400	300
活性指数（%）	7d≥	95	75	55
	28d≥	105	95	75
流动度比（%）≥		95		
密度（g/cm^3）≥		2.80		
含水量（%）≤		1.0		
三氧化硫（%）≤		4.0		
玻璃体含量（%）≥		85		
氯离子（%）≤		0.06		
烧失量（%）≤		3.0		

3. 硅灰

硅灰（silica fume）是指硅铁合金厂或硅金属厂冶炼硅金属时，高纯度石英、焦炭在2000℃的高温下，石英被还原成硅-硅金属，同时有10%～15%的硅化为蒸气进入烟道，再与空气中氧发生氧化反应形成SiO_2，并被收尘器所收集的微细SiO_2粉体材料，又称为硅粉、活性硅。

从硅金属生产过程中收集的硅灰，其SiO_2含量高达90%以上，是优质硅灰品种。用于混凝土中的硅灰，主要是由玻璃相构成，绝大部分是无定形SiO_2，其含量在92%左右。硅灰的比表面积达到15000m^2/kg，平均粒径为0.1～0.3μm，相当部分为纳米级微粒。由于硅灰主要是由玻璃态的SiO_2组成，粒度极细，所以硅灰的火山灰活性极高，很容易与水泥水化产物$Ca(OH)_2$和水发生反应，生成水化硅酸钙。

由于硅灰比表面积极大，故不宜多掺，一般为胶凝材料的4%～10%，且需与高效减水剂配合掺用。

当外掺6%～8%的硅灰时，混凝土强度一般可提高20%以上，同时可提高混凝土的抗渗、抗冻、耐磨、耐碱-骨料反应等耐久性性能。但硅灰对混凝土也带来不利影响，如增大混凝土的收缩、降低混凝土的抗裂性、降低混凝土的流动性、加速混凝土的坍落度损失等。

4. 沸石粉

沸石粉（zeolite powder or pulverized nature zeolite）是以一定纯度的天然沸石岩为原料，粉磨至规定细度的粉体材料。天然沸石含有大量的活性SiO_2和微孔，沸石粉作为混凝土掺合料起到微粉和火山灰的活性作用，比表面积为500 m^2/kg以上，能改善混凝土的黏聚性和保水性，并增强内养护，从而提高混凝土后期强度和耐久性，掺量一般为5%～15%。

复习思考题

1. 试解释下列名词或术语。

细度模数；颗粒级配；压碎指标；粒化高炉矿渣；硅灰；火山灰效应

2. 普通混凝土与砂浆中，往往优先选用中砂，其原因是什么？

3. 对于混凝土用砂，为什么有细度要求，还有级配要求？

4. 在混凝土中使用级配良好的砂石骨料，有什么技术和经济意义？

5. 砂、石中的含泥量、泥块含量对混凝土性能有什么不利影响？

6. 为何要限制混凝土用砂中的氯盐、硫酸盐及硫化物的含量？

7. 什么是粗骨料的针、片状颗粒？其含量超标对混凝土有何影响？

8. 用作混凝土的矿物掺合料，应具备什么基本条件？

9. 为什么矿物掺合料既可以改善混凝土的和易性，改变凝结时间和强度增长规律，还可以改善混凝土的耐久性？

第5章　化学外加剂

5.1　概　　述

在建筑材料中掺用化学物质的历史由来已久，据历史记载，公元258年，曹操曾将植物油加入灰土中建造了铜雀台；宋代将糯米汁加入石灰中修建了和州城墙；清朝乾隆年间曾用糯米汁、牛血、石灰等建造了永定河堤。糯米汁、植物油、牛血等就是古代建筑材料所用的外加剂。

本章介绍的化学外加剂主要是指以水泥作胶凝材料的普通混凝土、砂浆以及水泥净浆所用的外加剂，又称为混凝土外加剂或外加剂，它不包括生产水泥过程中为提高水泥产量或调节水泥某些性能而加入的助磨剂、调凝剂（如石膏）、体积安定剂等。

所谓化学外加剂或混凝土外加剂是指在混凝土搅拌之前或拌制过程中加入的，用以改变新拌混凝土和（或）硬化混凝土性能的化学物质。掺量一般不大于胶凝材料质量的5%。

混凝土外加剂在我国推广应用已50多年，目前已发展到近20类几百个品种，其已成为除水泥、砂、石、水以外的混凝土不可或缺的第五组分。品种多样、性能优异的各种外加剂的广泛应用，扩大了混凝土的用途，不断地满足了现代建筑技术对混凝土性能和质量提出的越来越高的要求。正确选择和使用不同品种的外加剂，不但可以节约水泥，增加矿物掺合料用量，降低混凝土综合成本，而且可以大幅度提高混凝土的工作性、匀质性、稳定性、强度和耐久性，使混凝土向轻质、高强、耐久、经济、节能、绿色等方向不断发展。因此，化学外加剂的生产和应用技术已成为混凝土向高新技术领域发展的关键技术。

化学外加剂的品种繁多，每种外加剂常常具有一种或多种功能，其化学成分可以是有机物、无机物或二者的复合产品，因而混凝土外加剂有不同的分类方法。

1. 按主要使用功能分类

（1）改善混凝土拌合物流变性能的外加剂，包括各种减水剂、引气剂和泵送剂等。

（2）调节混凝土凝结时间、力学性能的外加剂，包括缓凝剂、速凝剂和早强剂等。

（3）改善混凝土耐久性的外加剂，包括引气剂、防水剂和阻锈剂等。

（4）改善混凝土其他性能的外加剂，包括膨胀剂、防冻剂和着色剂等。

化学外加剂按主要功能分类，具有简明、适用的优点，也符合命名原则。当某种外加剂（主要是复合外加剂）具有一种以上的主要功能时，则按其一种以上功能命名。如某种外加剂具有减水作用和早强作用时，为早强减水剂；当某种外加剂具有减水和引气作用时，则称为引气减水剂。

2. 按化学成分分类

（1）无机物外加剂。它包括各种无机盐类、一些金属单质和少量氢氧化物等，如早强剂中的 $CaCl_2$ 和 Na_2SO_4，加气剂中的铝粉，防水剂中的氢氧化铝等。

（2）有机物外加剂。这类外加剂种类多，占混凝土外加剂的绝大部分，其中大部分属于表面活性剂的范畴，有阴离子型、非离子型及高分子型表面活性剂等，如十二烷基苯磺酸钠引气剂、木质素磺酸盐普通减水剂及萘磺酸盐甲醛缩合物高效减水剂等。

（3）复合外加剂。它是适当的无机物与有机物复合制成的外加剂，往往具有多种功能或使某项性能得到显著改善，这也是“协同效应”在外加剂应用技术中的体现，是外加剂的发展方向之一。

化学外加剂按化学成分分类，有利于科学研究工作的开展及新品种的开发。

5.2　减水剂

在混凝土拌合物坍落度基本相同的条件下，能减少拌和用水量的外加剂称为混凝土减水剂，它是最常用的一种混凝土外加剂。按照我国混凝土外加剂标准 GB 8076—2008 规定，将减水率等于或大于 8% 的减水剂称之为普通减水剂（单组分者又称为塑化剂），减水率等于或大于 14% 的减水剂称之为高效减水剂（单组分者又称为超塑化剂），减水率等于或大于 25%，且其他性能符合 GB 8076—2008 标准要求的高效减水剂称为高性能减水剂。

减水剂可以是单组分减水剂，也可以与其他减水剂复配形成复合减水剂。根据减水剂是否具有引气作用或对混凝土凝结时间和强度增长是否有影响，又将其分为引气减水剂、缓凝减水剂和早强减水剂等。

单组分普通减水剂多为天然有机物，单组分高效减水剂除改性木质素磺酸盐外，大都为人工合成的有机高分子聚合物电解质，分子量一般在 1500 ~ 100000 范围内。

5.2.1　常用高效减水剂或高性能减水剂

高效减水剂或高性能减水剂种类很多，并且还在进一步扩大。本节主要介绍目前在工程中广泛应用的品种。

1. 萘磺酸盐甲醛缩合物高效减水剂

萘磺酸盐甲醛缩合物是稠环芳烃磺酸盐甲醛缩合物的一种，该种高效减水剂又简称萘系高效减水剂，是一种高分子阴离子型表面活性剂，主要成分为 β-萘磺酸钠甲醛缩合物，分子结构通式如下：

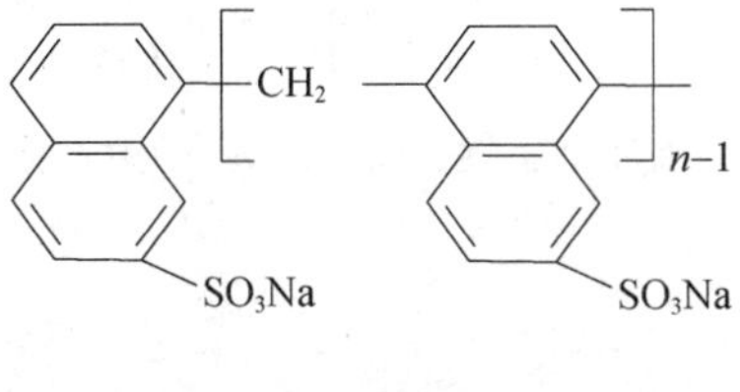

在合成过程中，若完全用氢氧化钠中和，则生成的萘系高效减水剂中 Na_2SO_4 含量高，一般为 15% ~25%。通过添加石灰形成 $CaSO_4$ 沉淀或降低液体产品温度形成 Na_2SO_4 结晶沉淀，然后过滤沉淀物再喷雾干燥，可大幅度降低粉剂产品中 Na_2SO_4 的含量。将 Na_2SO_4 含量大于 5% 的产品称为“低浓型”萘系高效减水剂，Na_2SO_4 含量等于或小于 5% 的产品称为“高浓型”萘系高效减水剂。在相同掺量情况下，“高浓型”产品减水率高，配制的液体产品在低温时不容易产生 Na_2SO_4 析晶沉淀。

合成出的固含量 45% 左右的萘系高效减水剂为浅棕色水溶液，易于喷雾干燥，粉剂产品为棕色粉末，按固体计的合适掺量为胶凝材料质量的 0.5% ~1.0%，减水率为 10% ~30%，多在 15% 以上。

萘系高效减水剂无缓凝和引气作用，减水率大，增强效果明显，适合于配制 C80 以下各种塑性、流动性或大流动性混凝土。配制蒸养混凝土时，蒸汽养护前无须延长静停时间。

但是，萘系高效减水剂与水泥相容性一般，所拌混凝土坍落度经时损失大，“低浓型”产品配制的液体外加剂在低温下易产生硫酸钠结晶沉淀，因而限制了它在泵送混凝土中的单独使用。解决的办法可适当增大掺量、与缓凝剂或其他高效减水剂复合使用。

2. 密胺树脂系高效减水剂（水溶性树脂类减水剂）

密胺树脂系高效减水剂的全称为磺化三聚氰胺甲醛缩合物，又称为磺化三聚氰胺系高效减水剂或水溶性树脂类减水剂。该类高效减水剂属阴离子型聚合物电解质，分子结构式如下：

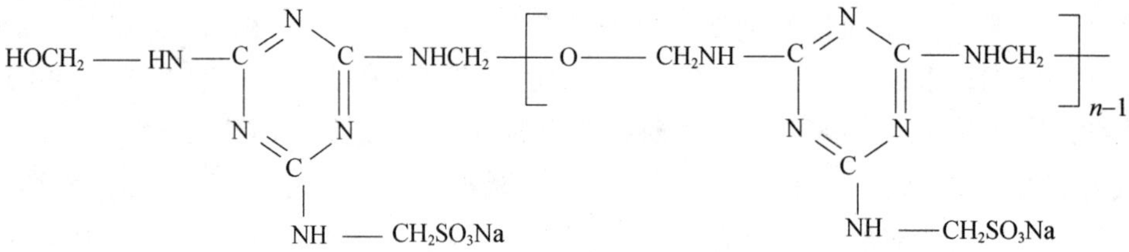

合成出的固含量 35% 左右的密胺树脂系高效减水剂为无色或浅黄色水液体，可喷雾干燥得白色粉末产品，但干燥温度和效率比萘系的低。该种高效减水剂系早强、非缓凝、无引气型减水剂，按固体计的合适掺量为胶凝材料质量的 0.5% ~1.0%，相应减水率为 15% ~30%，略高于萘系高效减水剂；与水泥的相容性和保坍效果与萘系相当，由于价格远高于萘系，故实际工程中应用较少。但是，该类减水剂具有明显的早强、增强作用，1d 强度可提高一倍以上，3d 强度可达到不掺减水剂混凝土 28d 的强度；所配混凝土表面密实、光亮，适合于配制清水混凝土或作为光亮剂的减水组分；对铝酸盐和硫铝酸盐水泥的相容性好，适合于配制耐火混凝土、硫铝酸盐混凝土和铁铝酸盐混凝土等。

3. 脂肪族系高效减水剂

脂肪族系高效减水剂，又称为脂肪族羟基磺酸盐高效减水剂或酮基磺酸盐高效减水剂，它是具有一定表面活性作用的阴离子型脂肪族高分子缩合物，其分子结构式如下：

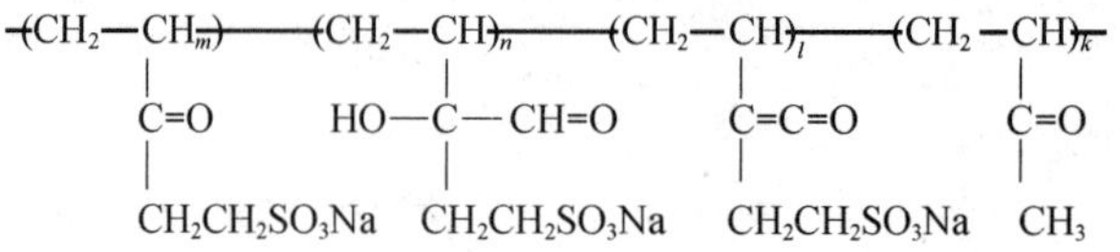

合成出的固含量35%左右的脂肪族高效减水剂为深紫红色的水溶液，按固体计的合适掺量为胶凝材料质量的0.4% ~0.8%，相应减水率为15% ~25%，属早强、非缓凝、无引气型减水剂；掺量略低于萘系的，其减水率与水泥的相容性及保坍性与萘系的相当，但碱含量和硫酸钠含量远低于萘系，配制的液体外加剂在低温下不易结晶沉淀，且价格较低，故性价比较高。

该类减水剂颜色深红，拌制的混凝土硬化后表面泛红色，但不影响混凝土的其他性能。通过合成原材料的改变和工艺的调整可明显降低减水剂的颜色，或通过与其他高效减水剂复合使用，也可防治硬化混凝土表面泛红现象。

4. 氨基磺酸盐甲醛缩合物高效减水剂

氨基磺酸盐甲醛缩合物是一种单环芳烃磺酸盐甲醛缩合物减水剂，又称为氨基磺酸盐系高效减水剂，是一种具有一定表面活性作用的阴离子型高效减水剂，其化学结构通式可表示如下：

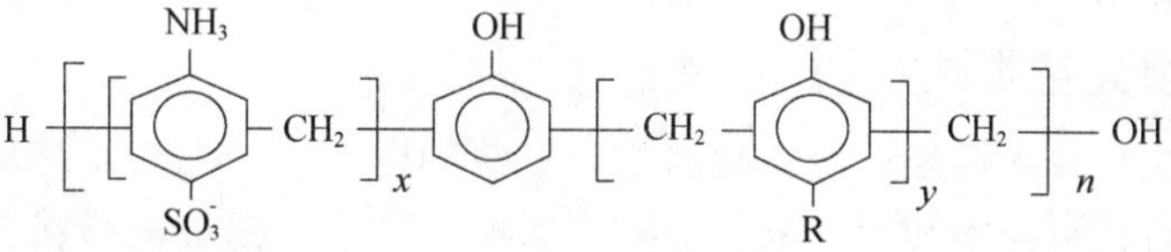

R=H, CH_2OH, $CH_2NHC_6H_4SO_3M$, $CH_2C_6H_4OH$

合成出的固含量30%左右的氨基磺酸系高效减水剂为棕红色水溶液。也可经喷雾干燥后获得黄褐色粉末产品，但干燥温度和效率比萘系的低。与萘系和密胺树脂系高效减水剂相比，氨基磺酸盐系高效减水剂掺量低，减水率高，按固体计的合适掺量为胶凝材料质量的0.25% ~0.55%，相应减水率为15% ~35%；无引气作用，碱含量、硫酸钠含量低，液体产品低温下无结晶沉淀；与水泥相容性好，混凝土拌合物坍落度经时损失小。但是，该类高效减水剂有一定缓凝作用，对掺量敏感，掺量大时混凝土拌合物易离析泌水，因此，其常与萘系、脂肪族系等高效减水剂复合使用，特别是配制液体泵送剂或防冻泵送剂。

5. 聚羧酸盐系高效减水剂或高性能减水剂

上述四种高效减水剂，均是通过甲醛合成的高分子缩聚物，而聚羧酸盐系高效减水剂则不同，它是由含羧基的不饱和小单体、醚型或酯型不饱和大单体，以及其他可能的不饱和单体经共聚而成的高分子共聚物。分子结构的可设计性强，可由二元、三元、四元等单体共聚而成。由于所选原料不同，分子组成及结构也多种多样，但大多数为梳型结构，其特点是主链较长，带有多个极性较强的活性基团；侧链较短，数量多，其上也带有大量的活性基团。简单的二元酯类聚羧酸高性能减水剂的梳型分子结构通式可表示如下：

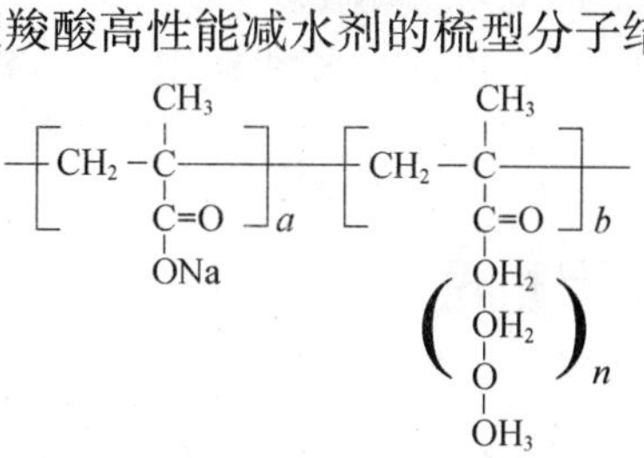

合成出的固含量40%左右的聚羧酸高效减水剂为浅黄色水溶液，也有经浓缩后固含量

很高的液体甚至膏状产品，或者喷雾干燥得粉剂产品，但干燥温度和效率很低，且一般情况下粉剂产品与液剂产品相比性能有所降低。该类减水剂分为缓凝型和非缓凝型两大类，有较强的引气作用，碱含量及硫酸盐含量极低；掺量低，减水率高，按固体计的合适掺量为胶凝材料质量的0.15%～0.40%，相应减水率为15%～40%。它是迄今为止开发的高效减水剂中，与水泥相容性及保坍性最好的高效减水剂，其早强、增强效果显著，且具有降低混凝土干缩、明显提高混凝土耐久性的作用。

5.2.2 常用普通减水剂

木质素磺酸盐、多元醇及其衍生物、聚氯乙烯醚及其衍生物、羟基羧酸盐等均可作为普通减水剂，但是，有的因为价格太高而很少使用，有的因为其他性能更为突出（如缓凝性和引气性）而归属于其他外加剂，故本节主要介绍工程中常用的两大类普通减水剂，即木质素磺酸盐类和糖蜜类减水剂。

1. 木质素磺酸盐类减水剂

木质素磺酸盐类减水剂是亚硫酸盐法生产纸浆的废液，经生物发酵从中提取酒精或香兰素，降低糖分后，再经中和、浓缩、喷雾干燥所得的一种棕黄色粉状物工业副产品，其中木质素磺酸盐含量为60%以上，含糖量低于12%。它包括木质素磺酸钙、木质素磺酸钠、木质素磺酸镁三种类型，简称木钙、木钠和木镁，均为阴离子表面活性剂。

该类减水剂的原料丰富、价格较低、应用普遍，按固体计的合适掺量为胶凝材料质量的0.2%～0.3%，相应减水率为8%～10%；该类减水剂同时具有引气和缓凝作用，引气量可达2%～3%，缓凝1～3h，低温下缓凝性更强，一般不宜单独用于有早强要求的混凝土及蒸养混凝土。该类减水剂由于含有一定量的糖分，故要严格控制掺量，最多不能超过0.5%，否则将产生严重缓凝现象而减水率并不提高；在以硬石膏或氟石膏为缓凝成分的水泥中掺用该类减水剂时，应先做与水泥的相容性试验，以免出现混凝土拌合物急凝事故。

2. 糖蜜类减水剂

糖蜜类减水剂是以制糖工业的糖渣废蜜为原料制得的减水剂，有糖稀和糖钙。常用的是糖钙，它是用石灰中和糖渣废蜜而成的非离子表面活性剂，外观呈棕褐色粉末或糊状物，pH值为9～10，其有效成分为蔗糖化钙、葡萄糖化钙及果糖化钙。该类减水剂不引气，但由于含有较多糖分，故缓凝性大于木质素磺酸盐类减水剂。

糖钙减水剂按固体计的合适掺量为胶凝材料质量的0.2%～0.3%，减水率为6%～10%，略低于木钙，缓凝时间一般大于3h。该种减水剂多用作缓凝剂，适用于大体积混凝土及泵送混凝土等工程。

5.2.3 减水剂的作用机理

1. 吸附—分散作用

水泥加水拌和后，由于水泥颗粒间长程范德华力的吸引作用，以及水泥水化初期，铝酸钙颗粒表面荷正电，硅酸钙颗粒表面荷负电，正负电荷的静电吸引作用，使水泥颗粒相互团聚形成絮凝结构，絮团中包含有10%～30%的自由水（图5-1），从而降低了混凝土拌合物的流动性。当加入适量减水剂后，如图5-2所示，减水剂分子定向吸附于水泥颗粒表面，使水泥颗粒表面带上同种电荷而产生静电斥力，同时，由于减水剂多为聚合物电解质表面活性剂，吸附在水泥颗粒表面还会产生空间位阻斥力，两种斥力的大小因减水剂分子结构不同而异，线型高分子减水剂的空间位阻斥力远小于具有支链结构的梳型高分子减水剂的空间位阻斥力。这些斥力使水泥颗粒相互分散，絮凝结构解体，释放出包裹于其中的自由水，从而有效地增大了混凝土拌合物的流动性。

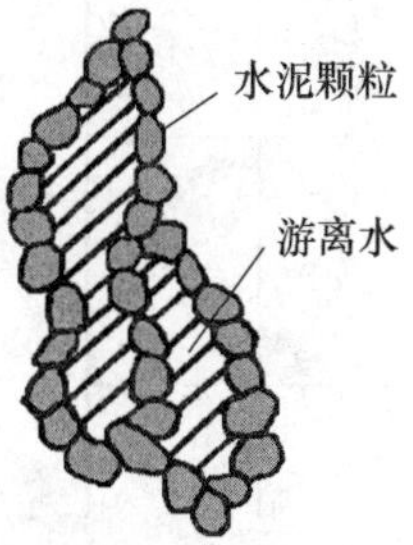

图5-1　水泥浆的絮凝结构

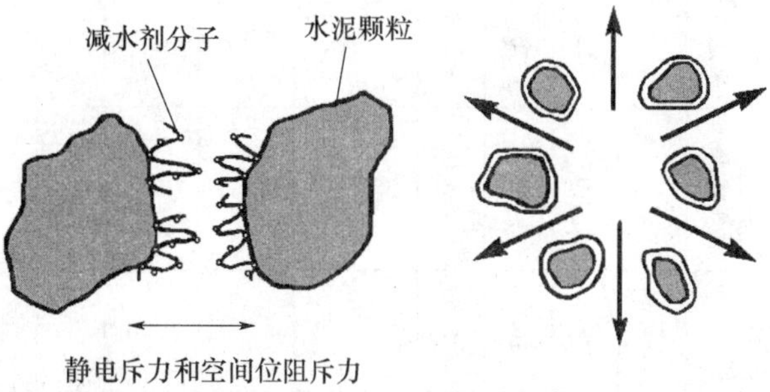

图5-2　减水剂的分散作用示意图

2. 润滑作用

减水剂分子吸附在水泥颗粒表面后，由于极性基团的亲水作用，可使水泥颗粒表面形成一层单分子溶剂化水膜，一方面破坏了絮凝结构，使水泥颗粒充分分散，增大了水泥颗粒与水的接触界面积；另一方面提高了水泥颗粒表面的润湿性，对水泥颗粒及骨料颗粒的相对运动起到润滑作用，所以宏观上表现为新拌混凝土流动性增大。

5.2.4　减水剂在工程中的应用

减水剂在工程中的应用如下：

（1）在保持单位用水量不变的情况下，通过添加减水剂，大幅度提高混凝土拌合物的流动性，以满足施工需要。

（2）在保持工作性（特别是流动性）不变的情况下，通过添加减水剂，减少单位水用量，降低水灰比或水胶比，显著提高混凝土的强度及耐久性，以满足建筑工程对高强高性能混凝土的需求。

（3）在保持混凝土强度不变的情况下，通过添加减水剂，减少单位水泥用量，增加掺合料用量，降低混凝土综合成本并提高耐久性。

（4）减水剂及随后要介绍的其他外加剂，使用前必须依据有关标准，经具有相应资质的实验室检验，合格后方可使用。掺减水剂及其他外加剂的受检混凝土的性能指标应符合表5-1的规定，根据用户要求，掺聚羧酸盐系高效减水剂的受检混凝土的性能指标可能尚应符合表5-2的规定。

表 5-1 掺外加剂混凝土性能指标（GB 8076—2008）

试验项目		外加剂品种												
		高性能减水剂			高效减水剂		普通减水剂			引气减水剂	泵送剂	早强剂	缓凝剂	引气剂
		早强型	标准型	缓凝型	标准型	缓凝型	早强型	标准型	缓凝型					
减水率（%），不小于		25	25	25	14	14	8	8	8	10	12	—	—	6
泌水率比（%），不大于		50	60	70	90	100	95	100	100	70	70	100	100	70
含气量（%）		≤6.0	≤6.0	≤6.0	≤3.0	≤4.5	≤4.0	≤4.0	≤5.5	≥3.0	≤5.5	—	—	≥3.0
凝结时间（min）	初凝 终凝	+90 ~ +90	-90 ~ +120	> +90	-90 ~ +120	> +90	+90 ~ +90	-90 ~ +120	> +90	-90 ~ +120	—	-90 ~ +90	> +90	-90 ~ +120
1h 经时变化量	坍落度（mm）	—	≤80	≤60	—	—	—	—	—	—	≤80	—	—	—
	含气量（%）	—	—	—						-1.5 ~ +1.5	—			-1.5 ~ +1.5
抗压强度比（%），不小于	1d	180	170	—	140	—	135	—	—	—	—	135	—	—
	3d	170	160	—	130	—	130	115	—	115	—	130	—	95
	7d	145	150	140	125	125	110	115	110	110	115	110	100	95
	28d	130	140	130	120	120	100	110	110	100	110	100	100	90
收缩率比（%），不大于	28d	110	110	110	135	135	135	135	135	135	135	135	135	135
相对耐久性 200 次（%），不小于		—	—	—	—	—	—	—	—	80	—	—	—	80

注：1. 除含气量外，表中所列数据为掺外加剂混凝土与基准混凝土的差值或比值；

2. 凝结时间指标，“-”号表示提前，“+”号表示延缓；

3. 相对耐久性指标一栏中，80 表示将 28d 龄期的掺外加剂混凝土试件冻融循环 200 次后，动弹性模量保留值≥80%。

表 5-2　聚羧酸系高效减水剂的化学性能指标及掺该类高效减水剂的混凝土性能指标（JG/T 223—2017）

试验项目		性能指标			
		非缓凝型		缓凝型	
		Ⅰ	Ⅱ	Ⅰ	Ⅱ
甲醛含量（按折固含量计）（%），不大于		0.05			
氯离子含量（按折固含量计）（%），不大于		0.6			
总碱量（Na_2O+K_2O）（按折固含量计）（%），不大于		15			
减水率（%），不小于		25	18	25	18
泌水率比（%），不小于		60	70	60	70
含气量（%）		6.0			
1h 坍落度保留值（min），不小于		—		150	
凝结时间差（min）		-90 +120		> +120	
抗压强度比（%），不小于	1d	170	150	—	
	3d	160	140	155	135
	7d	150	130	145	125
	28d	130	120	130	120
28d 收缩率比（%），不大于		100	120	100	120
对钢筋锈蚀作用		对钢筋无锈蚀作用			

注：1. 除含气量外，表中所列数据为掺外加剂混凝土与基准混凝土的差值或比值；
2. 凝结时间指标，“-”号表示提前，“+”号表示延缓。

5.3 缓凝剂

缓凝剂是一种能延迟水泥水化反应，从而延长混凝土凝结时间的外加剂。掺入适量缓凝剂的新拌混凝土可在较长时间内保持塑性或流动性，方便运输、浇筑、成型，同时对混凝土后期各项性能不会造成不良影响。按性能可分为两种：仅起延长混凝土凝结时间作用的缓凝剂，兼具缓凝和减水作用的缓凝减水剂。

5.3.1 缓凝剂的分类及常用缓凝剂

缓凝剂种类很多，按化学成分分为无机缓凝剂和有机缓凝剂；按缓凝时间长短，分普通缓凝剂和超缓凝剂。

无机缓凝剂包括磷酸盐（焦磷酸盐、偏磷酸盐和正磷酸盐）、锌盐（氯化锌和碳酸锌）、硫酸铁、硫酸铜、硼酸盐、氟硅酸盐等。

有机缓凝剂包括羟基羧酸及其盐（柠檬酸、酒石酸、水杨酸、苹果酸、马来酸、葡萄糖酸、葡萄糖酸钠等）、多元醇及其衍生物（丙三醇、山梨醇、聚乙烯醇等）、糖类及碳水化合物（葡萄糖、蔗糖、糖蜜及其衍生物、羧甲基纤维素醚）等。

缓凝减水剂是同时具有缓凝和减水的外加剂，主要有：木质素磺酸盐类、糖蜜类及各种复合型缓凝减水剂。

木质素磺酸盐类及糖蜜类（特别是木钙和糖钙）在5.1节中已介绍，本节重点介绍其他几种常用缓凝剂。

1. 常用无机缓凝剂

使用的最广泛的无机缓凝剂是三聚磷酸钠，为白色粉末，其次是硼砂、六偏磷酸钠及六氟硅酸钠，它们均为白色结晶物质。三聚磷酸钠、硼砂和六偏磷酸钠易溶于水，六氟硅酸钠微溶于水。六偏磷酸钠掺量低，合适掺量为胶凝材料质量的0.03%～0.1%；三聚磷酸钠、硼砂和六氟硅酸钠掺量高，合适掺量为胶凝材料质量的0.1%～0.3%。

2. 常用有机缓凝剂

使用最广泛的有机缓凝剂是葡萄糖酸钠，其次是木钙、糖钙、白糖（蔗糖）、柠檬酸等。葡萄糖酸钠和柠檬酸为白色粉末，白糖为结晶颗粒粉末，它们均易溶于水，其掺量一般为胶凝材料质量的0.03%～0.1%。葡萄糖酸钠、白糖和柠檬酸等三种缓凝剂中，白糖的缓凝性最强，与水泥相容性和保坍效果一般；低掺量的葡萄糖酸钠缓凝性较弱，但随着掺量增大，缓凝性显著增强，其与水泥的相容性和保坍效果好；柠檬酸缓凝性与葡萄糖酸钠相当，对某些水泥的相容性和保坍效果显著。

5.3.2　缓凝剂的作用机理

绝大多数无机缓凝剂为电解质盐类，电离后产生的阴离子与钙离子反应生成难溶物质沉积于水泥颗粒表面，或与水泥颗粒表面反应生成致密难溶薄层，抑制了水分子的渗入，阻碍了水泥正常水化作用的进行，从而起到了缓凝作用。

有机缓凝剂多为多元醇、多羟基醛或羧酸，吸附在水泥颗粒表面后，由于羟基与水分子可以通过氢键缔合，使水泥颗粒表面形成了一层稳定的溶剂化水膜，阻止自由水与水泥颗粒表面直接接触，阻碍水泥正常水化进行，从而起到缓凝作用。

5.3.3　缓凝剂在工程中的应用

使用缓凝剂的目的主要有三点：其一，延长水泥凝结时间，降低混凝土温峰，推迟混凝土温峰出现的时间；其二，控制混凝土坍落度经时损失，使混凝土拌合物在较长时间内保持流动性；其三，缓凝剂与高效减水剂复合使用，通过“协同效应”提高总减水率，提高混凝土耐久性。

缓凝剂一般不单独使用，经常与其他外加剂复合成缓凝减水剂、泵送剂或其他复合外加剂使用。一般情况下，随着缓凝剂掺量增加，缓凝作用增强，为避免过度缓凝引起工程事故，粉剂外加剂必须混合均匀，缓凝组分不能有结块、结粒现象；水剂外加剂不能有结晶沉淀现象。

同种缓凝剂的缓凝效果随水泥的种类和成分变化而有所不同，有时还会引起混凝土假凝、急凝现象，因此，使用前应进行与水泥的相容性试验，符合要求后方可使用。掺缓凝剂或缓凝减水剂的混凝土，其性能指标应符合表 5-1 的规定。

5.4　引气剂

在混凝土搅拌过程中能引入大量均匀分布、稳定而封闭的微小气泡且能保留在硬化混凝土中，且对混凝土强度降低较小的外加剂称为引气剂。引气剂能改善混凝土的和易性，特别是泵送性能，同时提高混凝土的抗冻性和耐久性。

5.4.1　引气剂的种类及常用引气剂

引气剂是表面活性剂，按其在水溶液中的电离性质分为：阴离子型、阳离子型、非离子型和两性型四类。一般包括松香类（松香热聚物、松香酸皂等）、合成阴离子表面活性剂类（十二烷基磺酸钠、十二烷基硫酸钠、十二烷基苯磺酸钠、脂肪醇硫酸钠等）、合成非离子表面活性剂（脂肪醇聚氧乙烯醚、烷基酚聚氧乙烯醚）、木质素磺酸盐类、石油磺酸盐类（主要成分为烷基磺酸盐）、蛋白质盐类（主要成分为羧酸盐和氨基酸盐混合物）、皂角苷类（主要成分为三萜皂苷）。

实际工程中常用的引气剂除木质素磺酸盐类以外，主要有松香类和十二烷基苯磺酸钠。

松香类引气剂包括松香热聚物和松香酸皂，按固体计的合适掺量为胶凝材料质量的0.003%～0.01%，混凝土引气量为3%～5%，减水率为6%～8%，气泡较小，稳定性较好。

十二烷基苯磺酸钠较易合成，工业上可制得高纯度的白色粉末产品，易溶于水，起泡性强，产生的泡沫多，但尺寸较大，稳定性差。按固体计的合适掺量为胶凝材料质量的0.005%～0.015%，引气量为4%～5%，减水率为6%～7%。

随着对混凝土耐久性的要求不断提高，在工程中也越来越多地使用一些性能优异的新品种引气剂，如皂角苷类，按固体计的掺量为胶凝材料质量的0.005%～0.02%，引气量为4%～5%，减水率为7%～9%，气泡细密，分布均匀，稳定性好。

5.4.2 引气剂的作用机理

引气剂是表面活性剂，它可吸附在气泡表面并作定向排列，一方面显著降低液气界面张力，减小液气界面总能量，易于使混凝土搅拌过程中吸入的空气被剪切碎散成小气泡；另一方面，引气剂分子定向排布在气泡表面吸附水分子，增加气泡液膜厚度和强度，从而防止小气泡兼并成大气泡，阻止气泡上浮，使大量微小气泡能够均匀稳定地存在于混凝土中。引气剂所稳定下来的封闭气泡的直径多在50～250μm，按混凝土含气量3%～5%计（不加引气剂混凝土含气量多为1%），每立方米混凝土拌合物中约含有数百亿个气泡。由于大量微小、封闭且均匀分布气泡的存在，使混凝土的性能得到明显改善。

5.4.3 引气剂在工程中的应用

添加引气剂可以改善混凝土拌合物的和易性，提高泵送混凝土的可泵性。微小封闭气泡的存在，犹如混凝土拌合物中有无数个“滚珠”，润滑作用很强，使混凝土流动性明显提高。大量微小气泡使混凝土内聚力增加，减小了水的流动，降低了颗粒下沉，因而增加了混凝土拌合物的黏聚性，减轻了泌水、离析现象。

添加引气剂可以提高混凝土抗渗、抗碳化、抗化学腐蚀、抗冻等耐久性。加入引气剂后，所形成的大量微小封闭气孔切断了渗水通路，提高了混凝土的抗渗能力，降低了侵蚀性气体和液体的侵入，使得与抗渗性有关的抗碳化、抗化学腐蚀性能均得到提高；气孔能有效地缓解混凝土受冻时的冰胀压力和渗透压力，所以混凝土的抗冻融破坏能力得以显著提高。

引气剂使混凝土的含气量增加2%～4%，实际受力面积减小，所以掺引气剂的混凝土与不掺者相比，其强度往往有所下降。一般情况下，混凝土含气量提高1%，抗压强度降低4%～5%，抗折强度降低2%～3%。

引气剂一般不单独使用，常与减水剂复配成引气减水剂或泵送剂，用于配制抗冻混凝土、抗渗混凝土、抗腐蚀混凝土、轻骨料混凝土、贫混凝土（水泥用量少）以及有饰面要求的混凝土等；引气剂不适用于强度要求高的混凝土、蒸养混凝土及预应力混凝土。

引气剂的掺量极低，且大多数需热水溶解。为了搅拌均匀，使用时应配成适当浓度的稀溶液使用。对于粉剂外加剂，由于引气组分量少，一定要使用微细粉末状引气剂，并加强搅拌混合，使之均匀。掺引气剂或引气减水剂混凝土的性能指标应符合表5-1的规定。

5.5　速凝剂与早强剂

5.5.1　速凝剂

速凝剂是能使混凝土迅速凝结硬化的外加剂，它能使混凝土或砂浆在几分钟内就凝结硬化，早期强度明显提高，但通常后期强度有所降低。速凝剂广泛应用于喷射混凝土、灌浆止水混凝土及抢修补强混凝土，在矿山井巷、隧道涵洞、地下硐室等工程中。

1. 速凝剂的种类及常用速凝剂

速凝剂的种类很多，按化学成分分类，包括铝氧熟料加碳酸盐类、硫铝酸盐类、铝酸盐类、水玻璃类及其他类（主要以有机物为主）等。本节简单介绍前四类速凝剂。

（1）铝氧熟料加碳酸盐类粉剂速凝剂。该类速凝剂的主要成分为铝氧熟料、碳酸钠及生石灰，合适掺量为胶凝材料质量的3%～5%。掺此类速凝剂的混凝土后期强度降低幅度较大，但加入无水石膏可在一定程度上降低碱含量并提高后期强度。

（2）硫铝酸盐类粉剂速凝剂。它是由硫铝酸盐熟料，再与一定的生石灰及氧化锌研磨而成，其主要成分为偏铝酸钠、硫酸铝、氧化钙及氧化锌，适用于干喷射混凝土，合适掺量为水泥用量的3%～5%。该种速凝剂碱含量低，混凝土后期强度降低小。

（3）铝酸盐类液体速凝剂。它是由氢氧化铝和氢氧化钠经水热合成的一种固含量60%～65%的液体，主要成分为偏铝酸钠，为改善性能可能加入少量硫酸铝或三乙醇胺等化学物质。该种速凝剂含碱量高，适用于湿喷混凝土，按固含量计的合适掺量为水泥用量的1.2%～2.0%；所配喷射混凝土回弹量小，后期强度降低小。

（4）水玻璃类液体速凝剂。它是一种液体速凝剂，以水玻璃为主要成分，并加入适量重铬酸钾降低黏度，亚硝酸钠降低冰点，三乙醇胺提高早期强度，所配制的混凝土早期强度高，抗渗性好，但收缩大。

2. 速凝剂的作用机理

速凝剂产品的组成往往很复杂，它与水泥（包括水化产物）之间的反应与水泥本身的水化反应同时进行，互为条件，相互影响。归纳起来，上述三类含铝速凝剂的作用机理主要包括以下四个方面：

（1）大量生成水化铝酸钙：

$$NaAlO_2 + 3CaO + 7H_2O = 3CaO \cdot Al_2O_3 \cdot 6H_2O + 2NaOH \tag{5-1}$$

（2）大量生成水化硫铝酸钙（钙矾石）：

$$NaAlO_2 + 3Ca(OH)_2 + 3CaSO_4 + 30H_2O = 3CaO \cdot Al_2O_3 \cdot 3CaSO_4 \cdot 32H_2O \tag{5-2}$$

$$3CaO \cdot Al_2O_3 \cdot 6H_2O + 3\ (CaSO_4 \cdot 2H_2O)\ + 20H_2O = 3CaO \cdot Al_2O_3 \cdot 3CaSO_4 \cdot 32H_2O \tag{5-3}$$

（3）生成溶解度极低或不溶盐类物质，使混凝土拌合物凝结稠化：

$$Na_2CO_3 + CaO + H_2O = CaCO_3 + 2NaOH \tag{5-4}$$

$$Na_2CO_3 + CaSO_4 = CaCO_3 + Na_2SO_4 \tag{5-5}$$

（4）大量生成水化硫铝酸钙及不溶物质的同时，消耗部分石膏，降低了石膏对水泥的缓凝作用，促进了铝酸三钙的水化作用；消耗部分水泥水化产物氢氧化钙，促进硅酸三钙的水化作用。

水玻璃类液体速凝剂的作用机理是其与水泥水化产物氢氧化钙反应生成难溶硅酸钙和吸水性很强的二氧化硅胶体，反应式如下：

$$Na_2O \cdot nSiO_2 + Ca(OH)_2 + mH_2O = CaSiO_3 + \ (n\text{-}1)SiO_2 \cdot mH_2O + 2NaOH \tag{5-6}$$

氢氧化钙的迅速消耗又会进一步促使水泥水化，加速凝结硬化过程。

3. 速凝剂在工程中的应用

掺速凝剂的混凝土（如喷射混凝土）宜选用硅酸盐水泥和普通硅酸盐水泥。同时，应根据环境温度、喷射位置、岩面状况、喷射方法等情况，正确选择速凝剂的合适掺量，在满足施工要求的前提下，掺量宜取低限。

速凝剂掺入混凝土中要搅拌均匀，否则会导致水泥石结构的匀质性、抗渗性差，严重时会发生喷层成片脱落现象。

对于干喷混凝土，掺入速凝剂后的干混料，停放时间不应超过 20min，否则，干混料会吸湿凝结。

速凝剂及掺速凝剂的水泥净浆和硬化砂浆的性能应满足 JC 477—2005 标准要求（表 5-3）。

表 5-3　掺速凝剂水泥净浆和硬化砂浆的性能（JC 477—2005）

产品等级	净浆		砂浆	
	初凝时间（min）≤	初凝时间（min）≤	1d 抗压强度（MPa）≥	28d 抗压强度比（%）≥
一等品	3	8	7.0	75
合格品	5	12	6.0	70

5.5.2 早强剂

能加速混凝土早期强度发展的外加剂称为早强剂。它一般对混凝土的凝结时间无明显影响。凡是希望提高混凝土早期强度、加快施工进度的工程均可使用早强剂，尤其在低温及负温工程、抢修补强工程、预制构件即蒸养混凝土中大量使用。

1. 早强剂的分类及常用早强剂

早强剂的种类很多，按化学成分，可分为以下三大类：

（1）无机系早强剂。它是目前用量最大的早强剂，包括氯盐系（氯化钙、氯化钠、氯化钾、氯化锂、氯化铁、氯化铝等）、硫酸盐系（硫酸钠即芒硝和元明粉、硫酸钾、硫酸钙即石膏、硫酸铝钾即明矾、硫酸铁、硫酸锌、硫代硫酸钠等）、硝酸盐系（硝酸钠、硝酸钙、亚硝酸钠、亚硝酸钙等）、碳酸盐系（碳酸钠、碳酸钾、碳酸锂等）等。

（2）有机系早强剂。它包括三乙醇胺、三异丙醇胺、甲酸钙、甲酸钠、乙酸钠等。

（3）复合早强剂。它是由两种或两种以上无机早强剂复合而成，或者由无机早强剂与有机早强剂复合而成，通过不同种类早强剂复合使用的协同效应，提高复合早强剂的综合性能。

目前常用的早强剂有氯化钙、氯化钠、硫酸钠（芒硝 $Na_2SO_4 \cdot 10H_2O$ 或其脱水生成的无水硫酸钠（元明粉））、亚硝酸钠、碳酸钠、三乙醇胺等。按胶凝材料质量的百分含量计，氯化钙的合适掺量为0.3%～2.0%，早强效果好；氯化钠的合适掺量为0.2%～0.5%，早强效果略低于氯化钙；硫酸钠（按无水计）的合适掺量为0.5%～1.0%，芒硝的早强效果优于元明粉；亚硝酸钠的合理掺量为0.3%～2.0%，不但具有早强作用，还具有防冻作用和阻锈作用；三乙醇胺（简称TEA）的合理掺量为0.03%～0.05%，单掺效果不明显，常与无机盐早强剂复合使用。

2. 早强剂的作用机理

无机早强剂的种类很多，作用机理也不尽相同，归纳起来，主要包括以下几个方面：

（1）与水泥矿物或水化产物生成含有大量化学结合水的不溶性复盐，提高固相比例，有助于水泥浆结构的形成：

$$CaC1_2 + 3CaO \cdot A1_2O_3 + H_2O \rightarrow 3CaO \cdot A1_2O_3 \cdot 3CaCl_2 \cdot 30H_2O$$

$$\text{或 } 3CaO \cdot A1_2O_3 \cdot CaCl_2 \cdot 10H_2O \tag{5-7}$$

$$CaCl_2 + Ca(OH)_2 + H_2O \rightarrow CaCl_2 \cdot 3Ca(OH)_2 \cdot 12H_2O \text{ 或 } CaCl_2 \cdot Ca(OH)_2 \cdot H_2O \tag{5-8}$$

（2）生成不溶盐类物质，使早期混凝土结构致密化：

$$Na_2CO_3 + Ca(OH)_2 + H_2O \rightarrow CaCO_3 + 2NaOH \tag{5-9}$$

（3）生成比表面积极大的硫酸钙，再与水泥中铝酸三钙迅速反应生成钙矾石，体积膨胀，使水泥石致密，从而提高了早期强度：

$$Na_2SO_4 + Ca(OH)_2 + 2H_2O \rightarrow CaSO_4 \cdot 2H_2O + 2NaOH \tag{5-10}$$

$$3CaO \cdot Al_2O_3 \cdot 6H_2O + 3(CaSO_4 \cdot 2H_2O) + 20H_2O \rightarrow 3CaO \cdot Al_2O_3 \cdot 3CaSO_4 \cdot 32H_2O \tag{5-11}$$

（4）生成不溶性复盐、不溶性盐、钙矾石等的同时，消耗部分水泥水化产物氢氧化钙，加速硅酸三钙的水化，有助于提高混凝土的早期强度。

三乙醇胺产生早强作用的机理，目前研究尚不够充分，看法还不一致。一般认为在复合早强剂中，它起着催化剂的作用，即可促进无机早强剂对水泥水化的加速作用。

3. 早强剂在工程中的应用

许多早强剂在增进混凝土早期强度的同时，都伴随有负面影响，如氯盐促使钢筋锈蚀，硫酸钠对锌、铝涂层有腐蚀作用，亚硝酸盐有一定毒性，会对人体和动物产生危害，钾盐和钠盐早强剂会导致碱-骨料反应等。因此，工程中使用的早强剂，除应满足表5-1中标准规定外，在表5-4中，还根据工程特点，给出了不同早强剂掺量限值。

表5-4　混凝土早强剂的掺量限值（GB 50119—2013）

混凝土种类		早强剂品种	掺量限值（≯水泥质量%）
预应力混凝土		硫酸钠	1.0
		三乙醇胺	0.05
钢筋混凝土	干燥环境	氯离子（Cl^-）	0.6
		硫酸钠	2.0
		硫酸钠与缓凝减水剂复合使用	3.0
		三乙醇胺	0.05
	潮湿环境	硫酸钠	1.5
		三乙醇胺	0.05
有饰面要求的混凝土		硫酸钠	0.8
无筋混凝土		氯离子（Cl^-）	1.8

注：在预应力混凝土中，由其他原材料带入的氯离子总量不应大于水泥重量的0.06%；在潮湿环境中的钢筋混凝土不应大于水泥重量的0.15%。

应用氯盐类、硫酸盐类及亚硝酸盐类等早强剂时应注意以下事项：

（1）由于氯离子会使钢筋锈蚀，各国的有关标准和规范对氯盐的用量限制日趋严格。按照我国《混凝土质量控制标准》GB 50164—2011规定，不同种类混凝土拌合物中水溶性氯离子具有不同限量，对钢筋混凝土（干燥环境）而言，不得超过水泥质量的0.3%；对预应力钢筋混凝土而言，不得超过0.06%。不得掺用氯盐作为早强剂的钢筋混凝土结构，包括预应力混凝土结构，相对湿度大于80%环境中使用的结构，处于水位升降部位的结构，露天结构或海水中的结构，埋有不同金属的钢筋混凝土结构，与含有酸及碱等侵蚀性介质相接触的结构，环境温度60℃以上的结构，经蒸养的钢筋混凝土预制构件，薄壁结构，中或重级工作制吊车梁、屋架、锻锤基础等结构，杂散电流区域的钢筋混凝土结构。

（2）硫酸钠为强电解质盐类，对锌、铝涂层有腐蚀作用，用于受到直流电作用的钢筋混凝土工程中时，若绝缘不良，极易受到直流电的作用而加剧电化学腐蚀。所以，与镀锌钢材或铝、铁相接触部位、有外露钢筋预埋铁件而无防护措施的结构及使用直流电源或使用电气化运输设施的钢筋混凝土结构，禁止掺用含有硫酸钠等强电解质的外加剂。

（3）当混凝土中含有活性骨料时，当量碱（$Na_2O+0.658K_2O$）过量时会使混凝土产生碱-骨料反应膨胀破坏，所以应少用、或不用含钾、钠离子的盐类早强剂。

（4）亚硝酸盐对人体和动物有一定危害，该类早强剂严禁用于饮水工程及与食品相接触的工程。

（5）在实际工程中，为了发挥各种早强剂的协同效应，或者为了获得性价比最优产品，经常将几种早强剂复合使用。特别是为了防止氯盐对钢筋的锈蚀作用，工程中常将氯盐与具有阻锈作用的$NaNO_2$复合使用，如$NaNO_2:CaCl_2=1.1\sim1.3$时可取得良好的早强与阻锈效果。

5.6　膨胀剂

膨胀剂是指与水泥、水拌和后，经水化反应生成钙矾石或氢氧化钙等，从而使混凝土产生一定体积膨胀的外加剂。

5.6.1　膨胀剂的分类及常用膨胀剂

按膨胀源的化学成分分类有：

（1）硫铝酸盐及铝酸盐系膨胀剂。它包括硫铝酸钙膨胀剂（代号 CSA）、U 型膨胀剂（代号 UEA）、铝酸钙膨胀剂（代号 AEA）。这些膨胀剂的膨胀源均为钙矾石。

（2）氧化钙系膨胀剂。它的主要成分为生石灰 CaO，膨胀源为氢氧化钙 $Ca(OH)_2$。

（3）氧化镁系膨胀剂，它的主要成分为 MgO，膨胀源为 $Mg(OH)_2$。

（4）铁粉系膨胀剂。它的主要成分为 Fe_2O_3，膨胀源为氢氧化亚铁 $Fe(OH)_2$或氢氧化铁 $Fe(OH)_3$。

（5）复合系膨胀剂。它主要是由硫铝酸盐或铝酸盐系膨胀剂复合适量氧化物类膨胀剂（如生石灰、氧化镁、铁粉等）而成，其膨胀源不少于两种成分，如钙矾石与氢氧化钙、钙矾石与氢氧化镁等。

目前以硫铝酸盐类膨胀剂（UEA 和 AEA）应用较为广泛。生石灰等氧化物类膨胀剂单独使用较少，经常以复合类膨胀剂使用。

5.6.2　膨胀剂的作用机理

氧化物类膨胀剂的作用机理主要是：氧化物与水发生反应生成体积膨胀的氢氧化物，如 $Ca(OH)_2$、$Mg(OH)_2$、$Fe(OH)_2$或 $Fe(OH)_3$。

硫铝酸盐及铝酸盐类膨胀剂的作用机理主要是：硫铝酸盐或铝酸盐、硫酸钙或无水硫铝酸钙等与水或水泥水化产物氢氧化钙等反应生成水化硫铝酸钙 $3CaO \cdot Al_2O_3 \cdot 3CaSO_4 \cdot 31H_2O$（即钙矾石）而产生体积膨胀。

普通混凝土在凝结硬化过程中，常由于水泥水化产生的化学收缩、混凝土失水干缩等原因产生开裂、渗漏而严重降低工程质量。为此，在混凝土中掺入适量膨胀剂，就可以以膨胀剂产生的微量膨胀补偿混凝土体积的收缩，从而防止混凝土收缩裂缝的产生，提高混凝土结构的完整性、抗裂性及抗渗性等。适当加大膨胀剂的掺量，在混凝土受约束条件下，甚至可以产生 0.2～1.0MPa 的自应力。

5.6.3　膨胀剂在工程中的应用

膨胀剂在工程中的应用如下：

（1）用于配制补偿收缩混凝土。该类混凝土包括地下、水中、海中、坝工、隧道等构筑物，大体积混凝土，配筋路面和板、屋面和浴厕间防水混凝土，构件补强、渗漏修补混凝土或砂浆，预应力钢筋混凝土等。

（2）用于配制填充用膨胀混凝土或膨胀砂浆。包括结构后浇带、后浇加强带混凝土，隧洞堵头混凝土等，以及机械设备的底座灌浆砂浆，地脚螺栓的锚固砂浆，梁柱接头、构件补强加固砂浆等。

（3）用于配制自应力混凝土。如常温下使用的自应力钢筋混凝土压力管用混凝土。

（4）为了避免钙矾石、铝酸钙中的结晶水受高温作用时脱出而使膨胀剂失效，硫铝酸钙类膨胀剂和铝酸钙类膨胀剂不得用于长期处于环境温度为80℃以上的工程中。

（5）掺膨胀剂混凝土所用水泥品种应是硅酸盐类的通用水泥，不得用硫铝酸盐水泥和铁铝酸盐水泥。这是因为这两种水泥的强度增长规律和体积变化规律与硅酸盐类水泥明显不同之故。

（6）掺膨胀剂混凝土的养护应不少于14d，对于墙体等不易保水的结构，拆模时间应不少于7d，冬期施工应不少于14d。

（7）当按规定方法检验膨胀剂和掺膨胀剂混凝土、砂浆的性能时，其性能指标应符合表5-5和表5-6的规定。

表5-5　混凝土膨胀剂性能指标（GB 23439—2017）

项目		Ⅰ型	Ⅱ型
细度	比表面积（m^2/kg）≥	200	
	1.18m 筛筛余（%）≤	0.5	
凝结时间	初凝（min）≥	45	
	终凝（min）≤	600	
限制膨胀率（%）	水中7d≥	0.025	0.050
	空气中21d≥	-0.020	-0.010
抗压强度（MPa）	7d≥	20.0	
	28d≥	40.0	
氧化镁（%）≤		5	
碱含量（%）（选择性指标）≤		0.75	

表5-6　掺膨胀剂混凝土、砂浆性能（GB 50119—2003）

	限制膨胀率（$\times10^{-4}$）	限制干缩率（$\times10^{-4}$）	抗压强度（MPa）
补偿收缩混凝土	水中14d，≥1.5	空气中28d，≤3.0	28d，≥25.0
填充用膨胀混凝土	水中14d，≥2.5	空气中28d，≤3.0	28d，≥30.0
填充用膨胀砂浆	24h竖向自由膨胀率 0.1～0.5	流动度≥250mm	1d，≥30；3d，≥40；28d，≥60

5.7 复合外加剂——泵送剂和防冻剂

5.7.1 泵送剂

流动性大、黏聚性好的泵送混凝土是现代混凝土的重要标志之一，其广泛推广应用，极大地提高了施工效率，降低了劳动强度，减少了环境污染。在拌制混凝土过程中加入的，能显著提高和改善混凝土拌合物泵送性能的外加剂称为泵送剂。

泵送剂必须使混凝土拌合物在不增加用水量的情况下获得大的流动性，在泵送压力作用下不离析泌水，能有效降低泵送阻力，对商品泵送混凝土而言，还应具有优异的保坍性能；同时，对硬化混凝土性能无不良影响。因此，一种单组分外加剂很难同时满足泵送混凝土对泵送剂的多项性能要求，泵送剂通常是由多种具有不同功能的外加剂复合而成，它是目前工程中使用最广泛、用量最大的复合外加剂。

1. 泵送剂的组成

为满足泵送剂的多项性能要求，泵送剂一般由以下不同功能的外加剂组分组成：

（1）减水剂组分。包括各种高效减水剂和普通减水剂，其主要作用是在保持泵送混凝土大流动性情况下减少用水量，或不增加用水量情况下提高流动性。

（2）缓凝剂组分。包括具有缓凝作用的普通减水剂如木钙、糖钙等，其他有机缓凝剂（常用葡萄糖酸钠、柠檬酸、白糖）和无机盐缓凝剂（常用三聚磷酸钠、六偏磷酸钠）。缓凝剂组分的主要作用是延缓水泥凝结时间，降低混凝土拌合物坍落度经时损失；同时具有降低水泥水化温峰、协同减水效应和增强效应等功能。

（3）引气剂组分。常用的有松香热聚物、松香酸皂、十二烷基苯磺酸盐等，其主要作用是提高混凝土拌合物的黏聚性，降低泵送阻力，改善泵送性能；同时具有防冻害和提高混凝土耐久性的作用。

（4）其他组分。如果上述三类组分尚不能满足泵送剂的性能要求，则可能还需增添适量增黏剂、保坍剂等其他组分。

2. 泵送剂在工程中应用的注意事项

（1）泵送剂可为粉剂或液体，其品种、掺量应根据混凝土的技术要求、运输距离、泵送高度、环境温度等确定。

（2）掺泵送剂混凝土所用粗骨料的最大粒径，碎石不得大于混凝土输送管内径的1/3；卵石不得大于输送管内径的2/5。粗骨料最大粒径不得大于40mm，当泵送高度超过50m时，碎石最大粒径不得大于25mm，卵石最大粒径不得大于30mm。

（3）掺泵送剂混凝土的砂率宜为36%～46%，一般为38%～42%；胶凝材料总用量宜为400～550kg/m^3。

（4）当商品混凝土输送至施工现场，出现坍落度损失过大无法泵送施工时，宜向罐车中补加纯高效减水剂并反向搅拌后泵送；若是补加泵送剂，只能少量，不得过量补加，否者会导致缓凝剂组分和引气剂组分超量，从而引起混凝土凝结时间过度延长、硬化混凝土强度降低等工程事故。

（5）在配制泵送剂时，要注意各组分与所用水泥的相容性；当泵送剂与膨胀剂、防冻剂等外加剂复合使用时，要注意不同外加剂之间的相容性，复合泵送剂除应符合泵送剂的技术要求外，还应符合所复合的外加剂相应规范的技术要求。

（6）按规定方法检验掺泵送剂混凝土的性能指标应符合表5-1的规定。

5.7.2 防冻剂

一般情况下，当混凝土未硬化或硬化之初强度还很低时，若水温降至0℃以下，不但水泥水化几乎停止，而且水结冰体积膨胀，冰胀应力及未结冰自由水的渗透压力会使水泥石结构遭受破坏，即混凝土遭到冻害。将能使混凝土在负温下硬化，并在规定时间内达到足够防冻强度以避免遭受冻害的外加剂称为防冻剂。由于我国的地域特点，防冻剂在西北、华北、东北地区有着广泛的应用。

凡是能够降低水的冰点，而不影响混凝土其他性能的物质，都可作为防冻剂使用。早强剂可以使混凝土尽快达到防冻临界强度，并且大多数早强剂都具有一定的降低水的冰点作用，所以在气温不太低时（日最低气温为 -5℃），在加盖保温层（塑料薄膜、草袋等）的条件下，可以用早强剂或早强减水剂代替防冻剂。

为了充分利用各种组分之间的协同效应，提高综合防冻效果，在实际应用中，很少仅用一种单组分作为防冻剂使用，而经常是几种防冻组分并存；或早强剂与防冻剂，早强剂、防冻剂与引气剂，早强剂、防冻剂、引气剂与减水剂等多种外加剂（或组分）复合配成防冻剂使用。因此，本书将防冻剂归属为最常用的一种复合外加剂进行介绍。

1. 常用单组分防冻剂（防冻组分）

（1）无机盐类防冻组分。常用的有氯化钙和氯化钠、硝酸钙和硝酸钠、亚硝酸钙和亚硝酸钠、硫代硫酸钠、碳酸钠（或钾）等。氯盐类和亚硝酸盐类防冻组分，不但能够降低水的冰点，而且具有早强作用，也是常用的早强剂；硝酸盐降低水的冰点作用及阻锈效果低于亚硝酸盐；碳酸盐虽具有良好的降低水的冰点作用和早强作用，但会影响混凝土后期强度。

（2）有机类防冻组分。常用的有三乙醇胺、氨水、尿素、甲醇、乙二醇、乙酸钠等。三乙醇胺既是防冻剂，也是有机早强剂；氨水和尿素具有显著的降低水的冰点作用，防冻效果好，但无早强作用；乙二醇降低冰点作用显著，但价格较贵；甲醇的防冻效果低于乙二醇，但价格便宜；乙酸钠不但防冻效果好，而且具有早强作用。

不同防冻组分的适用范围不同：氯盐和亚硝酸盐类防冻组分的适用范围同此类早强剂；硝酸盐、亚硝酸盐、碳酸盐易引起钢筋的应力腐蚀，故不适用于预应力混凝土以及镀锌钢材、与铝、铁相接触的混凝土工程，而其他非氯盐防冻组分则可以应用；氨水和尿素配制的混凝土会释放氨气，故不适合于室内工程。

2. 复合防冻剂的种类及组成

我国目前使用的防冻剂绝大多数为复合防冻剂，一般可分为以下三类：

（1）普通防冻剂。该类防冻剂无减水剂成分，一般由早强剂组分、防冻剂组分、引气剂组分组成。早强剂组分可加速水泥水化，提高早期强度，使混凝土尽快具有规定的抗冻临界强度；防冻剂组分可使混凝土中的液相在规定的负温条件下不冻结，为负温下水泥的水化反应创造条件；引气剂组分引入大量微小气孔，可缓解冰胀应力和渗透压力。每种组分所起作用不同，它们相互配合，取得比单组分防冻剂更好的防冻效果。

（2）减水防冻剂。该类防冻剂一般由早强剂组分、防冻剂组分、引气剂组分、减水剂组分等组成，根据减水率大小，又分为普通减水防冻剂（减水率不小于8%）和高效减水剂防冻剂（减水率等于或大于14%）。减水剂组分的作用是减少混凝土拌合物的用水量，从而减少了受冻时的含冰量，并能使冰晶粒度细小、分散，降低了水结冰的破坏应力。

（3）防冻泵送剂。该类防冻剂一般由早强剂组分、防冻剂组分、引气剂组分、减水剂组分、缓凝剂组分及其他可能的助泵组分组成。防冻泵送剂不但要满足冬季施工中的防冻要求，而且要满足混凝土泵送施工要求，特别是商品泵送混凝土坍落度经时损失的要求。缓凝剂组分主要是起保坍作用，在满足保坍效果的前提下，尽量减少缓凝剂组分用量。

3. 防冻剂在工程中的应用注意事项

（1）混凝土拌合物中水的冰点降低与防冻剂的液相浓度有关，因此气温越低，防冻剂（或防冻组分）的掺量应适当增大。同时，要控制引气剂组分的掺量，使混凝土拌合物的含气量一般不超过4%。

（2）不同的防冻剂使用的规定温度不同。规定温度相当于日平均气温，如某防冻剂规定使用温度为-10℃，即环境日气温波动范围为-5～-15℃。

（3）在混凝土中掺用防冻剂的同时，还应注意原材料的选择及养护措施等。如应尽量使用硅酸盐水泥或普通硅酸盐水泥，不宜使用矿渣等掺混合材水泥，禁止使用铝酸盐水泥；当防冻剂中含有较多 Na^+、K^+ 离子时，不得使用活性骨料；在负温条件下养护时不得浇水，外露表面应覆盖等。

（4）当无减水作用的普通防冻剂与泵送剂复合使用时，由于两种外加剂中均可能有引气剂，故一定要试验后再用，以免引气剂超量导致混凝土强度降低。

（5）以粉剂直接加入的防冻剂，如有受潮结块，应磨碎通过0.600mm筛孔后方可使用。

（6）掺加防冻剂的混凝土性能指标应符合表5-7的规定。

表5-7　掺防冻剂混凝土的性能（JC 475—2004）

试验项目	性能指标	
	一等品	合格品
减水率（%），不小于	10	—
泌水率比（%），不大于	80	100
含气量（%），不小于	2.5	2.0

续表

试验项目		性能指标					
		一等品			合格品		
凝结时间差（min）	初凝	$-150 \sim +150$			$-210 \sim +210$		
	终凝						
抗压强度比（%），不小于	规定温度（℃）	−5	−10	−15	−5	−10	−15
	R_{-7}	20	12	10	20	10	8
	R28	100		95	95		90
	R_{-7+28}	95	90	85	90	85	80
	R_{-7+56}	100			100		
28d 收缩率比（%），≤		135					
渗透高度比（%），≤		100					
50 次冻融强度损失率比（%），≤		100					
对钢筋锈蚀作用		应说明对钢筋无锈蚀作用					

注：规定温度为受检混凝土在负温养护时的温度，该温度允许波动范围为 ±2℃。

复习思考题

1．试解释下列名词或术语。

表面活性剂；表面张力；化学外加剂；减水剂；缓凝剂；引气剂；速凝剂；早强剂；膨胀剂；泵送剂；防冻剂；复合外加剂

2．在混凝土中掺入减水剂可以取得哪些技术经济效果？试述混凝土减水剂的作用机理。

3．常用高效减水剂的种类及其性能特点有哪些？

4．工程中使用缓凝剂的目的有哪些？举例说明不同目的对缓凝剂性能有哪些重点要求？

5．混凝土对引气剂引入的气泡特性有哪些要求？试述引气剂的作用机理。

6．混凝土膨胀剂有哪些主要类型？试述硫铝酸盐和铝酸盐类膨胀剂的作用机理，以及膨胀剂应用中的重点注意事项。

7．泵送混凝土对泵送剂有哪些性能要求？试述泵送剂的主要构成组分，以及各组分的作用。

8．试述防冻剂的作用机理，复合防冻剂的种类，主要构成组分，以及各组分的作用。

9．在工程中使用氯盐类、硫酸盐类、亚硝酸盐类、易释放氨气类等外加剂时应注意哪些问题？

第 6 章　混凝土

6.1 概　述

混凝土是指由胶凝材料、粗细骨料、水及必要时加入的化学外加剂和矿物掺合料等组分按一定配比形成的混合物，开始时具有可塑性，硬化后具有一定强度和堆聚状结构的复合材料，又称为人造石材。

虽然混凝土具有抗拉强度低、易开裂、自重大等缺陷，但它具有其他建筑材料不可比拟的优点：可配制成各种不同性能的混凝土；可浇筑成各种形状和尺寸的混凝土建筑（构）物；与钢筋有良好的粘结力；抗压强度高，耐水性、耐火性和耐久性良好；组成材料来源广，价格低，能就地取材。因为混凝土具有上述优点，故使其成为当今土木工程中使用最广、用量最大的建筑材料。

6.1.1　混凝土的分类及组成材料

配制混凝土的胶凝材料可以是有机物、无机物或有机无机复合物。按胶凝材料不同，可分为：树脂混凝土、沥青混凝土、水泥混凝土、石灰混凝土、石膏混凝土、水玻璃混凝土等。

按功能及用途不同，可分为：结构混凝土、装饰混凝土、耐热混凝土、耐酸混凝土、防水混凝土、道路混凝土、水工混凝土等。

按生产和施工方法不同，可分为：泵送混凝土、喷射混凝土、碾压混凝土、离心混凝土、真空脱水混凝土等。

按表观密度不同，可分为：干表观密度大于 $2800kg/m^3$ 的重混凝土，因具有良好的防射线性能，故也称为防射线混凝土；干表观密度为 $2000\sim2800kg/m^3$ 的普通混凝土；干表观密度小于 $2000kg/m^3$ 的轻混凝土，包括轻骨料混凝土和多孔混凝土（如加气混凝土及泡沫混凝土等）。

虽然混凝土的种类很多，但目前使用的混凝土多指无机胶凝材料混凝土，特别是水泥混凝土。过去主要使用由水泥、砂、石、水等配制的四组分混凝土，现在大多使用由水泥、砂、石、水、化学外加剂、矿物掺合料等配制的六组分混凝土。

除拌和水以外，混凝土（主要指无机胶凝材料配制的混凝土）的其他组成材料在前几章中已作详细介绍。混凝土拌和水可用饮用水、地表水（河水、湖水等）、地下水（存在于岩石缝隙和土壤空隙中的可以流动的水)、再生水(各种污水经适当再生工艺处理后的水)、混凝土企业设备洗刷水等。水的 pH 值、不溶物、可溶物、Cl^-、SO_4^{2-}、当量碱($Na_2O+0.658K_2O$)等含量及放射性会影响混凝土的性能,必须符合相关标准规定方可使用。

6.1.2 混凝土的发展梗概

一般情况下,所谓的混凝土,多指水泥混凝土。广义上的混凝土虽已有几千年的历史,其发展大致经历了五个主要阶段,但真正的水泥混凝土是硅酸盐水泥发明之后的混凝土,其历史仅为200多年。

(1)硅酸盐水泥发明之前的混凝土。此阶段混凝土历史悠长,有5000多年前古埃及、古希腊的石灰混凝土;3000年多前中国的煅烧礓石混凝土;2000年前的古罗马的石灰-凝灰岩混凝土、石灰-火山灰混凝土;数百年前的罗马混凝土。古代混凝土只用于一些特殊工程,用量少,尚不能作为普通建筑材料广泛使用。

(2)硅酸盐水泥发明之后的素混凝土。1824年,英国人发明了硅酸盐水泥之后,水泥混凝土才逐步成为大众建筑材料得到广泛推广应用。早期工程上使用的混凝土主要是无筋素混凝土。素混凝土的优点是制造工艺方便,坚固耐久,成本及维护费用低;缺点是自重大、性脆、易收缩开裂,抗弯强度低。因此,素混凝土仅能承受压荷载,不能承受弯荷载,这大大限制了它的应用领域和范围。

(3)钢筋混凝土。为了克服素混凝土易收缩开裂,抗弯、抗折强度低的缺陷,1850年,法国人将混凝土与钢筋组合形成复合结构材料,发明了钢筋混凝土。与素混凝土相比,钢筋混凝土收缩裂缝明显降低,抗弯、抗折强度显著提高,构件断面大幅度减小。它的发明,使混凝土不仅用于受压构件(柱、墙等),而且广泛用于受弯、受拉构件(梁、板等),极大地拓宽了混凝土的应用领域和范围,使其真正成为用量最大、最广的建筑材料。

(4)预应力混凝土。为了进一步克服钢筋混凝土的收缩裂缝,提高其抗弯、抗拉强度,人们通过放张预拉钢筋,给已具有一定强度的混凝土施加预压应力,发明了预应力混凝土。预应力克服了收缩裂缝,使该种混凝土更为密实,抗弯、抗折强度更高,耐久性更好。它的发明满足了桥梁、高层超高层等建筑对受弯、受拉构件的性能要求。

(5)现代混凝土。该类混凝土,并无明确的界定或定义,通常是指基于六组分构成,或添加有某些特殊增强材料(如纤维、聚合物)的,具有一项或多项优异性能的混凝土。现代混凝土种类很多,如:泵送混凝土、免振捣自密实混凝土、高强超高强混凝土、高性能混凝土、聚合物混凝土、纤维混凝土、智能混凝土、轻质高强混凝土等,其中使用最多、最广的是六组分普通强度等级的泵送混凝土。

本章基于六组分普通混凝土,重点介绍混凝土的性能、配合比设计及质量控制和评定方法。

6.2 混凝土拌合物的性能

凝结硬化以前的混凝土称为混凝土拌合物（亦称混凝土混合物、混凝土拌合料或新拌混凝土等)。它必须具有便于施工操作，以保证获得均匀密实混凝土的性质。这些性质可用和易性（也称工作性）来表示。

6.2.1 混凝土拌合物和易性

1. 和易性的概念

和易性是指混凝土拌合物易于施工操作（搅拌、运输、浇筑、捣实、成型）并能获得质量均匀、密实混凝土的性能。和易性是一项综合的技术性质，一般包括流动性、黏聚性和保水性等三方面的涵义。

流动性是指混凝土拌合物在自重或施工机械振捣的作用下，能产生流动，并均匀密实地填满模板的性能。流动性的大小主要取决于单位用水量或水泥浆量的多少。

黏聚性是指混凝土拌合物在施工过程中，其组成材料之间有一定的黏聚力，不致产生分层和离析现象。黏聚性的大小主要取决于细骨料的用量以及水泥浆的稠度等。

保水性是指混凝土拌合物在施工过程中，具有一定的保持水分能力，不致产生严重的泌水现象。

一般情况下，混凝土拌合物的流动性、黏聚性和保水性既相互关联，又相互矛盾。流动性增大，可能导致黏聚性和保水性变差；黏聚性好，一般保水性也好，但可能导致流动性降低。现代混凝土可以通过优化混凝土组成材料和配方、改进化学外加剂的性能，配制出流动性大，黏聚性和保水性良好的混凝土拌合物，实现三方面性质的协调统一。

混凝土拌合物黏聚性不良，容易发生分层和离析现象。所谓分层是指混凝土拌合物粗骨料下沉、砂浆或水泥净浆上浮，从而导致混凝土沿垂直方向不均匀的现象；所谓离析是指混凝土拌合物在运动过程中（压力作用下在泵管中流动，自重或机械振捣作用下在模板中流动)，粗骨料、细骨料及水泥浆运动速度不相同，从而导致它们相互分离的现象。分层与离析会使硬化后的混凝土成分不均匀，甚至产生“蜂窝”“麻面”等质量事故；离析严重时甚至可能导致堵泵等施工事故。

混凝土拌合物保水性不良，容易产生泌水现象。所谓泌水是指混凝土拌合物在施工过程中，随着较重的骨料颗粒下沉，水分因密度比骨料小，在毛细管力作用下，沿混凝土中的毛细管通道，向上泌至混凝土拌合物表面，导致拌合物表层部分水灰比大幅度增大或出现一层清水的现象。沁水会在混凝土内部形成通道，使混凝土的密实性变差，降低混凝土质量，特别是表层混凝土密实性和强度降低，甚至出现塑性收缩裂缝或起灰现象。

2. 和易性的测定

和易性的涵义比较复杂，不同类型混凝土有不同的测定方法，目前尚无综合的评定方法和评定指标。一般情况下，对骨料最大粒径不大于40mm，坍落度值不小于10mm的混凝土拌合物，通常采用坍落度实验方法来测定流动性，并辅以直观经验或相应实验来评定黏聚性和保水性。对于坍落度小于10mm的拌合物，通常采用维勃稠度试验方法测定流动性。

（1）坍落度法

坍落度试验是将混凝土拌合物按规定方法装入坍落度筒内，装满刮平后，将坍落筒垂直向上提起，移到混凝土拌合物一侧，混凝土拌合物因自重将会产生坍落现象，然后，量出筒高与坍落后混凝土拌合物试体最高点之间的高度差，用mm表示，此值即为混凝土拌合物的坍落度值，如图6-1所示。坍落度值越大，表示混凝土拌合物的流动性越大。

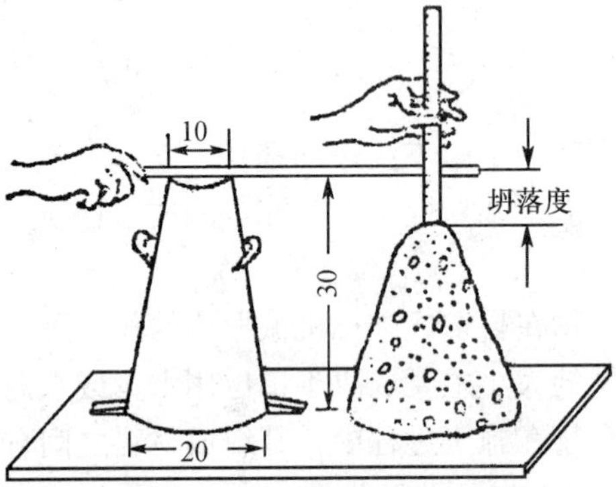

图6-1　混凝土拌合物坍落度测定

在测定坍落度时，可用捣棒轻轻敲打已坍落的混凝土拌合物锥体一侧，如果锥体呈现整体逐渐下沉，则表示黏聚性良好；如果锥体突然倒坍，部分崩裂或出现离析现象，则表示黏聚性不好。保水性可用拌合物中浆体析出的程度来评定。在装筒插捣混凝土拌合物过程中以及提起坍落度筒时，如有较多的稀浆从底部析出，部分混凝土也因失浆而骨料外露，则表明此拌合物的保水性能不好；也可通过测定常压泌水率和压力泌水率来评定保水性好坏。

根据坍落度大小，可将混凝土拌合物分为低塑性混凝土（坍落度10～40mm）、塑性混凝土（坍落度50～90mm）、流动性混凝土（坍落度100～150mm）和大流动性混凝土（坍落度≥160mm）。正确选用坍落度，对保证施工质量、混凝土强度和耐久性以节约水泥都有重要意义。坍落度可参考表6-1列出的结构种类进行选择。表6-1中所列为采用机械振捣的坍落度，采用人工捣实时可适当增大。

表6-1　混凝土浇筑时的坍落度

结构种类	坍落度（mm）
基础或地面等的垫层，无配筋的大体积结构或配筋稀疏的结构	10～30
板、梁或大型及中型截面的柱子等	30～50
配筋较密的结构（薄壁、斗仓、筒仓、细柱等）	50～70
配筋特密的结构	70～90

泵送混凝土和自密实混凝土等大流动性混凝土应用日益广泛，对此类混凝土，可通过测量混凝土拌合物坍落扩展后的直径即坍落扩展度来评价流动性。当混凝土采用泵送施工工艺时，则要求混凝土拌合物具有较高的流动性，其坍落度通常为 140 ~ 220mm。由于泵送混凝土，特别是自密实混凝土的大流动性很大，对此类混凝土，除坍落度外，可辅助测量混凝土拌合物坍落扩展度来评价流动性，或使用其他方法评定。

（2）维勃稠度来（VB 法）

对于坍落度值小于 10mm 的混凝土拌合物（称为干硬性混凝土）而言，需采用维勃稠度试验方法其和易性，试验装置如 6-2 所示。

试验方法如下：把容器固定于振动台上，将坍落度筒置于容器内。按测定坍落度同样方法，即将拌合物装满坍落筒，然后垂直无振动地提起坍落筒，再将测杆上的透明水平的圆盘放于拌合物圆台体顶部，放松螺钉，使之轻轻地接触混凝土顶面，同时开动振动台和秒表，当透明圆盘底面被水泥浆布满的瞬间停下秒表，关闭振动台，读出秒表的秒数，即为该混凝土拌合物的维勃稠度值。混凝土拌合物按维勃稠度划分等级见表 6-2。

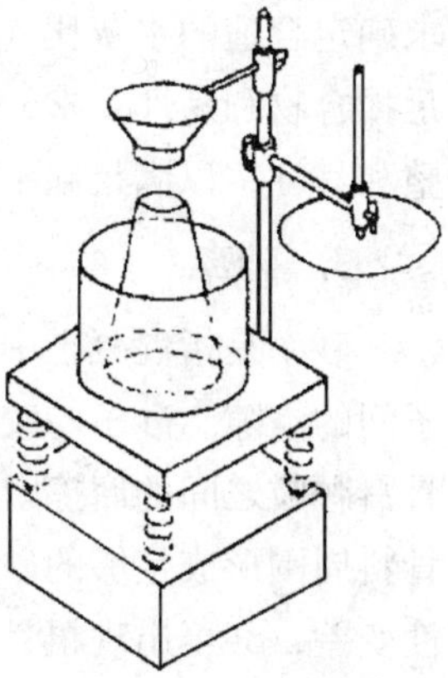

图 6-2　维勃稠度测定

表 6-2　混凝土拌合物的维勃稠度等级划分

等级	维勃稠度（s）
V_0	≥31
V_1	30 ~ 21
V_2	20 ~ 11
V_3	10 ~ 6
V_4	5 ~ 3

6.2.2　影响和易性的主要因素

1. 水泥浆的数量

水泥浆要填充砂石骨料颗粒间的空隙并在骨料颗粒表面形成润滑层，以降低骨料的内摩擦力。在水灰比（或水胶比）不变的情况下，若水泥浆过少，不能完全填充骨料空隙或包裹骨料表面时，则混凝土拌合物流动性小，黏聚性差，混凝土拌合物易产生崩坍现象。随着水泥浆量增多，混凝土拌合物流动性增大，黏聚性变好；但是，若水泥浆过多，不但浪费水泥，而且会出现流浆现象，反而增大骨料间的内摩擦力，使拌合物黏聚性重新变差。

可见，混凝土拌合物中的水泥浆数量的确定原则是，在水灰比（或水胶比）不变的情况下，水泥浆数量应以满足填充砂石骨料的间隙并在砂石骨料表面有适当的包裹厚度为宜。

2. 水泥浆的稠度

水泥浆的稠度是由水灰比（或水胶比）所决定的。在水泥浆量不变的情况下，水泥浆越稠，混凝土拌合物的流动性越小，黏聚性和保水性越好。但若水泥浆过于干稠，将使拌合物无法浇筑，导致施工困难，同时，不能保证混凝土硬化后的密实性。增大水灰比（或水胶比），使水泥浆稠度降低，可以增加拌合物流动性，但会降低硬化混凝土的强度，并且水泥浆稠度过低也会使拌合物黏聚性和保水性不良，易于出现离析、泌水现象。

混凝土的强度随水灰比（或水胶比）增加呈下降趋势，因此，一般依据混凝土强度要求确定合适的水灰比（或水胶比），即水泥浆稠度。实践中，可以通过调整水泥浆量来满足拌合物和易性要求，但更多时候是通过调整减水类外加剂（如减水剂、泵送剂等）来调整和易性，以满足施工需要。

3. 砂率

砂率是指混凝土中砂的质量占砂、石总质量的百分率。在拌合物中，砂是用来填充石子间的空隙。砂子与胶凝材料形成的水泥砂浆在混凝土拌合物中起润滑作用，可以减少粗骨料颗粒之间的摩擦阻力，所以在一定砂率范围内，若砂率过小，砂浆量不足，不能在粗骨料周围形成足够的砂浆层起润滑和填充作用，会降低拌合物流动性，同时黏聚性和保水性变差，甚至出现粗骨料离析、水泥浆流失现象。随着砂率的增加，水泥砂浆润滑作用也明显增加，混凝土拌合物的流动性增大，黏聚性和保水性变好。但是，在水泥浆量不变的情况下，若砂率过大，即石子用量过少，砂子用量过多，此时骨料的总表面积过大，水泥浆量不足以包裹骨料表面和填充骨料间隙，水泥浆的润滑作用减弱，又会导致混凝土拌合物干稠，流动性降低。

因此，在设计混凝土各组成材料质量之间的比例时，为保证拌合物和易性达到要求，应选择合理砂率。合理砂率是指当用水量及水泥用量一定的条件下，能使混凝土拌合物获得最大的流动性而且保持良好的黏聚性和保水性的砂率；或是使混凝土拌合物获得所要求的和易性的前提下，水泥用量最少的砂率，如图 6-3 和图 6-4 所示。

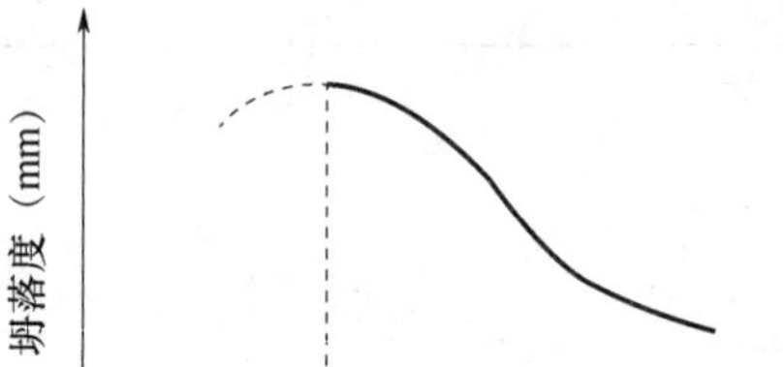

图 6-3　坍落度与砂率的关系
（水和水泥用量一定）

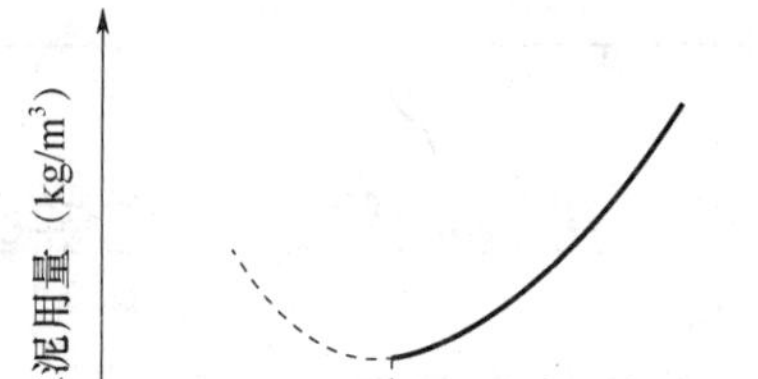

图 6-4　水泥用量与砂率的关系
（达到相同的坍落度）

4. 胶凝材料品种及性质

胶凝材料是指水泥和掺合料。硅酸盐类六大通用水泥均可用于配制混凝土，最常用的是普通硅酸盐水泥。水泥品种、细度、颗粒级配均会影响混凝土拌合物和易性，综合指标表现在水泥的标准稠度需水量方面。在水灰比不变的情况下，需水量大的水泥，混凝土拌合物流动性小。常用掺合料有粉煤灰和矿粉，配制高强混凝土或高黏性混凝土时使用硅灰。在水胶比不变的情况下，掺入硅灰会降低拌合物流动性，显著提高黏聚性和保水性；

掺入粉煤灰会提高拌合物流动性，一般对黏聚性影响不大；与掺入粉煤灰相比，掺入矿渣粉的混凝土拌合物流动性会小些，但黏聚性和保水性会有所提高。

5. 骨料品种及性质

细骨料的品种主要有河砂、山砂和人工砂，粗骨料的品种主要分为卵石和碎石。影响混凝土拌合物和易性的骨料性质主要包括：砂子的细度或石子的最大粒径、颗粒级配、颗粒形状、表面光滑度等。骨料颗粒形状圆整，表面光滑，所配混凝土拌合物的流动性较大，但黏聚性会降低；颗粒棱角多，表面粗糙，会增加混凝土拌合物的内摩擦力，从而降低混凝土拌合物流动性，但黏聚性好。因此，河砂和卵石配制的混凝土比山砂、人工砂及碎石配制的混凝土拌合物流动性好。

骨料级配好，其空隙率小，填充骨料空隙所需水泥浆少，当水泥浆数量一定时，包裹于骨料表面的水泥浆层较厚，故可改善混凝土拌合物的和易性。在其他条件相同的情况下，砂子越细，混凝土拌合物流动性越低，黏聚性和保水性提高。

6. 外加剂品种及性质

现代混凝土通常使用各种混凝土外加剂来调整混凝土拌合物的和易性。常用品种有减水剂、引气剂，以及泵送剂、防冻泵送剂等复合外加剂。掺入减水剂类外加剂，由于释放了被水泥颗粒束缚的水，使得自由水量增加，所以混凝土拌合物流动性明显增大；掺入引气类外加剂，由于增加了无数个小的封闭气泡而使混凝土拌合物内骨料颗粒间的摩擦力减小，所以拌合物流动性有所增大，黏聚性和保水性明显改善。所用外加剂，特别是减水剂的外加剂与水泥之间的相容性，对所配混凝土拌合物的和易性影响很大。

7. 时间和温度

混凝土拌合物随着时间的延长会逐渐稠化，流动性降低，黏聚性有所增大，这种现象称为流动性（或坍落度）经时损失，其原因是部分水供水泥水化，部分水被胶凝材料和骨料吸收，部分水蒸发减少。混凝土拌合物的和易性也受温度影响，环境温度升高，水蒸发及水泥水化加快，混凝土拌合物流动性（坍落度）经时损失增大。

6.2.3　改善混凝土和易性的措施

在实际施工中，调整混凝土拌合物和易性时，必须兼顾流动性、黏聚性和保水性的统一，并考虑对混凝土强度、耐久性的影响，综合上述要求，实际调整时可采取如下措施：

1. 提高混凝土流动性的措施

（1）通过试验，采用合理的砂率，以利于提高混凝土的质量和节约水泥。

（2）适当采用较粗的、级配良好的粗、细骨料。

（3）掺减水类外加剂和矿物掺合料。

（4）当所测拌合物流动性（坍落度）小于设计值时，保持水灰比（或水胶比）不变，适当增加水泥浆量；流动性（坍落度）坍落度大于设计值时，保持砂率不变，适当增加砂石用量。

2. 改善混凝土黏聚性和保水性的措施

(1) 在合理的砂率范围内，适当增大砂率，或选用颗粒级配较宽的水泥，或掺入细度(比表面积) 较大的矿物掺合料。

(2) 尽量采用连续级配的骨料，避免选用过粗的细骨料。

(3) 适当降低粗骨料的最大粒径。

(4) 提高外加剂与水泥的适应性，或在保证混凝土强度的前提下，适当增加引气类外加剂的掺量。

6.3 混凝土的强度

混凝土作为重要的建筑结构材料，必须具有良好的力学性质，保证具有足够的强度以满足结构物设计荷载要求。混凝土强度包括立方体抗压强度、棱柱体抗压强度、抗弯(折) 强度、抗拉强度及与钢筋的粘结强度等。其中，混凝土立方体抗压强度最大，为抗弯 (折) 强度的 6 ~8 倍，抗拉强度的 10 ~20 倍，且工程中常以混凝土抗压强度评定和控制混凝土质量。

6.3.1 混凝土的立方体抗压强度

混凝土的抗压强度是指试件在压力作用下直至破坏时单位面积所能承受的最大应力。混凝土试件尺寸不同，试验方法不同，测得的抗压强度值会不一样。为了能使混凝土强度测定值具有可比性，通常采用标准试件、标准试验方法测定混凝土的抗压强度。我国采用边长 150mm 的混凝土立方体试件作为标准试件，在标准条件 [温度 (20 ±2)℃，相对湿度95% 以上] 下，养护至28d 龄期，测得的抗压强度值称为混凝土的立方体抗压强度，以 f_{cu}表示。目前，美国、日本等国采用150mm ×300mm 圆柱体为标准试件，其抗压强度值约为 150mm ×150mm ×150mm 立方体试件抗压强度的 8/10 倍。

1. 环箍效应及混凝土试件尺寸对立方体抗压强度测定值的影响

试件尺寸影响抗压强度测定值的主要原因是：试件在受压变形过程中，由于压力机上下两块钢压板的刚度远大于混凝土的刚度，所以在荷载作用下，钢压板的横向应变远小于混凝土的横向应变，上下钢压板与试件的上下表面间的摩擦力对试件的横向变形产生约束作用 (图 6-5)，这种约束作用会影响混凝土抗压强度测定值和试件破坏残存体形状，并且试件尺寸不同，影响程度不一样，将这种现象称之为环箍效应。

环箍效应的约束作用在试件端面最大，随着离开端面距离增大，约束作用逐渐降低，直至消失。所以随着试件的长径 (长宽) 比增大，抗压强度测定值降低，当长径 (长宽) 比增大至一定限度，抗压强度测定值基本稳定。

对于立方体试件，长宽相等，由于环箍效应的约束作用随离开端面距离增大逐渐降低，但至试件中部时并未完全消失，导致立方体试件破坏后，其上下部分各呈现一较完整的棱锥体形状（图 6-6）。如在钢压板和试件接触面加润滑剂，则钢压板与试件表面间的摩擦力大幅减小，环箍效应大大减小，试件将出现直裂破坏形状（图 6-7），同时抗压强度测定值也降低。

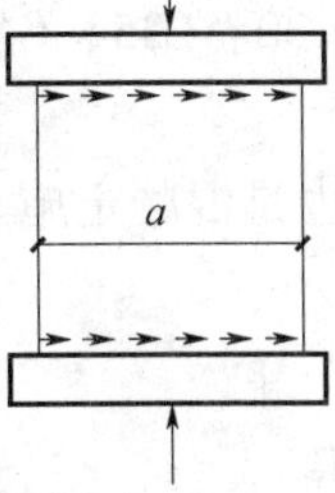

图 6-5　压力机压板约束图

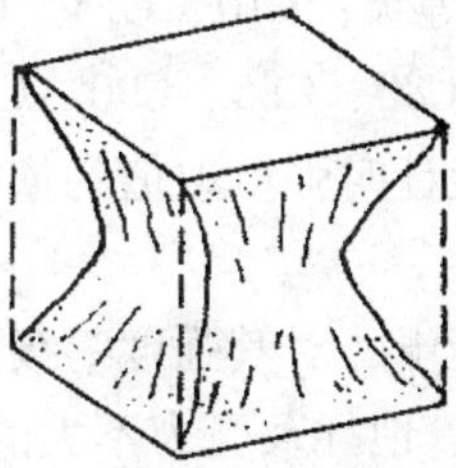
图 6-6　试件破坏残存体图

图 6-7　不受压板约束情况

立方体试件尺寸大小会影响抗压强度测定值，原因是：钢压板对试件的横向摩擦阻力是沿周界分布的，而试件强度又与面积有关，立方体试件尺寸越大，周界与面积之比越小，环箍效应的相对作用减小，立方体抗压强度测定值偏低；反之，立方体抗压强度测定值偏高。

为了使混凝土试件的匀质性能够很好地代表实际构件，立方体试件尺寸需选择粗骨料最大粒径。但在计算抗压强度时，应乘以换算系数，以得到相当于标准试件的试验结果。试件尺寸大小选择及立方体抗压强度换算系数见表 6-3，大骨料只能选大尺寸试件，小骨料可以选对应大尺寸及其以下试件。

表 6-3　混凝土立方体尺寸选用及换算系数

骨料最大粒径（mm）	试件尺寸（mm）	换算系数
31. 5 及以下	100×100×100	0. 95
40	150×150×150	1. 00
60	200×200×200	1. 05

在实际混凝土施工过程中，其养护条件（温度、湿度）不可能与标准条件一样，为了能说明工程中混凝土实际达到的强度，往往把试件放在与工程相同的环境条件下养护，再按所需的龄期进行试验，测得立方体试件抗压强度值作为工地混凝土质量控制的依据。

2. 混凝土立方体抗压强度标准值

用标准方法测得的混凝土立方体抗压强度值是一随机变量，概率统计表明，抗压强度总体服从正态分布。混凝土立方体抗压强度标准值是指按标准方法制作和养护的 150mm 立方体标准试件（非标准试件要换算为标准试件），在 28d 龄期，用标准试验方法测得的抗压强度总体分布中，对应 95% 保证率的抗压强度值（图 6-8），用

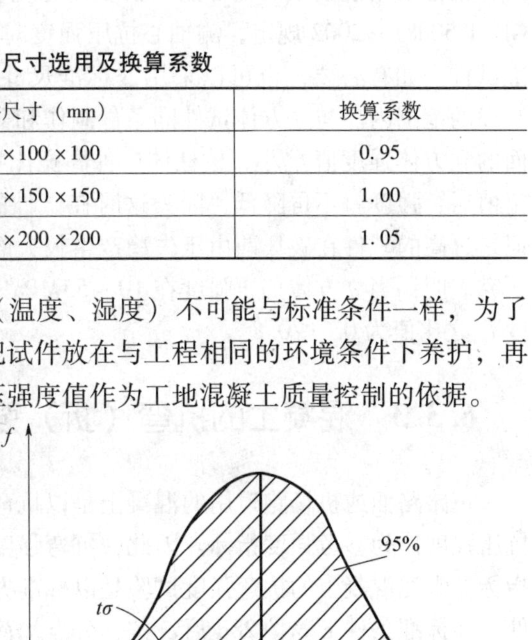

图 6-8　混凝土强度总体分布示意图

$f_{cu,k}$表示。

3. 混凝土的强度等级划分

我国混凝土强度等级是按混凝土立方体抗压强度标准值（$f_{cu,k}$）划分的，用符号 C 与立方体抗压强度标准值（以 MPa 计）表示，按照《混凝土质量控制标准》GB 50164—2011 规定，普通混凝土划分为下列强度等级：C10、C15、C20、C25、C30、C35、C40、C45、C50、C55、C60、C65、C70、C75、C80、C85、C90、C95、C100。

混凝土强度等级是混凝土结构设计时强度取值的依据，同时，也是混凝土施工中质量控制和验收的重要依据。

不同工程或用于不同部位的混凝土，对其强度等级的要求也不一样。

①C10～C15 多用于垫层、基础、地坪及受力不大的混凝土结构。

②C20～C30 多用于一般混凝土结构的梁、板、柱等构件。

③C35 以上多用于大跨度结构、高层建筑的梁、柱等。

6.3.2 混凝土的轴心抗压强度

确定混凝土的强度等级是采用立方体试件，但实际工程中，钢筋混凝土结构形式极少是立方体的，大部分是棱柱体型或圆柱体型。为了使测得的混凝土强度接近于混凝土结构实际情况，在钢筋混凝土结构计算中，计算轴心受压构件（例如柱子、桁架的腹杆等）时，都是采用混凝土的轴心抗压强度f_{cp}作为依据。根据《普通混凝土力学性能试验方法》GB/T 50081—2002 规定，测轴心抗压强度时采用 150mm×150mm×300mm 棱柱体作为标准试件。如有必要，也可以采用非标准尺寸的棱柱体试件，但其高宽比（即 h/a）应在 2～3的范围内。与立方体试件同条件制作和养护的棱柱体，测得的轴心抗压强度f_{cp}比同截面的立方体强度值f_{cu}小，棱柱体试件高宽比越大，轴心抗压强度越小，但当高宽比达到一定值后，强度就不再降低，因为这时在试件的中间区段已无环箍效应，形成了纯压状态。但是过高的试件在破坏前由于失稳产生较大的附加偏心，又会降低抗压强度测定值。试验研究表明：当立方体抗压强度在 10～55MPa 范围内时，轴心抗压强度f_{cp}与立方体抗压强度f_{cu}之比值为 0.7～0.8。

6.3.3 混凝土的抗弯（折）强度

道路路面或机场跑道用的混凝土是以抗弯强度（或称抗折强度）为主要设计指标，而抗压强度作为参考强度指标。因此，抗弯强度在道桥等设计、施工中是很重要的一项技术指标。水泥混凝土的抗弯强度试验是以标准方法制备成 150mm×150mm×550mm 的梁形试件，在标准条件下养护 28d 后，按三分点加荷，测定其抗弯强度（f_{cf}），按下式计算：

$$f_{cf} = PL/bh^2 \tag{6-1}$$

式中 f_{cf}——混凝土抗弯强度，MPa；

P——破坏荷载，N；

L——支座间距，mm；

b——试件截面宽度，mm；

h——试件截面高度，mm。

按照我国《公路水泥混凝土路面设计规范》JTG D40—2011 规定，不同交通量分级的水泥混凝土计算抗折强度见表 6-4。

表 6-4　路面水泥混凝土计算抗折强度

交通量分级	特重	重	中等	轻
混凝土计算抗折强度 f_{cf}（MPa）	5.0	4.5	4.5	4.0

为了保证路面混凝土的耐久性、耐磨性、抗冻性等要求，其抗压强度不应太低，道路混凝土要求的抗折强度与抗压强度（f_{cu}）关系见表 6-5。

表 6-5　路面水泥混凝土抗折强度与抗压强度

抗折强度 f_{cf}（MPa）	4.0	4.5	5.0	5.5
抗压强度 f_{cu}（MPa）	25.0	30.0	35.5	40.0

6.3.4　混凝土的劈裂抗拉强度

混凝土属脆性材料，直接受拉力作用时，极易开裂，破坏前无明显变形征兆，工程中一般不依靠混凝土抗拉强度。但是，对某些结构（如水泥、水塔等）严格控制混凝土裂缝的出现极为重要。因此，抗拉强度对于开裂控制有重要意义，在结构设计中抗拉强度是确定混凝土抗裂度的重要指标。抗拉强度指标不能以试件直接受拉求得，因为外力作用线与试件轴心方向不易调成一致，所以我国采用劈裂抗拉强度试验法间接得出混凝土的抗拉强度，此强度称为劈裂抗拉强度，简称劈拉强度 f_{ts}（图 6-9）。

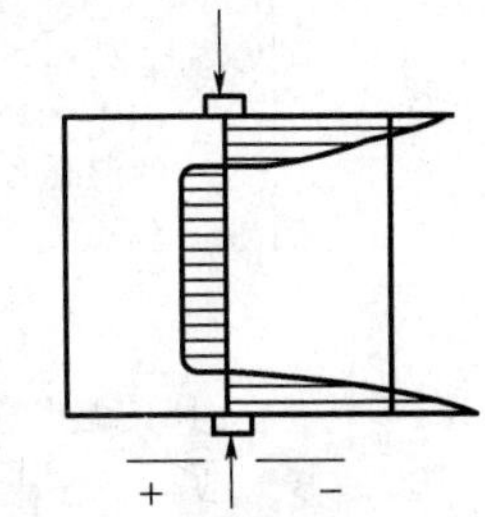

图 6-9　劈裂试验示意

该方法的原理是在试件的两个相对的表面中线上，作用着均匀分布的压力，这样就能在外力作用的竖向平面内产生均布拉伸应力，该应力可以根据弹性理论计算得出。这个方法大大简化了抗拉试件的制作，并且较正确地反映了试件的抗拉强度。混凝土劈裂抗拉强度应按下式计算：

$$f_{ts} = 2P\pi A = 0.637PA \tag{6-2}$$

式中　f_{ts}——混凝土劈裂抗拉强度，MPa；

P——破坏荷载，N；

A——试件劈裂面积，mm^2。

混凝土按劈裂试验所得的抗拉强度 f_{ts} 换算成轴拉试验所得的抗拉强度，应乘以换算系数，该系数可由试验确定。关于劈裂抗拉强度 f_{ts} 与标准立方体抗压强度之间的关系，可用下列经验公式表达：

$$f_{ts} = 0.35f_{cu}^{3.4} \tag{6-3}$$

6.3.5 影响混凝土强度的主要因素

普通混凝土受力破坏特征为：水泥石与骨料的界面破坏几率最大，其次是水泥石的破坏，骨料破坏的几率最小。因此，影响水泥石与骨料界面粘结强度、水泥石强度以及骨料强度的因素都会影响混凝土的强度，主要影响因素如下：

1. 水泥强度和水灰（胶）比

水泥是混凝土中的活性组分，其强度的大小直接影响着混凝土强度的高低。在配合比相同的条件下，水泥强度越高，则配制的混凝土强度也越高。当所用水泥品种及强度相同时，混凝土强度主要取决于水灰（胶）比。一般情况下，水灰（胶）比越小，水泥石的密实度越大、强度越高，且与骨料的粘结力越大，因此混凝土强度越高。但是，如果水灰（胶）比太小，混凝土拌合物过于干稠，在一定的捣实成型条件下，无法保证成型密实，混凝土中将出现较多的蜂窝、孔洞，导致混凝土强度反而降低。试验证明，混凝土强度随着水灰比的增大而降低，近似于双曲线关系，而混凝土强度和灰（胶）水比则呈线性关系（图6-10）。

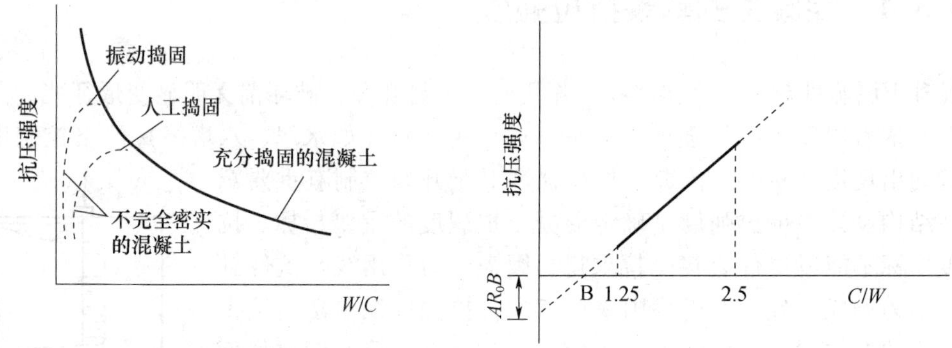

(a) 强度与水灰（胶）比关系　　(b) 强度与灰（胶）水比关系

图6-10 混凝土强度与水灰（胶）比及灰（胶）水比的关系

根据大量的工程实践经验，并考虑实际应用上的方便，得出了混凝土强度与灰水比之间的经验公式，即鲍罗米公式：

$$f_{cu}=\alpha_a f_{ce}\ (C/W-\alpha_b) \tag{6-4}$$

式中 f_{cu}——混凝土28d立方体抗压强度，MPa；

f_{ce}——水泥28d抗压强度实测值，MPa；

C/W——灰水比（水泥与水质量比）适用范围为1.2～2.5之间；

α_a、α_b——回归系数，与骨料的品种、水泥品种等因素有关。

当无法取得水泥实测强度数值时，式中f_{ce}值可用水泥强度等级值$f_{ce,g}$乘以富余系数γ_c确定，γ_c按实际统计资料确定。

混凝土强度公式中的回归系数（α_a、α_b）宜按工程所使用的原材料，通过试验建立的水灰（胶）比与混凝土强度关系式来确定。当不具备上述试验统计资料时，可按《普通混凝土配合比设计规程》JGJ 55—2011提供的α_a、α_b系数取值：

采用碎石：$\alpha_a = 0.53$　$\alpha_b = 0.20$；

采用卵石：$\alpha_a = 0.49$　$\alpha_b = 0.13$。

2. 矿物掺合料及外加剂的品种和质量

现代混凝土常为六组分混凝土，掺有矿物掺合料和化学外加剂。矿物掺合料的活性和掺量均影响混凝土强度。在掺量相同情况下，掺合料活性越高，混凝土强度越高。对应等级相比较，硅灰活性高，矿粉活性次之，粉煤灰活性较低；粉煤灰按照Ⅰ级、Ⅱ级、Ⅲ级顺序，其活性逐级递减；矿粉按照 S75、S95、S105 级顺序，其活性逐级递增。

对于掺有矿物掺合料且强度等级小于 C60 的混凝土，只要使用复合胶凝材料（水泥加矿物掺合料）28d 抗压强度实测值 f_b 替代水泥 28d 强度实测值 f_{ce}，水胶比（W/B）替代水灰比（C/W），则混凝土强度与水胶比（W/B）之间的关系仍然符合鲍罗米公式。

除了使用减水类外加剂减少混凝土拌合物用水量，有效降低水灰（胶）比，提高混凝土强度外，化学外加剂的品种和质量不同，对混凝土强度的影响也不同，如在配合比和水灰（胶）比相同的情况下，引气剂会降低强度；早强剂会提高早期强度；速凝剂会降低后期强度，常用的泵送剂和防冻泵送剂等复合外加剂，质量不同，对强度的影响也不一样。

3. 骨料的品种和质量

普通混凝土常用粗骨料为碎石或卵石。当配合比和水灰（胶）比相同时，由于碎石与水泥砂浆间的粘结力高于卵石与水泥砂浆间的粘结力，所以碎石混凝土强度一般高于卵石混凝土强度。但当水灰（胶）比较大时（大于 0.65），两者强度差异会降低，这是因为水灰（胶）比大时，决定混凝土强度的主要矛盾由骨料界面强度转化为水泥石强度了。

在配制普通混凝土时，所选骨料强度要求大于混凝土设计强度。在此情况下，骨料强度基本不影响混凝土强度；在配制骨料混凝土及其他混凝土时，若骨料强度低于水泥石强度，则骨料强度会影响混凝土强度。

骨料中的有害杂质、泥含量、泥块含量、骨料形状（针片状含量）、表面特征、级配等均会影响混凝土强度。如：泥含量、泥块含量、针片状含量、有机物含量等增大均会降低混凝土强度。

4. 养护温度与湿度

混凝土成型后需要在合适的条件下进行养护，养护的目的是为了保证水泥水化过程正常进行，从而获得质量良好的混凝土。在养护过程中，混凝土所处的环境温度和湿度，通常称为养护条件，养护条件对混凝土强度会产生重要的影响。

1）温度

由图 6-11 可以看出，养护温度越高（49℃），水泥水化速度越快，混凝土 7d 以前的早期强度越高。但是由于急速的早期水化会导致水化产物分布不均，早期水产物密度低的区域成为强度薄弱点，早期水产物密度高的区域，由于水化产物会包裹未水化的水泥颗粒，又会妨碍水泥水化反应的继续进行，因此养护温度越高，混凝土后期强度的增进率越小，28d 强度会有所降低。然而，养护温度也不宜过低（4℃），否则，由于水泥水化速度过慢，混凝土早、后期强度都会降低。

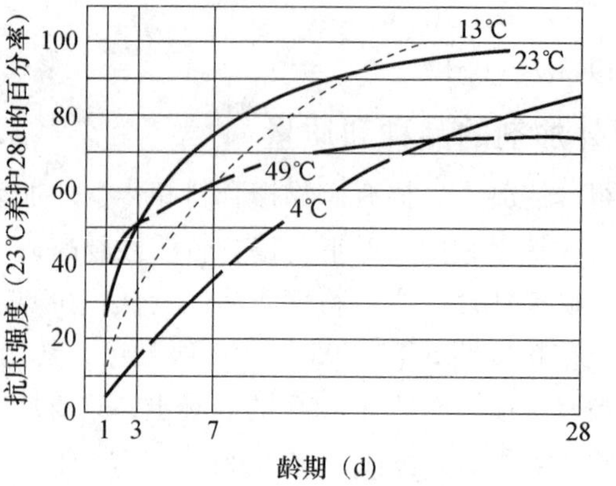

图 6-11　混凝土强度与养护温度关系

2）湿度

水是水泥水化反应的必要条件，环境湿度对混凝土强度能否正常发展有显著影响，所以施工过程中应注意保持混凝土凝结硬化所需要的湿度，以利于混凝土强度的正常增长。图 6-12 表示了混凝土在不同养护湿度制度下混凝土抗压强度随龄期的变化情况，从图中可以看出，潮湿环境下养护时间越长，混凝土最终强度越高。《混凝土结构工程施工规范》GB 50666—2011 规定，混凝土浇筑成型后，应根据现场条件、环境温湿度、构件特点等实际情况，采用覆盖、洒水或喷涂养护剂等合适方式，及时进行保湿养护。使用硅酸盐水泥、普通水泥及矿渣水泥配制的混凝土，保湿养护时间不应小于 7d；采用其他品种水泥时，养护时间应根据水泥性能确定。采用缓凝型外加剂、大掺量矿物掺合料配制的混凝土，以及抗渗混凝土、强度等级 C60 及以上的混凝土，保湿养护时间不应小于 14d。干燥或炎热气候条件下，混凝土保湿养护时间不得少于 21d。大体积混凝土养护时间应根据施工方案确定。

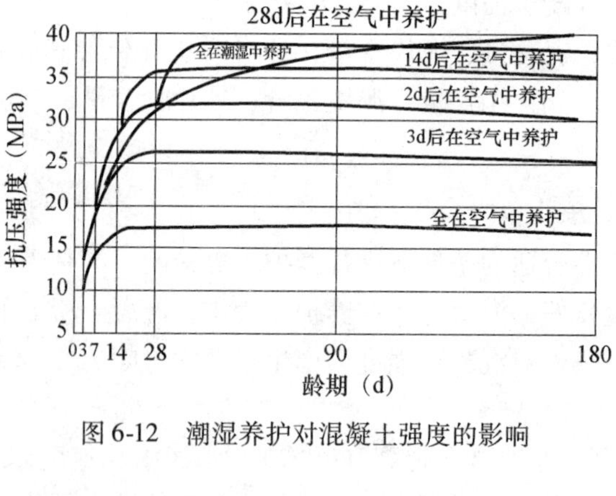

图 6-12　潮湿养护对混凝土强度的影响

5. 龄期

龄期对混凝土强度影响遵循水泥水化历程规律，最初 7～14d 内，强度增长较快，28d 以后增长较慢。因此，在一定条件下养护的混凝土，可根据其早期强度大致估计 28d 强度。

普通水泥制成的混凝土，在标准养护条件下，其强度的发展，大致与其龄期的常用对数成正比：

$$f_n = f_{28} \cdot \lg n / \lg 28 \tag{6-5}$$

式中 f_n——龄期为 nd 的混凝土抗压强度，MPa；

f_{28}——龄期为 28d 的混凝土抗压强度，MPa；

$\lg n$、lg28——nd 和 28d 的常用对数（$n \geqslant 3$）。

根据上式可由混凝土早期强度，预测混凝土 28d 强度。但是因为该式是在标准养护条件下得出的，故对于实际情况只能作为参考。实际工程中，利用混凝土的成熟度来估算混凝土强度也是一种有效的方法。混凝土的成熟度是指混凝土所经历的时间和温度的乘积的总和，单位为 h · ℃。当混凝土的初始温度在某一范围内，并且在所经历的时间内不发生干燥失水的情况下，混凝土强度和成熟度的对数呈线性关系。

6. 施工质量

施工是混凝土工程的重要环节，施工质量好坏对混凝土强度有非常重要的影响。施工质量包括配料准确、搅拌均匀、振捣密实、养护适宜等。哪一道工序忽视了规范的管理和操作，都会导致混凝土强度降低。

6.3.6 提高混凝土强度的主要措施

从影响混凝土强度的因素可以看出，各种影响因素不是独立存在的，提高混凝土强度，需要综合考虑多种因素，如原材料的质量及配合比、施工工艺控制及养护条件等。提高混凝土强度可采取如下主要措施：

1. 选用高强度等级水泥

水泥是混凝土中的最重要活性组分，一般来说，在配合比相同的情况下，所用水泥的强度等级越高，混凝土的强度越高，并且水泥的早期强度越高，混凝土早期强度也越高。当水泥强度等级相同时，由于硅酸盐水泥和普通水泥早期强度比其他品种水泥的早期强度高，因此采用此类水泥的混凝土早期强度较高。实际工程中，为加快工程进度，常需要提高混凝土的早期强度，除采用硅酸盐水泥和普通水泥外，也可采用快硬早强水泥。

2. 采用较小的水灰（胶）比

水灰（胶）比是影响混凝土强度的重要因素，水灰（胶）比减小，可以显著增加混凝土中骨料与水泥石的界面粘结强度，所以要想提高混凝土强度，理论上讲，应尽量降低混凝土中水灰（胶）比。然而，降低水灰（胶）比虽然可以带来强度的提高，同时，也必然会引起流动性下降，难以满足施工浇筑工序，尤其是无法实现泵送混凝土施工工艺的要求。随着混凝土科学技术不断发展，通过在混凝土中加入减水类外加剂的方法，解决了小水灰（胶）比和大流动性之间的矛盾，使混凝土在保持所需流动性的同时，用水量可以大幅度减少。

3. 掺用矿物掺合料及化学外加剂

掺入适量的矿物掺合料，可以提高水泥石与骨料的界面粘结强度，增大水泥石密实度，从而提高混凝土的强度。在所用水泥、配合比及其他条件相同的情况下，掺合料的活性越高，混凝土强度越高。掺入适量硅灰，可提高混凝土早、后期强度；掺入适量矿粉及粉煤灰，混凝土早期强度有所降低，但有助于后期强度发展。

根据工程的实际需要，可以通过添加合适的化学外加剂调控混凝土的早、后期强度。在胶凝材料及骨料品种及用量相同的情况下，通过掺入减水类外加剂，减少用水量，降低水灰（胶）比，有效提高混凝土的强度。

4. 选择高质量的骨料

骨料在混凝土中以其坚硬和强度高发挥着骨架的作用，实践证明，混凝土强度与骨料的质量、粒形、表面性状等密切相关，因此，从混凝土组成材料的内因考虑，在配合比及其他条件相同的情况下，高质量的骨料对提高混凝土强度也是不容忽视的。随着天然骨料资源的枯竭，开发人工骨料已成为可持续发展的一个趋势，所以，注重选择质量好、性能佳的骨料也是保证混凝土强度的措施。

5. 采用强制式机械搅拌和振捣混凝土

强制式机械搅拌与自落式搅拌相比，会使混凝土拌合物更易于均匀，特别在拌和低流动性混凝土时效果更显著。这是因为强制式机械搅拌可以使稠度较大的水泥浆体触变液化，降低了混凝土拌合物各组分在拌和过程中产生的极限剪应力和内部摩阻力，使水和水泥浆体较均匀地分布在拌合物内，达到较好的均匀性。

合适的振捣制度能够保证模板内各个部位的混凝土均匀、密实成型。振捣制度包括振捣方式（插入式振动棒、平板振动器、高频振捣器、变频振捣器等）、振动频率、振幅、振捣时间等。在振动作用下，混凝土拌合物克服内阻力产生流动，同时排出空气，使混凝土拌合物密实，从而提高混凝土强度。

6. 采用湿热养护

将混凝土放在100℃以下的常压蒸汽中养护，称为蒸汽养护。经16～20h的蒸汽养护后，其强度即可达到标准养护条件下28d强度的70%～80%。蒸汽养护适合于矿渣水泥、粉煤灰水泥、火山灰水泥等配制的混凝土，或掺有矿物掺合料的混凝土，因在湿热条件下，会加速活性混合材或矿物掺合料与氢氧化钙的化学反应，使混凝土不仅提高早期强度，而且28d强度也能提高10%～40%。但对硅酸盐及普通硅酸盐水泥配制的混凝土，经蒸汽养护后，再在标准条件下养护28d的抗压强度，要比一直在标准条件下养护至28d的抗压强度低10%～15%。

将混凝土放在100℃以上的几个大气压的蒸压釜中养护，称为压蒸养护。该养护方式主要适用于硅酸盐混凝土制品，如石灰-砂砖、石灰-粉煤灰加气混凝土等；也适用于先经蒸汽养护后再进行压蒸养护的高强预制混凝土，如高强电线杆混凝土、高强管桩混凝土等。

6.4 混凝土的变形性能

混凝土在凝结硬化过程中或硬化后，会受到湿度、温度、荷载等作用，从而产生整体或局部的体积变化，称为混凝土的变形，它与混凝土强度一样，也是混凝土的一项重要的力学性能。混凝土的变形有非荷载作用下的变形和荷载作用下的变形；非荷载作用下的变形又分为化学收缩、塑性收缩、干湿变形及温度变形；荷载作用下的变形又分为短期荷载和长期荷载作用下的变形。

6.4.1 混凝土在非荷载作用下的变形

1. 化学收缩

混凝土在硬化过程中，由于水泥水化产物的体积小于反应物（水和水泥）的体积，引起混凝土产生的收缩，称为化学收缩。其收缩量是随着混凝土龄期的延长而增加，大致与时间的对数成正比。一般在混凝土成型后40d内收缩量增加较快，以后逐渐趋向稳定。化学收缩为不可逆，收缩量小，可使混凝土内部产生微细裂缝，但对混凝土承载力影响不大。

2. 塑性收缩

混凝土成型后尚未凝结硬化时属塑性阶段，在此阶段往往由于表面失水而产生收缩，称为塑性收缩。新拌混凝土若表面失水速率超过内部水向表面迁移的速率时，会造成毛细管内部产生负压，因而使浆体中固体粒子间产生一定引力，便产生了收缩，如果引力不均匀作用于混凝土表面，则表面将产生塑性收缩裂纹。

在道路、地坪、楼板等大面积的工程中，塑性收缩是一种常见的收缩。以夏季施工最为普遍。所以，预防塑性收缩开裂的方法是降低混凝土表面失水速率，采取防风、降温、加强养护等措施。最有效的方法是凝结硬化前保持混凝土表面的湿润，如在表面覆盖塑料膜、喷洒养护剂等。

3. 干燥收缩

混凝土在水化硬化过程中，若处于干燥环境，其内部毛细孔中的游离水会蒸发，使毛细孔内形成负压，导致混凝土收缩；同时水泥凝胶体颗粒上的吸附水也会发生部分蒸发，由于颗粒间的分子引力，引起胶体收缩。由于失水干燥引起的混凝土收缩称为干燥收缩。

处在潮湿或水中养护环境的混凝土，其体积变形与处在干燥环境中的情形完全不同。从图6-13可看出，置于水中的混凝土，其体积不但不收缩而且稍有膨胀，这是由于水泥石中凝胶体颗粒的吸附水膜增厚所致；若将已经干缩的混凝土重新放入水中或潮湿环境中，混凝土体积会重新产生湿胀，但并不能恢复全部的干缩变形，仍有残余干缩不能完全恢复。通常，普通混凝土残余干缩为干缩量的30%～60%。

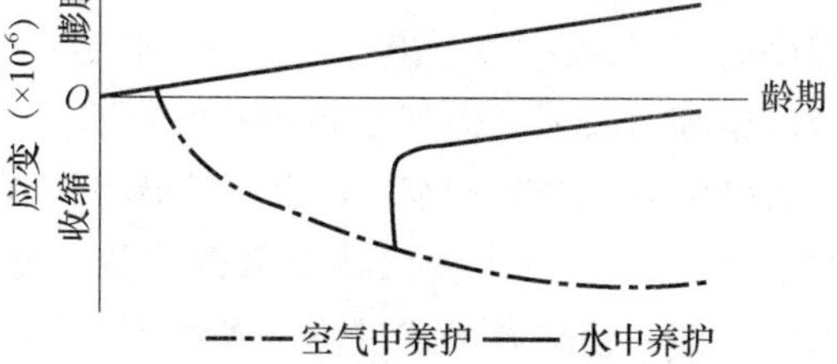

图6-13 混凝土的干湿变形

混凝土的湿胀变形量很小，一般无破坏作用。但是干缩变形对混凝土的危害较大，可能使钢筋混凝土或受约束混凝土产生干燥收缩裂缝，严重影响混凝土的耐久性，甚至强度。

在工程设计中，要充分考虑混凝土干缩变形对结构的影响。通常，混凝土极限干缩值为（50～90）$\times 10^{-5}$。在一般工程设计中，混凝土的线收缩值通常采用（15～20）$\times 10^{-5}$。即每米收缩为0.15～0.2mm。

影响混凝土干缩变形的主要因素有：

1）水泥用量、品种、细度

水泥用量是决定干缩变形大小的主要因素。在水灰比相同的条件下，水泥用量越大，混凝土干缩变形越大。水泥品种与细度对混凝土干缩也有很大影响，如火山灰硅酸盐水泥比硅酸盐水泥干缩率大，水泥越细，干缩率越大。

2）水灰比

相同水泥用量，水灰比大，混凝土内毛细孔数量多，混凝土干缩大。一般说，用水量若增加1%，混凝土干缩率增加2%～3%。

3）骨料的质量

骨料粒径、级配、含泥量都与混凝土中所用水泥与水的数量有关。混凝土的干缩随着骨料质量的提高而减小。

4）养护条件

养护湿度高，养护时间长，有利于推迟混凝土干燥收缩的产生和发展，可避免混凝土在早期产生较多的干缩裂纹。

4. 温度变形

混凝土具有热胀冷缩的性质，称其变形为温度变形。在一般温度变化范围内，混凝土长度的变化，可用下式求出：

$$\Delta L = \alpha \cdot L \cdot \Delta t \tag{6-6}$$

式中 ΔL——混凝土长度变化，m；

α——混凝土温度变形系数。$\alpha = 1.0 \times 10^{-5}/℃$。即温度每升降1℃，每米胀缩0.01mm。

L——混凝土结构长度，m；

Δt——温差，℃。

温度变形对大体积混凝土工程极为不利，这是因为在混凝土硬化初期，由于水泥水化放出较多的热量，混凝土又是热的不良导体，散热速度慢，聚集在混凝土内部的热量使温度升高，混凝土的内部温度有时可达到50～70℃，这使内部混凝土体积产生相对膨胀，而外部混凝土却随气温降低产生相对收缩。内部膨胀和外部收缩互相制约，使混凝土表面产生很大的拉应力，严重时会使混凝土产生裂缝。因此，大体积混凝土施工时，必须尽量设法减少内外温度差，一方面可采用低热水泥，减少水泥用量，降低内部发热量；另一方面，加强外部混凝土的保温措施，使降温不致过快，或强化内部混凝土的散热措施，使内部温度不要过高。同时，当内部温度开始下降时，又要注意及时调整外部降温速度，可洒水散热。总之，根据具体情况，拟定混凝土升温、降温过程中的措施和方案是保证大体积混凝土工程质量不可忽视的问题。

在纵长的钢筋混凝土结构物中，每隔一段长度，应设置温度伸缩缝及温度钢筋，以减少温度变形造成的危害。

6.4.2 混凝土在荷载作用下的变形

1. 混凝土受力变形破坏特征

混凝土受到外力作用发生变形直至破坏的情况可归纳为：其一，水泥石与骨料界面破坏引起混凝土破坏；其二，水泥石破坏引起混凝土破坏；其三，骨料破坏引起混凝土破坏。对于普通混凝土而言，第一种破坏情况发生概率最大，第二种情况次之，第三种情况发生概率最小。但对于轻骨料混凝土，情形则有所不同。

混凝土在受力之前，由于水泥水化引起的收缩变形，或者泌水在粗骨料下部形成的水囊，都会使混凝土结构存在内部微裂缝，尤其是水泥石-骨料界面微裂缝难以避免。施加外力后，微裂缝处会产生应力集中，随着外力增加，应力集中导致裂缝不断扩展、增多，直至失稳、贯通，最终造成混凝土破坏。

普通混凝土在受压变形过程中，裂缝扩展变化直至混凝土破坏可分为四个阶段，如图6-14和图6-15所示。这四个阶段的变化决定了混凝土应力-应变曲线的特征。

当荷载到达“比例极限”（约为极限荷载的30%）以前，为第一阶段（图6-14第Ⅰ阶段和图6-15第Ⅰ阶段），界面裂缝无明显变化，荷载与变形是直线关系；当荷载超过“比例极限”，进入第二阶段（图6-14第Ⅱ阶段和6-15第Ⅱ阶段），界面裂缝的数量、长度、宽度逐渐增大，但尚无明显的砂浆裂缝，界面借摩阻力继续承担荷载，此时变形增大的速度已超过荷载增大的速度，荷载与变形之间不再是直线关系；当荷载超过“临界荷载（极限荷载的70%~90%）以后，进入第三阶段（图6-14第Ⅲ阶段和图6-15第Ⅲ阶段），在界面裂缝继续扩展的同时，开始出现砂浆裂缝，并将和相邻界面裂缝连接、汇合，此时变形明显加快，荷载与变形曲线弯向变形轴方向；当荷载达到极限荷载之后，进入第四阶段（图6-14第Ⅳ阶段和图6-15第Ⅳ阶段），连续裂缝迅速发展，混凝土承载力下降，荷载减小而变形迅速增大，荷载-变形曲线下降，混凝土最终破坏。

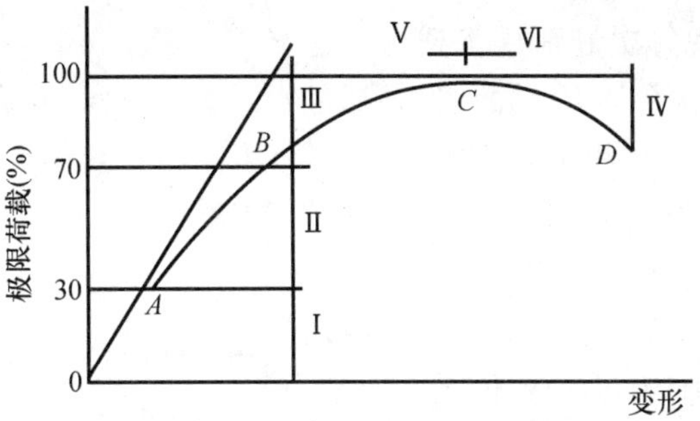

图6-14 混凝土受压变形曲线

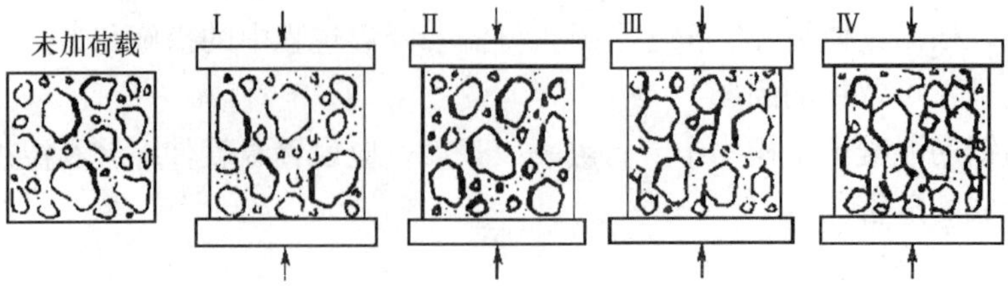

图 6-15　混凝土不同阶段裂缝示意如图

2. 混凝土在短期荷载作用下的变形

1）混凝土的弹塑性变形

混凝土是由水泥石（包括胶体、晶体及未水化的水泥颗粒等）、粗细骨料和气孔等构成的非均质材料，从其荷载-变形关系可以看出，混凝土不是一种完全的弹性体，也非完全塑性体，而是一种弹塑性体。在外力作用下产生的变形为弹塑性变形，包括可以恢复的弹性变形和不可恢复的塑形变形两部分，其应力-应变关系如图 6-16 所示，不是直线而是曲线。若在上升段取应力为 σ，对应应变为 ε 的 A 点，然后将荷载逐渐卸去，则卸载时的应力-应变曲线如 AC 所示，则 ε 包括卸载后可恢复的弹性应变 $\varepsilon_{弹}$ 和不能恢复的塑性应变 $\varepsilon_{塑}$。外加应力越小，总变形 ε 中塑性应变 $\varepsilon_{塑}$ 所占比例就越小，此时混凝土的变形就越接近弹性变形。

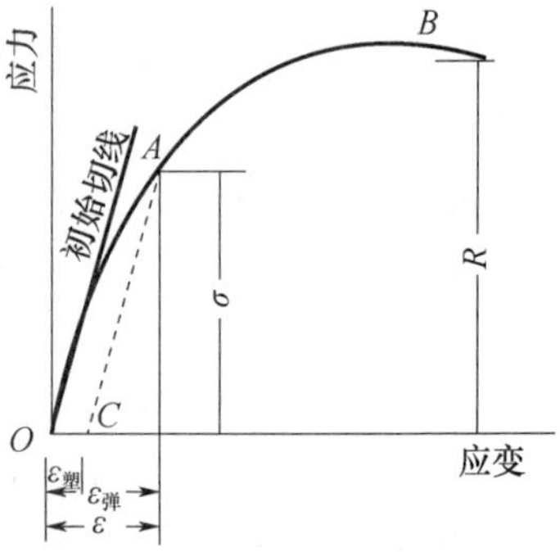

图 6-16　混凝土应力-应变曲线

2）混凝土的静弹性模量

混凝土应力-应变曲线上任意一点的应力 σ 和应变 ε 的比值称为该点的弹性模量，它是反映混凝土或钢筋混凝土结构刚度大小的重要指标，在进行混凝土或钢筋混凝土结构的变形、裂缝的出现及受力分析时，都需要用到此指标。严格意义上讲，材料处于弹性阶段的应力应变比值，即该阶段的变形模量为其弹性模量，但混凝土的受力变形为弹塑性变形，任意一点的变形模量是一变量，无法用于衡量和比较混凝土的刚度大小。因此，在实际的混凝土或钢筋混凝土结构设计中，通常采用一种标准方法测定混凝土在静力受压下的弹性模量，即静弹模量 E_c，来衡量和比较混凝土的刚度大小。

实验证明，当混凝土所受静压应力 σ 小于 0.3～0.5 倍轴心抗压强度 f_{cp} 时，对试件进行反复加荷-卸荷处理，发现每次卸荷后都残留一定塑性变形，但随着反复次数增多，每次卸荷后的新增残余塑性变形逐渐减小，直至趋近于零（图 6-17），最后曲线稳定于 $A'C'$ 线，其与过原点的初始切线大致平行，此时，$A'C'$ 线上任意一点的变形模量趋于常数，在数值上与原点初始切线的 $\tan\alpha$ 相近，可以用此作为静弹模量。但是，若静压应力 σ 大于 0.5～0.7f_{cp} 以上，则随着加荷-卸荷反复次数增加，塑性变形不断增大，最终导致混凝土疲劳破坏。

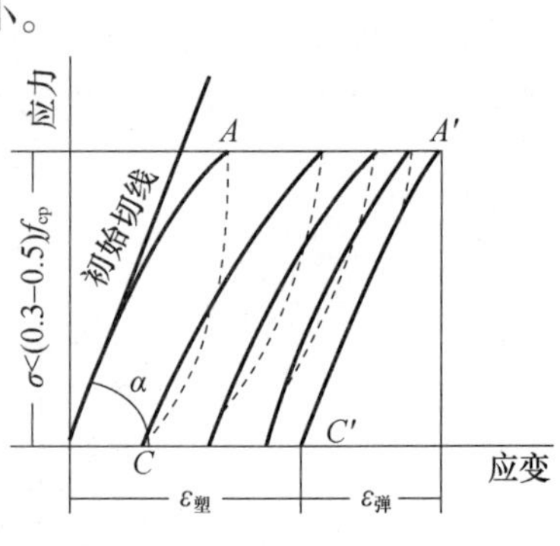

图 6-17　低应力重复荷载的应力-应变关系

基于实验研究结果，我国《普通混凝土力学性能试验方法标准》GB/T 50081—2002 规定，采用 150mm×150mm×300mm 的棱柱体试件，实验控制应力为轴心抗压强度的 1/3（也可取 $0.4f_{cp}$ 作为应力值），经过重复加荷-卸荷 4~5 次处理，最后一次卸荷后的新增残余塑性变形趋近于零，曲线稳定于 $A'C'$ 线，测得该线的应力-应变比值，即为混凝土静弹性模量，也称为割线模量。

混凝土的强度等级越高，静弹性模量越高，两者存在一定的相关性。当混凝土强度等级由 C10 增加到 C60 时，其静弹性模量大致由 1.75×10^4 MPa 增至 3.60×10^4 MPa。

混凝土的静弹性模量随其水泥石与骨料的构成比例及二者本身的弹性模量大小而变化。一般情况下，水泥石的弹性模量小于骨料的弹性模量，所以混凝土的弹性模量介于二者之间。在混凝土组成材料质量不变的情况下，骨料含量越多、水灰（胶）越小、含气量越低、养护越好以及龄期越长，静弹性模量越大。蒸汽养护混凝土的静弹性模量较具有相同强度的标准养护混凝土的静弹性模量小。

3）混凝土的动弹性模量

为了检验混凝土在各种因素作用下的内部结构变化情况，配合混凝土快冻试验，需用动弹性模量指标。

混凝土动弹性模量一般以共振法进行测定，其测定原理是使试件在一个可调频率的周期性外力作用下产生受迫振动，如外加的频率等于试件的基频振动频率时，则产生共振，试件的振幅达到最大，将测得的试件基频振动频率 f 代入下式计算动弹性模量 E_d：

$$E_d = 13.244\times10^{-4} W \cdot L^3 \cdot f^2/\alpha^4 \tag{6-7}$$

式中　E_d——动弹性模量，MPa；

W——试件质量，kg；

L——试件长度，mm；

α——正方形截面试件的边长，mm；

f——试件横向振动时的基频振动频率，Hz。

在我国北方地区，冬季大量使用除冰盐对道路进行除冰，此时混凝土所遭受的冻融并不是在饱水状态下水的冻融循环，所以，混凝土动弹性模量指标可以用超声法测试。超声波测试仪的频率范围与共振法的频率范围不同，应注意区分。

3. 混凝土在长期荷载作用下的变形——徐变

混凝土在长期荷载作用下，沿着作用力方向的变形会随时间不断增大，即荷载不变而变形随时间不断增加，一般要延续 2~3 年才趋于稳定。这种在长期荷载作用下沿受力方向上产生的非弹性变形，称为徐变。图 6-18 为混凝土在长期恒定荷载作用下的应变与加荷时间关系曲线。在加荷瞬间，混凝土产生瞬时变形，瞬时变形以弹性变形为主。随着荷载持续时间增长，又产生徐变变形，在荷载作用初期，徐变变形增长较快，以后逐渐变慢且稳定下来。混凝土的最终徐变应变可达 $(3\sim15)\times10^{-4}$，即 0.3~1.5mm/m，为瞬时变形的 2~4 倍，可见徐变的变形量在结构设计中是不可忽视的。

当徐变稳定以后，若卸去荷载，部分变形立即恢复，其值略小于在加荷瞬间产生的瞬时变形，称为瞬时恢复；部分变形在卸荷后一段时间内逐渐恢复，称为徐变恢复；最后残留部分不可恢复的永久变形，称为残余变形。

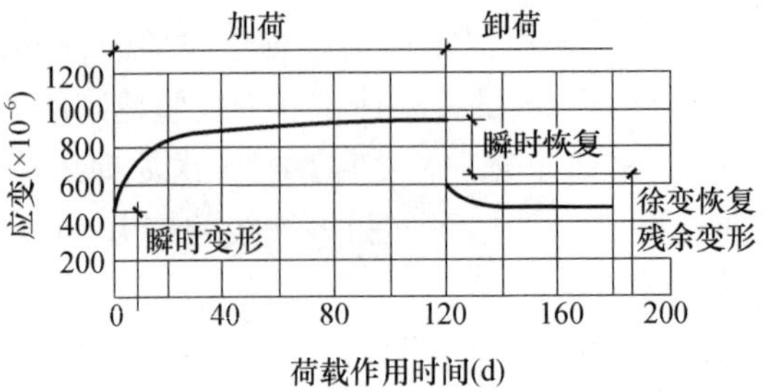

图 6-18　混凝土应变与加荷时间关系

混凝土的徐变是由混凝土中水泥石的徐变所引起的。水泥石的徐变是由于水泥石中的凝胶体在长期荷载作用下的黏性流动，并向毛细孔中移动的结果；同时也是吸附在凝胶粒子上的吸附水因荷载作用向毛细孔渗透的结果。从水泥凝结硬化过程可知，随着水泥的逐渐水化，新的凝胶体逐渐填充毛细孔，使毛细孔的相对体积逐渐减少。荷载初期，由于未填满的毛细孔较多，凝胶体较易流动，故徐变增长较快。以后由于内部稳定和水化的进展，毛细孔逐渐减小，徐变发展因而越来越慢。

混凝土不论是受压、受拉或受弯时，均有徐变现象。徐变会导致混凝土构件内部的应力和变形重新分布，其有利的一面是：徐变可消除钢筋混凝土内部应力集中，使应力重新较均匀分布；对大体积混凝土，徐变可消除一部分由于温度变形所产生的破坏应力。徐变不利的一面是：增大了混凝土构件，特别是大跨度梁、板的变形量；对于钢筋混凝土结构，徐变会降低混凝土所承受的应力，而增大钢筋所承受的应力；对预应力钢筋混凝土结构，徐变会使钢筋的预加应力受到损失，使结构的承载能力受到影响。

影响混凝土徐变的因素很多，水灰（胶）越大，徐变越大；相同水灰（胶）比时，水泥用量越大，徐变越大；混凝土成型龄期越短时施加荷载，徐变越大；骨料弹性模量越小，徐变越大；保湿养护越不充分的混凝土，徐变越大；恒定荷载越大、时间越长，徐变越大。

6.5　混凝土的耐久性

混凝土在其使用条件下，能够抵抗环境介质作用并长期保持其良好使用性能的能力和外观完整性，从而维持混凝土结构的安全、正常使用的能力，称为混凝土的耐久性。它是一项综合性能，主要包括抗渗性能、抗冻性能、抗侵蚀性能、抗碳化性能以及碱－骨料反应抑制性能等。

提高混凝土耐久性，对保证结构设计使用寿命，减少修复工程量，提高经济效益具有重要意义。因此，作为结构材料使用的混凝土，在结构设计中，不但要重视其强度，而且要重视其耐久性，确保在环境作用情况下，在设计使用年限内，混凝土结构具有良好的使用性能。

6.5.1　混凝土的抗渗性能

混凝土抵抗流体介质或溶于介质中的侵蚀性物质渗入内部的能力称为抗渗性能。由于水是最普遍存在的流体介质，同时也是很多其他侵蚀物质的载体，所以通常将混凝土抵抗压力水而不渗透的性能称为抗渗性能。在冻融循环、钢筋锈蚀、化学侵蚀、碳化反应、碱－骨料反应等导致混凝土性能老化的原因中，水或者作为直接原因，或者作为其他侵蚀介质的载体，其能渗入到混凝土内部是上述诸多原因导致混凝土破坏的前提，所以抗渗性能是混凝土耐久性指标中最重要的一项指标。

1. 抗压力水渗透性能

实验采用 185mm×175mm×150mm 的圆台型试件，每组 6 个试件。按照标准试验方法成型养护 28d～56d 并在养护期间内进行抗渗性试验，采用逐级施加水压力测定抗渗等级，是以每组 6 个试件中有 4 个试件未出现渗水时的最大水压力乘以 10 来确定。试验时，将试件装入模具并密封周边，从圆台试件底部施加压力水，水压从 0.1 MPa 开始，以后应每隔 8h 增加 0.1 MPa，并应随时观察试件端面渗水情况。当 6 个试件中有 3 个试件表面出现渗水时，或加至规定压力（设计抗渗等级），在 8h 内 6 个试件中表面渗水试件少于 3 个时，可停止试验，并记录此时的水压力。

混凝土的抗渗等级应按下式计算：

$$P = 10H - 1 \tag{6-8}$$

式中 P——混凝土抗渗等级；

H——6 个试件中有 3 个试件渗水时的水压力，MPa。

《混凝土质量控制标准》GB 50164—2011 将混凝土抗水渗透性能划分为 P4、P6、P8、P10、P12、＞P12 六个等级，相应表示混凝土能抵抗 0.4、0.6、0.8、1.0、1.2 及 1.2MPa 以上的水压力而不渗透。

2. 抗氯离子渗透性能

由于高强混凝土和高性能混凝土抗渗性好，使用传统的抗压力水渗透方法已经不能准确地表征其抗渗性能，而是采用溶于水中的侵蚀性介质在混凝土中的扩散速度快慢来表征它们的抗渗性。

扩散是自由分子或离子通过无序运动从高浓度区域到低浓度区域的迁移，其驱动力是浓度差而不是压力差。氯盐和硫酸盐侵入混凝土内部主要是通过溶于混凝土孔隙水中的氯离子和硫酸根离子的扩散而进行的。因此，常用氯离子在混凝土中的扩散速度大小表示高抗渗性混凝土的抗渗性能。

抗氯离子渗透性能的试验和表示方法有两种，即非稳态氯离子渗透系数法和电通量法。

（1）非稳态氯离子渗透系数法（或称 RCM 法）：该方法的原理是将试件的两端分别置于两种溶液之间并施加 60V 电压，上游溶液为 3% 的氯化钠溶液，下游溶液为 0.3N 的氢氧化钠溶液。在外加电场的驱动下，氯离子向混凝土内迁移，经过一定时间后测出氯离子侵入试件中的深度，利用理论公式可以计算得出非稳态快速氯离子迁移系数，简称渗透系数，以此评价混凝土抗氯离子渗透性。按标准规定采用直径为（100±1）mm，高度为（50±2）mm 的圆柱体试件作为标准试件，以标准养护 28d 龄期的试件进行抗氯离子渗透性试验，也可根据设计要求，在 56d 或 84d 进行抗氯离子渗透性试验。抗氯离子渗透性是以 3 个试样的氯离子渗透系数的算术平均值作为该组试件的氯离子渗透系数（m^2/s）。

（2）电通量法：该方法是以美国 ASTM C1202 快速电量测定方法为基础的标准试验方法。这个方法也属于快速电迁移法的范畴，但测定的是通过试件的电量，用库仑值表示。当电量小于 1000 库仑时认为抗氯离子渗透性优良。该方法不适用于测定掺有亚硝酸盐和钢纤维等良导电材料的混凝土。

试件仍采用直径为（100 ± 1）mm，高度为（50 ± 2）mm 的圆柱体试件，以标准养护 28d 的试件测得的电通量为准。试验时，将试件置于 3% 的氯化钠溶液和 0.3N 的氢氧化钠溶液之间，在两溶液之间施加 60V 电压，绘制 6h 的电流与时间关系曲线获得总电量（库仑）。通过将计算的总电通量乘以一个直径为 95mm 的试件和实际试件横截面积的比值来换算成 95mm 试件的电通量。以每组 3 个试件电通量的算术平均值作为电通量测定值：当某一个电通量值与中值的差值超过中值的 15% 时，应取其余两个试件的电通量的算术平均值作为该组试件的试验结果。当有两个测值与中值的差值都超过中值的 15%，应取中值作为该组试件电通量的试验结果测定值。

3. 混凝土抗渗性能的影响因素

混凝土渗水的主要原因是其属多孔结构材料，在其内部存在许多孔隙，并分为通孔和闭孔，通孔数量越多、尺寸越大，混凝土的抗渗性越差。因此，组成材料性质、配合比、施工及养护过程均可能影响混凝土的孔结构，从而影响其抗渗性。影响混凝土抗渗性的主要因素如下：

1）水灰（胶）比

混凝土水灰（胶）比的大小，对其抗渗性起决定性作用。这是因为水灰（胶）比越大，混凝土在凝结硬化过程中由于水分蒸发形成的渗水通孔越多。试验证明，抗渗性随水灰（胶）比的增加而下降，当水灰（胶）比大于 0.6 时，抗渗性急剧下降。

2）骨料的最大粒径

相同水灰比下，骨料最大粒径越大，骨料和水泥浆界面处越易产生裂隙，骨料下方越易形成孔穴，渗水通道就越多，抗渗性就越差。

3）水泥品种

水泥品种不同，细度不同，硬化后水泥石孔隙不同。水泥细度越大，强度越高，则水泥石的孔隙越小，则混凝土抗渗性越好。

4）养护条件

在干燥或湿度小的情况下，混凝土早期失水多，易形成收缩裂缝，降低混凝土抗渗性。蒸汽养护的混凝土较潮湿养护混凝土抗渗性差。混凝土龄期越长，水泥的水化程度越高，抗渗性越好。

5）外加剂

在混凝土中掺入某些外加剂，如减水剂，可减少水灰比，改善和易性，提高密实性；引气剂，大量均布而封闭的小气泡截断孔隙通道，提高抗渗性；防水剂，能够提高细密实度，或堵通孔，或使孔壁疏水，提高抗渗性。

6）掺合料

在混凝土中加入掺合料，如掺入适量的优质粉煤灰，可提高混凝土的密实度，因而可改善混凝土抗渗性。

6.5.2 混凝土的抗冻性能

混凝土在水饱和状态下，经受多次冻融循环作用后，能够保持强度不严重降低和外观完整性的能力，称为抗冻性能。反复冻融作用造成破坏的原因主要为：混凝土是多孔材料，饱和水受冻后，内部部分孔隙中的水结冰，体积膨胀约9%。结冰膨胀造成静水压力和推动未冻水迁移产生的渗透压力，受冻混凝土升温消融时又会产生融解收缩。若受冻时，静水压力和渗透压力所产生的内应力超过混凝土的抗拉强度，混凝土就会产生裂缝，多次冻融作用使裂缝不断扩展直至破坏。

在我国北方严寒或寒冷地区，当混凝土处于接触水又受冻的环境时，经反复冻融后，将出现混凝土开裂、脱落，强度下降现象。因此，这些地区的混凝土应具有较高抗冻性能。

1. 抗冻性能的表示方法

混凝土抗冻性能用抗冻等级表示，通常有两种检验方法，即慢冻法和快冻法。

1）慢冻法

采用100mm×100mm×100mm，150mm×150mm×150mm或200mm×200mm×200mm的立方体试件，在28d龄期时，先浸水饱和后进行冻融试验（100mm×100mm×100mm和150mm×150mm×150mm试件冻4h，200mm×200mm×200mm试件冻6h）；融4h，以抗压强度下降不超过25%，而且质量损失不超过5%时所承受的最大冻融循环次数，前加符号F，表示抗冻等级。

2）快冻法

采用100mm×100mm×400mm的棱柱体试件，在28d龄期后进行试验，试件先浸水饱和，然后进行反复冻融循环，一个循环在2~4h内完成，以相对动弹模量值不低于60%，而且质量损失不超过5%时所承受的最大冻融循环次数，前加符号F，表示抗冻等级。

根据我国实际情况，标准提出应以快冻法的抗冻等级作为检验评定混凝土抗冻性的主要指标。《混凝土质量控制标准》GB 50164—2011将混凝土划分为以下抗冻等级：F50、F100、F150、F200、F250、F300、F350、F400、>F400等九个等级，分别表示混凝土能够承受反复冻融循环次数为50、100、150、200、250、300、350、400和400以上。

2. 混凝土抗冻性能的影响因素

1）水灰（胶）比

水灰（胶）比与密实度成反比，水灰（胶）比越小、密实度越大，抵抗冻融破坏的能力越强，抗冻性越高。水灰（胶）比与孔隙率成正比，水灰（胶）比越大、孔隙率越大，当混凝土内开口孔隙率越多时，水分越易渗入，静水压力越大，抗冻性越差。

2）混凝土孔隙充水程度

饱水程度越高，冻结后产生的冻胀作用就大，抗冻性越差。

3）引气剂

在混凝土中掺入引气剂，可使混凝土中孔隙成为细小、封闭、均匀的气泡，使水分难以渗入，同时气泡有一定的适应变形能力，对冰冻破坏起一定的缓冲作用。因此，掺入适量引气剂，有利于提高抗冻性。

4）掺合料

选择适量优质掺合料，可以提高混凝土的密实度，减少混凝土中孔隙数量，从而提高抗冻性。

5）养护时间

混凝土因水泥的不断水化，强度会随龄期不断增加，一方面可使冻结水量减少；另一方面，水中溶解盐浓度随水化深入而增加，冰点随之而降低，抗冻融破坏能力也增强。所以延长冻结前的养护时间对提高混凝土抗冻性是有利的。

6.5.3 混凝土的抗侵蚀性能

混凝土抵抗环境侵蚀性介质的化学作用、物理作用或物理化学作用而不破坏的能力，称为抗化学侵蚀性能，或抗侵蚀性能。

混凝土中的砂石骨料，若设计选择合理，一般情况下受化学侵蚀作用，由于砂石受化学侵蚀造成混凝土结构破坏的现象较少。混凝土的化学侵蚀主要是由于水泥石在外界侵蚀性介质（软水，含酸、苛性碱、盐的水溶液等）作用下，结构受到破坏，导致混凝土强度降低。因此，把混凝土的化学侵蚀，通常也称为水泥石的腐蚀。

1. 化学侵蚀种类

混凝土的化学侵蚀，也即水泥石的腐蚀，是外界因素（侵蚀性介质）通过水泥石中某些组分（氢氧化钙、水化铝酸钙等）而起到破坏作用，既有物理作用，也有化学作用和物理化学作用。按水泥石的腐蚀机理分类，可将腐蚀分为三种类型。

1）溶出性软水侵蚀

雨水、雪水以及多数的河水和湖水均属于软水。当水泥石与这些水长期接触时，水泥石中的氢氧化钙将逐渐溶解。在静水及无水压的情况下，由于周围的水易为氢氧化钙所饱和，使溶解作用中止，这时溶出仅限于表层，危害不大。但在流动水及压力水作用下，氢氧化钙将不断溶解流失，一方面使水泥石变得疏松；另一方面也使水泥石的碱度降低，而水泥水化产物（水化硅酸钙、水化铝酸钙等）只有在一定的碱度环境中才能稳定存在，所以氢氧化钙的不断溶出又导致了其他水化产物的分解溶蚀，最终使水泥石破坏。当环境水为硬水时，其中含有较多重碳酸盐（钙盐和镁盐等），由于同离子效应的缘故，氢氧化钙的溶解将受到抑制，从而减轻了侵蚀作用。重碳酸盐还可以与氢氧化钙起反应，生成几乎不溶解于水的碳酸钙：

$$Ca(HCO_3)_2 + Ca(OH)_2 = 2CaCO_3 + 2H_2O \tag{6-9}$$

生成的碳酸钙积聚在水泥石的孔隙中，形成了致密保护层，阻止了外界水的侵入和内部氢氧化钙的扩散析出。

将与软水接触的混凝土预先在空气中放置一定时间，使水泥石中的氢氧化钙与空气中的二氧化碳、水作用，形成碳酸钙外壳，可减轻软水腐蚀。

2）溶解性化学腐蚀

溶解于水中的酸类和盐类可以与水泥石中的氢氧化钙起置换反应，生成易溶性盐或无胶结能力的物质，使水泥石结构破坏。最常见的是碳酸、盐酸及镁盐的侵蚀等。

（1）碳酸水的腐蚀。雨水、泉水及地下水中常含有一些游离的碳酸，当含量超过一定量时，将对水泥石产生破坏作用，其反应历程如下：

$$Ca(OH)_2 + CO_2 + H_2O = CaCO_3 + 2H_2O \quad (6\text{-}10)$$

$$CaCO_3 + CO_2 + H_2O = Ca(HCO_3)_2 \quad (6\text{-}11)$$

生成的碳酸氢钙易溶于水。若水中含有较多的碳酸，并超过平衡浓度，则上式将向右进行，导致水泥石中的氢氧化钙转变为碳酸氢钙而溶失，进而造成其他水泥水化产物的分解，使水泥石结构破坏。环境水中所含游离碳酸越多、水温越高，侵蚀越严重。

（2）盐酸等一般酸的腐蚀。工业废水、地下水等常含有盐酸、硝酸、氢氟酸等无机酸，以及醋酸、蚁酸等有机酸，它们均可与水泥石中的氢氧化钙反应，生成易溶物，如：

$$2HCl + Ca(OH)_2 = CaCl_2\text{（易溶）} + 2H_2O \quad (6\text{-}12)$$

（3）镁盐的腐蚀。海水及地下水中常含有氯化镁等镁盐，它们可与水泥石中的氢氧化钙起置换反应生成易溶的氯化钙、无胶结能力的氢氧化镁。

$$MgCl_2 + Ca(OH)_2 = CaCl_2 + Mg(OH)_2 \quad (6\text{-}13)$$

（3）膨胀性化学腐蚀

当水泥石与含硫酸或硫酸盐的水接触时，可以产生膨胀性化学腐蚀。其反应历程为：

$$H_2SO_4 + Ca(OH)_2 = CaSO_4 \cdot 2H_2O \quad (6\text{-}14)$$

生成的二水石膏在水泥石孔隙中结晶产生膨胀，也可以和水泥石中的水化铝酸钙反应生成膨胀性更大的水化硫铝酸钙（钙矾石）。

$$3(CaSO_4 \cdot 2H_2O) + 3CaO \cdot Al_2O_3 \cdot 6H_2O + 19H_2O = 3CaO \cdot Al_2O_3 \cdot 3CaSO_4 \cdot 31H_2O \quad (6\text{-}15)$$

生成的水化硫铝酸钙，由于含有大量的结晶水，体积膨胀1.5倍左右，对水泥石具有严重破坏作用。水化硫铝酸钙呈针状结晶（图6-19），故常称为“水泥杆菌”。

硫酸镁、硫酸钠等硫酸盐均可产生上述腐蚀。

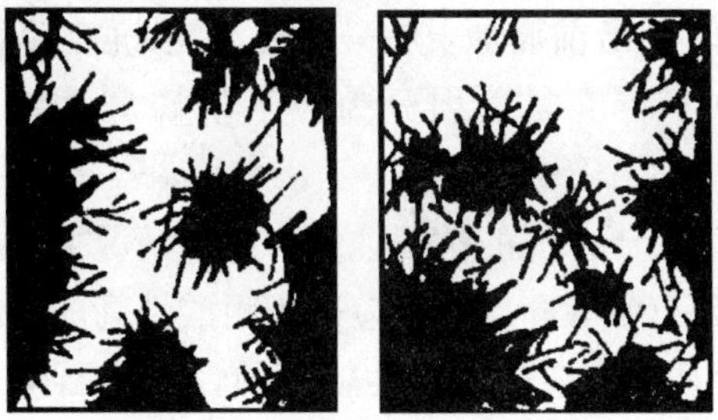

图6-19　水化硫铝酸钙针状晶体

4）分解性化学腐蚀

当铝酸盐含量高的硅酸盐水泥遇到钾、钠苛性强碱作用时，水化铝酸钙会被腐蚀，生成易溶于水的铝酸盐。

$$3CaO \cdot Al_2O_3 . 6H_2O + 6NaOH = 3Na_2O \cdot Al_2O_3 + 3Ca(OH)_2 + 6H_2O \quad (6\text{-}16)$$

上述反应会使水泥石构成组分水化铝酸钙分解，从而导致水泥石破坏。

同时，当水泥石被氢氧化钠溶液浸透后又在空气中干燥时，氢氧化钠可被空气中的CO_2碳化生成具有膨胀性的碳酸钠结晶而胀裂水泥石。

$$2NaOH + CO_2 = Na_2CO_3 + H_2O \quad (6\text{-}17)$$

因此，钾、钠苛性碱的腐蚀既是分解腐蚀，又是膨胀腐蚀。

实际上水泥石的腐蚀是一个极为复杂的物理化学过程，很少是单一类型的腐蚀，往往是几种腐蚀同时发生，互相影响。

2. 化学侵蚀的防治措施

水泥石腐蚀的主要原因：侵蚀性介质以液相形式与水泥石接触并具有一定的浓度和数量；水泥石中存在有引起腐蚀的组分氢氧化钙和水化铝酸钙；水泥石本身结构不密实，有一些可供侵蚀性介质渗入的毛细通道。因此，欲防止或减轻水泥石的腐蚀，可采取如下措施：

（1）根据环境条件合理选用水泥品种。如对软水腐蚀严重的工程可选用水化产物中含氢氧化钙少的水泥；对硫酸盐腐蚀严重的工程可选用含铝酸三钙少的抗硫酸盐水泥（铝酸三钙含量低于5%）。水泥中掺入活性混合材料可以有效地提高其耐腐蚀能力。

（2）提高混凝土的密实度，减少侵蚀性介质渗入水泥石内部的通道，可以有效地减轻腐蚀。

（3）在混凝土的外表面加覆盖层，隔离侵蚀性介质与水泥石接触。如在混凝土表面粘贴花岗岩板、耐酸瓷砖，喷涂沥青质或合成树脂涂料等。对腐蚀严重的工程，还可以采用聚合物混凝土等耐腐蚀性强的材料代替普通混凝土。

3. 抗侵蚀性的表征

由于硫酸盐侵蚀是混凝土化学侵蚀中最广泛和最普遍的形式之一，所以，通常使用混凝土抗硫酸盐侵蚀性能来表征其抗侵蚀性能，它被认为是评价混凝土耐久性的重要指标之一。

采用立方体混凝土试件，28d龄期后浸泡在5%的硫酸钠溶液中，80℃下保持15h，冷却至25℃下浸泡6h为一个循环。浸泡后与浸泡前混凝土抗压强度比值为耐蚀系数，耐蚀系数不低于75%的最大循环次数前面加上符号KS，表示抗硫酸盐侵蚀等级。《混凝土质量控制标准》GB 50164—2011将混凝土划分为以下抗硫酸盐等级：KS30、KS60、KS90、KS120、KS150、>KS150等六个等级。

抗硫酸盐侵蚀性主要取决于水泥的抗侵蚀性，特殊情况下混凝土的抗侵蚀性也与所用骨料性质有关，如环境中含有酸性介质时，应采用耐酸性高的骨料（石英岩、花岗岩、安山岩等）；含有强碱性的介质时，应采用碱性较高的骨料（石灰岩、白云岩等）。在海岸、海洋工程中海水对混凝土的侵蚀既有化学作用，又有反复干湿的物理作用；且盐分在混凝土内的结晶与聚集、海浪的冲击磨损，海水中氯离子对钢筋的锈蚀等，可见作用是复杂的。

混凝土抗侵蚀性与所用水泥品种、混凝土密实度和孔隙特征有关。提高混凝土抗侵蚀性的措施，主要是合理选择水泥品种、降低水灰比、改善孔结构等。

6.5.4 混凝土的抗碳化性能

1. 混凝土的碳化及危害

在有水存在的情况下，空气中的二氧化碳与水泥石中氢氧化钙反应，生成碳酸钙和水的过程，称为混凝土的碳化，碳化使混凝土的碱度降低，所以又称为中性化。混凝土抵抗二氧化碳与水泥石中氢氧化钙反应生成碳酸钙从而导致碱度降低的能力，称为抗碳化性，或抗中性化。

碳化对混凝土耐久性能产生不利的影响，主要表现在减弱了混凝土保护层对钢筋的保护作用，导致钢筋锈蚀。未碳化的混凝土内含有大量氢氧化钙，毛细孔内氢氧化钙水溶液的 pH 值可达到 12.6 ~ 13，这种高碱性环境能使混凝土中的钢筋表面生成一层钝化薄膜，从而保护钢筋免于锈蚀，但是碳化使混凝土内 pH 值降低至 8.5 ~ 10，钢筋表面钝化膜破坏，从而引起钢筋锈蚀。

碳化是由表及里向混凝土内部逐渐扩散的过程，也是一个时间积累的过程。为了防止钢筋锈蚀，从结构设计角度，常设一定厚度的混凝土保护层，随着保护层厚度的增加，混凝土使用寿命延长。国标混凝土结构设计规范对混凝土结构保护层最小厚度提出了要求。

当碳化深度达到混凝土保护层厚度时会导致钢筋锈蚀，钢筋锈蚀会引起体积膨胀，又会使混凝土保护层开裂或剥落，进而加速混凝土进一步碳化和钢筋的继续锈蚀，最终导致钢筋混凝土结构承载力下降，对结构安全造成危害。因此，混凝土抗碳化性能是一项重要的耐久性指标，通常采用人工碳化检测混凝土的抗碳化性能，即将混凝土试件放入浓度为 20% 的二氧化碳、湿度为 50% 的环境中，检测碳化深度随时间变化关系来表征混凝土抗碳化能力。

2. 影响混凝土抗碳化性能的因素

1）水灰（胶）比

水灰（胶）比小，水泥石密实，混凝土抗碳化能力高。

2）水泥品种

掺混合材的水泥由于碱度较硅酸盐水泥低，因而抗碳化能力低于不掺或只掺少量混合材料的硅酸盐水泥。

3）外加剂和掺合料

掺用减水剂和引气剂，降低水灰（胶）比，增加混凝土密实度，可提高混凝土抗碳化能力。掺合料掺入越多，混凝土碱度降低越多，会降低抗碳化性能。

4）环境条件

环境条件包括二氧化碳的浓度和相对湿度。一般来说，二氧化碳浓度高，碳化速度快。但碳化反应只有在适量水的存在下才能进行，所以相对湿度对碳化速度影响更显著。相对湿度在 25% 以下时，碳化停止进行；相对湿度为 100% 时，因为透气性减小，碳化也停止；相对湿度在 50% 时，碳化速度最快。

5）其他

如施工质量、养护制度、骨料质量及混凝土表面是否有涂层等都对混凝土抗碳化性有一定影响。

6.5.5 混凝土的碱-骨料反应性能

混凝土中的可溶性碱（K、Na 的碱或盐，以当量碱计，即 $Na_2O + 0.658K_2O$）与骨料中碱活性矿物（活性二氧化硅或活性碳酸盐）发生化学反应生成膨胀性物质的现象，称为碱-骨料反应（Alkali Aggregate Reaction，AAR）。碱-骨料反应性能是混凝土耐久性的一个重要指标，若碱-骨料反应严重，将会导致混凝土膨胀开裂破坏，一旦发生此种情况，不但维修困难，而且维修费用昂贵。因此，各国都很重视混凝土的碱-骨料反应性能。

1. 碱-骨料反应的分类和特征

根据碱活性骨料岩石类型及碱-骨料反应特点，将碱-骨料反应（AAR）分为两类，即碱-硅酸反应（Alkali Silica Reaction，ASR）和碱-碳酸盐反应（Alkali Carbonate Reaction，ACR）。

1）碱-硅酸反应

碱-硅酸反应 ASR 是混凝土中的可溶性碱（包括外界渗入的碱）与骨料中活性二氧化硅发生化学反应，导致混凝土膨胀开裂的现象。活性二氧化硅包括蛋白石、玉髓、鳞石英、方石英及流纹岩、安山岩、凝灰岩等岩种中可见到的无定形的 SiO_2 或微晶 SiO_2。碱-硅酸反应的方程式如下：

$$ROH + nSiO_2 \longrightarrow R_2O \cdot nSiO_2 \cdot aq \qquad (6\text{-}18)$$

式中，R 代表碱（K 或 Na）。

反应形成各种结构的碱硅酸凝胶，凝胶吸水膨胀，导致混凝土损坏。碱-硅酸反应的特征是：混凝土表面有无序的网状裂缝；骨料边界有反应环；裂缝及空隙中有硅酸钠（钾）凝胶，失水后粉化。由于能与碱发生反应的活性氧化硅矿物存在较为广泛，因而世界各国各类工程发生的碱骨料反应损坏绝大多数为碱-硅酸反应。

工程中还有一种与上述实质相同的反应，反应特征是：膨胀缓慢且不停顿进行，往往经过 30～50 年之后才出现膨胀及开裂；几乎看不出反应环；凝胶体渗出很少，有些岩石产生显著膨胀却几乎无凝胶体，也称为碱-硅酸反应。

2）碱-碳酸盐反应

碱-碳酸盐反应（ACR）是混凝土中可溶性碱（包括外界渗入的碱）与碳酸盐骨料中的活性白云石晶体发生化学反应，导致混凝土膨胀开裂的现象。碱-碳酸盐反应方程式如下：

$$\underset{\text{白云石}}{CaMg(CO_3)_2} + 2ROH \longrightarrow \underset{\text{水镁石}}{Mg(OH)_2} + \underset{\text{方解石}}{CaCO_3} + \underset{\text{碳酸碱}}{R_2CO_3} \qquad (6\text{-}19)$$

在水泥混凝土中，$Ca(OH)_2$ 与碳酸盐反应生成 ROH，使去白云石化反应继续进行，如下式所示：

$$R_2CO_3 + Ca(OH)_2 \longrightarrow 2ROH + CaCO_3 \qquad (6\text{-}20)$$

式中，R 代表碱（K 或 Na）。

直到去白云石化反应进行到 $Ca(OH)_2$ 或碱活性白云石被消耗完为止。经试验观察，膨胀实质是反应产物中的水镁石与方解石晶体体积之和大于反应前固相体积所致。反应特征：在混凝土的空隙和反应骨料的边界等处无凝胶存在，而有碳酸钙、氢氧化钙及水化硫铝酸钙存在；反应发展迅速，往往在工程建成两年就发生严重开裂；其微细裂缝及大膨胀性裂缝等外部特征与 ASR 大体一致，呈花纹形式的图形。

2. 碱-骨料反应的必要条件

（1）混凝土中必须有相当数量的可溶性碱

可溶性碱的来源可以是配制混凝土时形成的，即水泥、外加剂、掺合料及拌合水中所含的可溶性碱，也可以是混凝土工程建成后从周围环境侵入的碱。为了保证混凝土不发生碱-骨料反应破坏，我国《混凝土碱含量限值标准》CECS53：93，按工程环境和工程结构分类对混凝土中当量碱含量（折合为 $Na_2O + 0.658K_2O$ 计）有限值，见表6-6。

表6-6 混凝土碱含量限值（CECS53：93）

反应类型	环境条件	混凝土最大碱含量（kg/m^3）		
		一般结构工程	重要结构工程	特殊结构工程
碱硅酸反应	干燥环境	不限制	不限制	3.0
	潮湿环境	3.5	3.0	2.0
	含碱环境	3.0	用非活性骨料	

不同国家对水泥中可溶性碱含量的安全界限的规定也不同：美国要求水泥中当量碱含量低于0.6%；英国混凝土协会规定，当混凝土中其他来源的碱小于或等于 $0.2kg/m^3$ 时，水泥当量碱含量不得大于0.6%。

2）混凝土中必须有相当数量的碱活性骨料

在碱-硅酸反应中，由于存在着碱-硅酸反应匹配规律，即混凝土在一定含碱量条件下，每种碱活性骨料造成混凝土内部膨胀压力最大的匹配比率不同，因此，必须通过试验加以确定。

3）混凝土工程的使用环境必须有足够的湿度

有资料显示，存在碱-骨料反应的混凝土柱，在相对湿度100%时有很大膨胀，但在相对湿度50%时却未膨胀，重新置于相对湿度100%时又继续发生膨胀，这说明碱—骨料反应的过程是伴随着环境湿度变化而发展的。

3. 预防混凝土碱-骨料反应措施

混凝土碱骨料反应破坏一旦发生，往往没有很好的方法进行治理，直接危害混凝土工程耐久性和安全性，解决的最好方法则是采取有效的预防措施。国际混凝土工程界对预防碱-骨料反应提出了许多措施，我国标准《预防混凝土碱骨料反应技术规范》GB/T 50733—2011 指出以下技术措施预防碱-骨料反应。

1）合理选择骨料

从骨料的源头控制是预防混凝土碱-骨料反应的关键环节之一，即在选择采料场时必须进行岩石或骨料碱活性的检验，根据检验结果，作出是否采用的抉择。选用非碱活性骨料，无论技术上还是经济上都是最合理的。对于含碱环境中的非重要结构，必要时可以采取预防措施情况下有条件地采用碱活性骨料。

2）控制混凝土总碱量

20世纪40～50年代，我国混凝土工程强度级别较低，单方水泥用量较少，在此情况下，只控制水泥含碱量就可以起到预防的作用。但随着混凝土技术的发展，混凝土强度等级不断提高，单方水泥用量增大。20世纪60年代后，使用含碱外加剂增多，配制混凝土时碱的来源已不仅限于水泥，因而预防碱-骨料反应必须重视控制混凝土的总碱量。混凝土碱含量应为配合比中各原材料的碱含量之和。其中，水泥和外加剂的碱含量可用实测值计算，粉煤灰碱含量可用1/6实测值计算，硅灰和粒化高炉矿渣粉碱含量可用1/2实测值计算，骨料的碱含量可不计入。

3）掺入掺合料和引气剂

经过大量试验证明，尤其是对于含有硅酸质碱活性骨料的混凝土，掺用掺合料可对碱骨料反应起到有效的抑制作用，这是因为掺合料的介入能降低混凝土内碱离子的浓度。常用的这类掺合料有粉煤灰、粒化高炉矿渣粉和硅粉。值得注意的是：我国工程中发生碱-碳酸盐反应破坏的情况很少，也不易确认，目前尚没有好的预防混凝土碱-骨料反应的措施。

掺入适量引气剂能使混凝土保持4%～5%的含气量，可容纳一定数量的反应产物，从而缓解碱-骨料反应膨胀压力，防治碱-骨料反应对混凝土造成的膨胀性破坏。

6.5.6 提高混凝土耐久性的措施

混凝土耐久性是综合性指标，影响抗渗性、抗冻性等各项耐久性指标的因素不尽相同。因此，在实际工程中，应根据混凝土所处环境、使用要求，对耐久性的各项指标要求有所侧重。但是从提高耐久性的措施来说，还是有许多共同之处，除合理选择原材料外，提高混凝土的密实度是提高混凝土耐久性的一个重要环节。提高混凝土耐久性的主要措施概括如下：

1）合理选择水泥品种

根据混凝土工程的特点和环境条件，参照有关水泥在工程中应用的原则，合理选择水泥品种及水泥中各主要化学成分和矿物成分含量。

2）控制混凝土中水灰（胶）比及水泥（胶凝材料）用量

水灰（胶）比是决定混凝土密实度的主要因素，它不但影响混凝土的强度，而且也严重影响其耐久性，因此在混凝土配合比设计中必须控制水灰（胶）比。

保证足够的水泥（胶凝材料）用量，也是保证混凝土密实性，提高耐久性的一个重要方面。《混凝土结构设计规范》GB 50010—2010根据环境类别对混凝土中最大水灰（胶）比作了规定；《普通混凝土配合比设计规程》JGJ 55—2011对混凝土中最小水泥（胶凝材料）用量作了规定，见表6-7。

表 6-7　混凝土最大水胶比和最小胶凝材料用量

环境类别	条件	最大水胶比	最小胶凝材料用量（kg/m^3）		
			素混凝土	钢筋混凝土	预应力混凝土
一	室内干燥环境	0. 60	250	280	300
二 a	室内潮湿环境	0. 55	280	300	300
二 b	干湿交替环境	0. 50	320		
三 a	严寒和寒冷地区冬季水位变动环境	0. 45	320		
三 b	盐渍土环境	0. 40	330		

注：1. 环境类别一中包括无侵蚀性静水浸没环境。二 a 中包括非严寒和非寒冷地区露天环境、非严寒和非寒冷地区与无侵蚀的水接触的环境；严寒和寒冷地区的冰冻线下与无侵蚀的水接触的环境。二 b 中包括水位频繁变动环境；严寒和寒冷地区的露天环境；严寒和寒冷地区的冰冻线下与无侵蚀性水接触的环境。三 a 中包括受除冰盐影响的环境；海风环境。三 b 中包括受除冰盐作用的环境、海岸环境。

2. 配制 C15 级及其以下等级的混凝土可不受本表限制。

道路混凝土耐久性要求的最大小灰比及最小水泥用量见表 6-8。

表 6-8　道路混凝土耐久性决定的最大水灰比和最小水泥用量

道路混凝土所处的环境	最大水灰比	最小水泥用量（kg/m^3）
公路、城市道路和厂矿道路	0. 50	300
机场道面和高速公路	0. 46	
冰冻地区冬季施工	0. 45	

3）选用质量良好的砂、石骨料

质量良好的砂石骨料是保证混凝土耐久性的重要条件。改善粗细骨料级配、减少有害物质含量、在允许最大粒径情况下选择较大粗骨料等，皆有助于提高混凝土耐久性。

4）合理使用外加剂及掺合料

掺用引气剂、减水剂或防水剂，对提高抗渗、抗冻等有良好的作用。掺入合适掺合料，可降低水泥用量，增大密实度，提高混凝土结构的化学稳定性和抵抗化学侵蚀的能力。

5）加强生产控制

在混凝土施工中，做好每一个环节（计量、搅拌、运输、浇筑、振捣、养护）的质量管理和质量控制，确保生产和施工质量，对提高混凝土耐久性具有重要作用。

6.6　混凝土的质量控制与检验评定

为了确保混凝土的质量，使其具有设计要求的和易性、力学性能和耐久性，必须对混凝土生产的全过程进行质量控制，它包括初步控制、生产控制和合格控制。混凝土质量的初步控制包括对原材料的质量检验与控制、混凝土配合比的确定与控制。生产控制是指对混凝土生产和施工过程各工序（计量、搅拌、运输、浇筑、养护等）的工艺参数的检验与控制。合格控制（验收）是指混凝土结构在交付使用前，根据规定的质量验收标准，对混凝土进行合格性验收，以保证其质量的过程。

作为结构材料的混凝土，主要用以承受荷载或抵抗其他各种作用力，所以其强度非常重要，而且混凝土的其他性能与其强度之间也存在着密切的相关性。因此，混凝土强度在很大程度上反映了混凝土质量的全貌，实践中，经常将强度作为混凝土质量控制与评定的主要技术参数。

6.6.1 混凝土质量控制

所谓混凝土质量控制是根据实测混凝土质量特性，将其与质量标准相比较，并对它们之间存在的差异采取相应措施的过程。采取相应措施的目的是力求混凝土质量稳定，即波动于所允许的范围内。

1. 混凝土质量波动规律

由于引起混凝土质量波动的因素很多（原材料质量、施工因素、试验条件等），归纳起来可分为两类：

1）正常因素

正常因素是指不可避免的正常变化的因素，如砂、石质量的波动，称量时的微小误差，操作人员技术上的微小差异等，这些因素是不可避免的，不易克服的因素，如果我们把主要精力集中在解决这些问题上，收效较小。在施工中，只是由于受正常因素的影响而引起的质量波动，是正常波动。

2）异常因素

异常因素是指施工中出现的不正常情况，如搅拌混凝土时随意加水，混凝土组成材料称量错误等。这些因素对混凝土质量影响很大。它们是可以避免和克服的因素。受异常因素影响引起的质量波动，是异常波动。对混凝土质量控制的目的，在于发现和排除异常因素，使质量只受正常因素的影响，质量波动呈正常波动状态。

2. 混凝土的质量检验

混凝土的质量检验包括对组成材料的质量和用料量进行检验、混凝土拌合物质量检验和硬化后混凝土的质量检验。

对混凝土拌合物的质量检验主要是和易性和水灰比的检验。当混凝土拌合物的和易性出现较大波动时，通常是配料出现误差或骨料含水率产生较大波动所致。因此，按规定在搅拌机出口检查和易性是混凝土质量控制的一个重要环节。检验混凝土拌合物的水灰比，可掌握水灰比的波动情况，以便找出原因及时解决。

对硬化后混凝土质量检验，主要是检验混凝土的立方体抗压强度。因为混凝土质量波动直接反应在强度上，通过对混凝土强度的管理就能控制住整个混凝土工程质量。混凝土的强度检验是按规定的时间与数量在浇筑地点抽取具有代表性试样，按标准方法制作试件，养护至规定龄期后，进行强度试验（必要时也可进行其他力学性能及抗渗、抗冻试验等），以评定混凝土质量。

3. 常用的统计量

用数理统计方法对混凝土质量进行控制以及评定混凝土质量时，常用的统计量有：

强度平均值 μ_{fcu}：

$$\mu_{fcu} = \frac{1}{n}\sum_{i=1}^{n} f_{cu,i} \tag{6-21}$$

标准差 σ：

$$\sigma = \sqrt{\frac{\sum_{i=1}^{n}(f_{cu,i} - n\mu_{f_{cu}})^2}{n-1}} = \sqrt{\frac{\sum_{i=1}^{n}(f_{cu,i}^2 - n\mu_{f_{cu}}^2)^2}{n-1}} \tag{6-22}$$

变异系数 C_v：

$$C_v = \frac{\sigma}{\mu_{fcu}} \tag{6-23}$$

式中　$f_{cu,i}$——统计周期内第 i 组混凝土试件强度，MPa；

　　n——统计周期内相同强度等级的混凝土试件组数。

强度平均值 μ_{fcu} 可反映混凝土总体强度的平均水平，但不能反映混凝土强度的波动情况。

标准差 σ 是衡量混凝土强度波动性（离散性）大小的指标，此值越大，说明强度的离散程度越大，混凝土质量越不均匀。

变异系数 C_v 也是用来评定混凝土质量均匀性的指标，C_v 越小说明混凝土质量越均匀。

4. 混凝土强度分布规律——正态分布

混凝土在正常施工的情况下，许多影响质量的因素都是随机的，因此混凝土强度也应是随机变化的。对某种混凝土经随机取样测定其强度，其数据经整理绘成强度-概率分布曲线，一般均接近正态分布曲线（图 6-20）。

曲线高峰为混凝土平均强度 μ_{fcu} 的概率。以平均强度为对称轴，左右两边曲线是对称的，表明对称轴两边出现的概率大致相等。强度测定值越接近平均强度，其出现的概率越大；离对称轴越远，即强度测定值越高或越低，其出现的概率越小，并逐渐趋近于零。曲线与横坐标间的面积为概率的总和，等于 100%。

曲线上的拐点与强度平均值的距离为强度的标准差，也称均方差（图 6-20）。σ 越大，强度分布曲线又矮又宽，说明强度离散程度大，混凝土质量不稳定（图 6-21）。

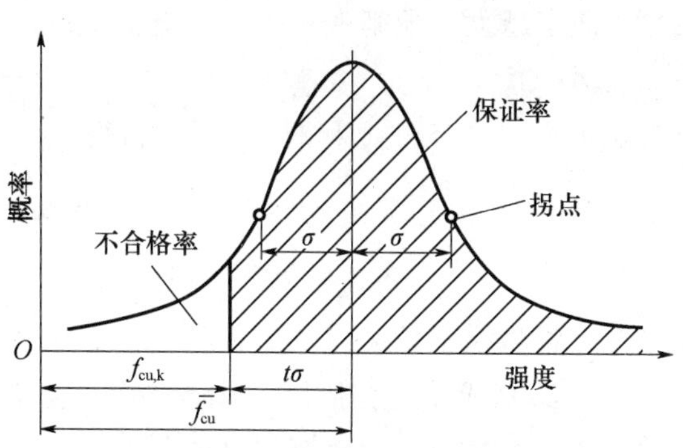

图 6-20　强度正态分布曲线

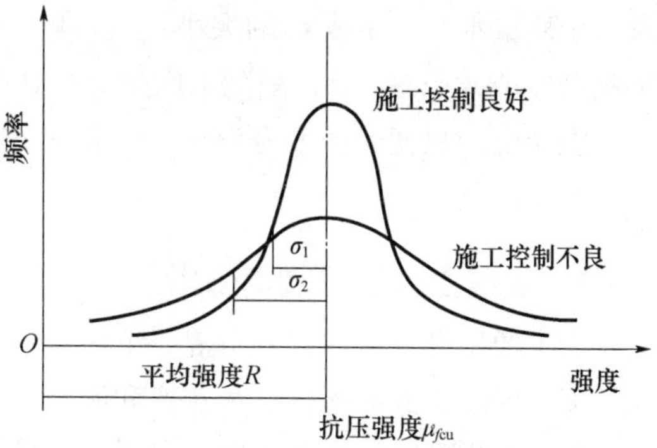

图 6-21　离散程度不同的两条强度分布曲线

5. 强度保证率

强度保证率是指混凝土强度总体分布中，大于和等于设计要求的强度等级标准值$f_{cu,k}$的概率P，在正态分布曲线上以阴影面积表示，如图6-20所示。低于强度等级值所出现的概率即为不合格率（Q）。

如设计要求的强度等级标准值为$f_{cu,k}$，实际测出的混凝土强度平均值为μ_{fcu}，则可通过下式求出概率参数（或保证率系数）t，再由表6-9查出混凝土强度保证率。

$$t = \frac{f_{cu,k} - \mu_{fcu}}{\sigma} \tag{6-24}$$

表 6-9　不同 t 值对应的保证率 P

$-t$	0.84	1.04	1.28	1.40	1.50	1.60	1.645	2.00	3.00
P（%）	80.0	85.1	90.0	91.9	93.3	94.5	95.0	97.7	99.87

也可以根据保证率系数和标准正态分布曲线方程式，求出强度保证率P（%）。

$$P = \frac{1}{\sqrt{2\pi}}\int_{t}^{+\infty} e^{t^2/2} dt \tag{6-25}$$

6. 混凝土配制强度$f_{cu,o}$

如设计要求的强度等级标准值为$f_{cu,k}$，要求强度保证率为P，则该混凝土的配制强度$f_{cu,o}$可通过如下方法求出。

用$f_{cu,o}$取代式（6-24）中的μ_{fcu}，并写成下列形式：

$$f_{cu,o} \geqslant f_{cu,k} - t\sigma \tag{6-26}$$

或

$$f_{cu,o} = \frac{f_{cu,k}}{1 + t\sigma} \tag{6-27}$$

由上式看出，混凝土配制强度$f_{cu,o}$的大小，决定于设计要求的保证率P（定出t值）及施工质量水平（σ或C_v的大小）。设计要求的保证率越大，配制强度越高；施工质量水平越低（σ或C_v越大），配制强度越应提高。

混凝土的强度保证率为95%时，由表6-9查出$t = -1.645$，代入式（6-26）可得：

$$f_{cu,o} \geqslant f_{cu,k} + 1.645\sigma \tag{6-28}$$

7. 混凝土施工质量控制图

为了便于及时掌握并分析混凝土质量变化情况，常将质量检验得到的各项指标，如水泥强度、混凝土的坍落度、水灰比和混凝土强度等，绘制成质量控制图（图6-22）。这样可以及时发现问题，采取措施，以保证质量的稳定性。混凝土质量控制的具体要求、方法与过程详见 GB 50164—2011 和 GB 50204—2015。

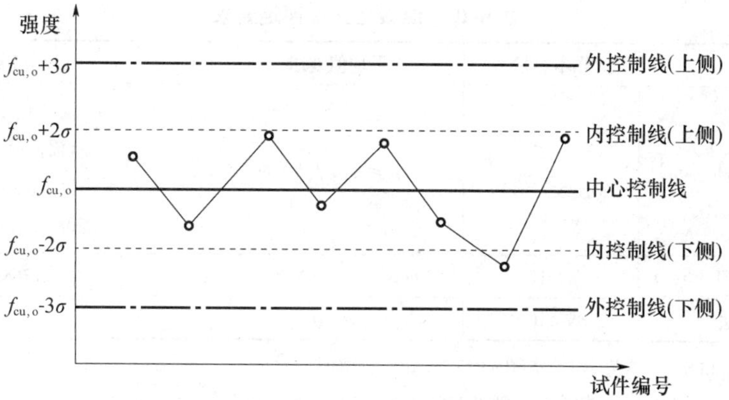

图 6-22 混凝土质量控制图

6.6.2 混凝土强度的检验评定

混凝土的强度应分批进行检验评定。一个检验批的混凝土应由强度等级相同、试验龄期相同、生产工艺条件和配合比基本相同的混凝土组成。混凝土试样应按规定的取样频率和数量在浇筑地点随机抽取，并按标准方法成型试件、标准养护及按标准试验方法测试强度。

根据混凝土生产方式及特点不同，其强度检测与评定方法可分为统计方法和非统计方法两类。

1. 统计方法评定

该方法适用于商品混凝土公司、预制混凝土构件厂及采用集中搅拌混凝土的施工单位所生产的混凝土。

由于混凝土的生产条件不同，混凝土强度的稳定性也不尽相同，统计方法评定混凝土强度又分为标准差已知和标准差未知两种方案。

（1）标准差已知方案。当连续生产的混凝土，生产条件在较长时间内保持一致，且同一品种、同一强度等级混凝土的强度变异性保持稳定时，其标准差 σ_0 可以根据前一时期（60~90d）生产累计的强度数据计算确定，并且每 3 个月后重新按上一检验期的强度数据重新计算。采用此方案时，应由连续的三组试件组成一个检验批。

（2）标准差未知方案。当混凝土生产连续性较差，即在生产中无法维持基本相同的生产条件，或生产周期较短，无法积累强度数据以资计算标准差。此时，可采用同一检验批混凝土强度数据计算标准差 $S_{f_{cu}}$。采用此方案时，应由不少于 10 组的试件组成一个检验批。

2. 非统计方法评定

对现场搅拌批量不大的混凝土或零星生产的预制构件混凝土，当用于评定的样本容量小于 10 组时，应按非统计方法评定混凝土强度。与统计方法相比，非统计方法对混凝土强度的要求更为严格，它对混凝土质量水平和技术经济效果评定的科学性和准确性较差。因此，在对混凝土强度进行评定时，应尽可能采用统计方法。

不同方法进行混凝土强度评定的具体要求见表 6-10。

表 6-10　混凝土强度评定要求

方法		样本容量	平均值要求	最小值要求
统计方法	标准差已知（σ_0）	$n=3$ （连续三组）	$m_{fcu} \geq f_{cu,k} + 0.7\sigma_0$	$f_{cu,min} \geq f_{cu,k} - 0.7\sigma_0$ 且需同时满足： $\leq$C20 $f_{cu,min} \geq 0.85 f_{cu,k}$ $>$C20 $f_{cu,min} \geq 0.90 f_{cu,k}$
	标准差未知（S_{fcu}）	$n \geq 10$	$m_{fcu} \geq f_{cu,k} + \lambda_1 S_{fcu}$	$f_{cu,min} \geq \lambda_2 f_{cu,k}$
非统计方法		$n<10$	$m_{fcu} \geq \lambda_3 f_{cu,k}$	$f_{cu,min} \geq \lambda_4 f_{cu,k}$

注：1. 表中 σ_0 和 S_{fcu} 计算值小于 2.5MPa 时，应取 2.5MPa；

2. 表中 λ_1、λ_2 和 λ_3、λ_4 的取值分别见表 6-11 和 6-12。

表 6-11　混凝土强度的合格评定系数

试件组数	10 ~ 14	15 ~ 19	≥20
λ_1	1.15	1.05	0.95
λ_1	0.90	0.85	0.85

表 6-12　混凝土强度的非统计法合格评定系数

混凝土强度等级	<C60	≥C60
λ_3	1.15	1.10
λ_4	0.95	0.95

3. 混凝土强度的合格性判断

当检验结果能满足上述要求时，则该批混凝土强度判为合格，否则该批混凝土强度为不合格；由不合格混凝土制成的结构和构件，应进行鉴定。对不合格的结构或构件必须及时处理；当对混凝土试件强度的代表性有怀疑时，可采用从结构或构件中钻取芯样的方法或采用非破损检验方法（如回弹法、超声回弹综合法、拔出法等），按有关标准的规定对结构或构件中的混凝土强度进行推定。

6.7　普通混凝土配合比设计步骤

混凝土配合比是指混凝土中各组成材料（水泥、水、砂、石）之间的比例关系。混凝土配合比常用的表示方法有两种：一种是以每立方米混凝土中各种材料用量表示，如水泥 300 kg/m^3，水 180 kg/m^3，砂 690 kg/m^3，石子 1260 kg/m^3；另一种是用单位质量的水泥与各种材料（不包括水）用量的比值及混凝土的水灰比来表示，例如前例可写为 C : S : G = 1 : 2.3 : 4.2，$W/C=0.60$。

混凝土配合比设计的任务，就是将各项材料合理地加以配合，使配制成的混凝土能满足以下四项基本要求，即：设计要求的强度等级；施工要求的和易性；与使用条件相适应的耐久性；尽量节省水泥。混凝土配合比的确定，是混凝土生产、施工的关键环节之一，对于保证混凝土工程质量和节约资源具有重要意义。

在进行混凝土配合比设计时，须事先明确的基本资料有：(1) 混凝土的各项技术要求，如混凝土的强度等级、混凝土的耐久性要求（如抗渗等级、抗冻等级等）、混凝土拌合物的坍落度指标等；(2) 施工条件、施工质量管理水平及强度标准差；(3) 混凝土的特征、混凝土所处的环境；(4) 各项原材料的性质及技术指标，如水泥的品种及强度等级，骨料的种类、级配，砂的细度模数，石子最大粒径，各项材料的密度、表观密度等。

在混凝土配合比设计中，水灰比、砂率与单位用水量（即1m^3混凝土用水量）是三个重要参数，因为它们与混凝土的各项性能有密切的关系，在混凝土配合比设计中如能正确地确定这三个参数，就能使混凝土满足上述设计要求。

首先按已选择的原材料性能及对混凝土的技术要求进行初步计算，得出"初步计算配合比"，并通过实验室试拌调整，得出"基准配合比"。然后经过强度复核（如有其他性能要求，应进行相应的检验），定出满足设计和施工要求并比较经济合理的"实验室配合比"。最后根据现场砂、石的实际含水率对实验室配合比进行换算，求出"施工配合比"。

无论是水泥浆数量（水灰比不变时），还是水泥浆的稀稠（水灰比变化时），都会显著影响混凝土拌合物和易性。因此，水泥浆是一个最敏感的影响因素。但进一步分析可知，对混凝土拌合物流动性起决定作用的是用水量的多少。因为混凝土水泥量一定时，用水量一旦改变，水灰比必然改变，若要保证水灰比不变，水泥浆数量必然变化。即从理论上分析的水泥浆数量和水泥浆稠度的影响，可以通过用水量的变化来反映。根据大量的工程试验证明，当使用确定的材料拌制混凝土时，水泥用量在一定范围内（1m^3混凝土水泥用量增减不超过50～100kg），达到一定流动性时，所需用水量为一常值。这一试验规律给工程应用带来了极大方便。在配制混凝土拌合物时，当水灰比在0.40～0.80范围时，可根据骨料品种、规格及施工要求的坍落度值，按表6-13选择每立方米混凝土的用水量。

表6-13 混凝土的用水量（kg/m^3）

类别	指标	卵石最大公称粒径（mm）				碎石最大公称粒径（mm）			
		10.0	20.0	31.5	40.0	16.0	20.0	31.5	40.0
坍落度（mm）	10～30	190	170	160	150	200	185	175	165
	35～50	200	180	170	160	210	195	185	175
	55～70	210	190	180	170	220	205	195	185
	75～90	215	195	185	175	230	215	205	195
维勃稠度（s）	16～20	175	160	—	145	180	170	—	155
	11～15	180	165	—	150	185	175	—	160
	5～10	185	170	—	155	190	180	—	165

值得强调的是，当实际施工所测拌合物坍落度小于设计要求时，绝不能用单纯改变用水量的办法来调整混凝土流动性，应在保持水灰比不变条件下，用调整水泥浆数量的办法调整和易性。

1. 初步计算配合比的确定

1）配制强度（$f_{cu,o}$）的确定

为使混凝土强度保证率不小于95%，必须使混凝土的试配强度高于设计强度等级。配制强度按下式计算：

$$f_{cu,o} \geqslant f_{cu,k} + 1.645\sigma \tag{6-29}$$

式中 $f_{cu,o}$——混凝土配制强度，MPa；

$f_{cu,k}$——混凝土立方体抗压强度标准值，MPa；

σ——混凝土强度标准差，MPa。

如施工单位有近期的同一品种、同一强度等级混凝土的强度资料时，σ 可计算求得。如施工单位无历史统计资料时，σ 可按表 6-14 取值。

表 6-14　混凝土强度标准差参考值

混凝土强度等级	≤C20	C25 ~ C45	C50 ~ C55
σ/MPa	4.0	5.0	6.0

2）初步确定水灰比（W/C）

根据配制强度 $f_{cu,o}$ 及水泥 28d 实际抗压强度 f_{ce}，利用下式计算，求出水灰比。

$$\frac{W}{C} = \frac{\alpha_a f_{ce}}{f_{cu,o} + \alpha_a \alpha_b f_{ce}} \tag{6-30}$$

式中 α_a、α_b——回归系数，可通过试验求得，如无试验资料可选取如下数值：对碎石混凝土 α_a 取 0.53，α_b 取 0.20；对卵石混凝土 α_a 取 0.49，α_b 取 0.13。

水泥实测 28d 抗压强度 f_{ce} 无实测值时可按式（6-30）计算：

$$f_{ce} = \gamma_c \cdot f_{ce,g} \tag{6-31}$$

式中 $f_{ce,g}$——水泥强度等级值，MPa；

γ_c——富余系数，可按表 6-15 选取。

表 6-15　水泥强度等级富余系数（γ_c）

水泥强度等级值	32.5	42.5	52.5
γ_c	1.12	1.16	1.10

为了保证混凝土的耐久性，由式（6-30）计算的水灰比应小于表 6-7 中规定的最大水胶比值。如果计算的水灰比大于规定的最大水胶比，则取规定的最大水胶比值。

3）确定用水量 m_{wo}

干硬性和塑性混凝土的用水量，按施工要求的混凝土拌合物坍落度指标，根据所用骨料的种类和规格由表 6-13 查得。

流动性、大流动性混凝土的用水量，以表 6-13 中坍落度为 90mm 的用水量为基础，按坍落度每增大 20mm 用水量增加 5 kg/m^3 进行计算。

4）计算水泥用量 m_{co}

$$m_{co} = \frac{m_{wo}}{W/C} \tag{6-32}$$

为了保证混凝土的耐久性，计算出的水泥用量应大于表6-7规定的最小胶凝材料用量，当计算的水泥用量小于规定的最小水泥用量时，则应选取规定的最小水泥用量。

5）确定混凝土的砂率 β_s

应当根据混凝土拌合物的和易性，通过试验确定出合理砂率。如无试验资料，可根据骨料品种、规格和水灰比，查表6-16选取砂率 β_s。

另外，砂率也可根据以砂填充石子空隙，并稍有富余，以拨开石子的原则来确定。计算公式如下：

$$\beta_s = \frac{m_{so}}{m_{go} + m_{so}} = \frac{\rho'_{os} \cdot V_{og}}{\rho'_{og} \cdot V_{og} + \rho'_{os} \cdot V_{og}} \tag{6-33}$$

$$\because \quad V_{os} = V_{og} \cdot P' \tag{6-34}$$

$$\therefore \quad \beta_s = \frac{\rho'_{os} \cdot V_{og} \cdot P'}{\rho'_{og} \cdot V_{og} + \rho'_{os} \cdot V_{og} \cdot P'} = \frac{\rho'_{os} \cdot P'}{\rho'_{og} + \rho'_{os} \cdot P'} \tag{6-35}$$

考虑拨开系数 β

$$\beta_s = \beta \frac{\rho'_{os} \cdot P'}{\rho'_{og} + \rho'_{os} \cdot P'} \tag{6-36}$$

式中　β_s——砂率，%；

m_{so}——每方混凝土中细骨料（砂）用量，kg/m^3；

m_{go}——每方混凝土中粗骨料（石子）用量，kg/m^3；

V_{os}、V_{og}——分别为 $1m^3$ 混凝土中砂及石子的松散体积，m^3；

ρ'_{os}、ρ'_{og}——分别为砂及石子的堆积密度，kg/m^3；

P'——石子的空隙率，%；

β——砂的剩余系数（即拨开系数），一般取1.1～1.4。砂越细，取值越小。

确定合理砂率，可根据骨料品种、规格及混凝土拌合物的水灰比，参照表6-16选用。表内数据是经过大量试验得出的经验数据，对于重要的混凝土工程，应通过试验确定合理砂率。

表6-16　混凝土砂率选用表（%）

水灰比	卵石最大公称粒径（mm）			碎石最大公称粒径（mm）		
	10.0	20.0	40.0	16.0	20.0	40.0
0.40	26～32	25～31	24～30	30～35	29～34	27～32
0.50	30～35	29～34	28～33	33～38	32～37	30～35
0.60	33～38	32～37	31～36	36～41	35～40	33～38
0.70	36～41	35～40	34～39	39～44	38～43	36～41

注：1. 本表数值系中砂的选用砂率，对细砂或粗砂，可相应地减少或增大砂率；
2. 采用人工砂配制混凝土时，砂率可适当增大；
3. 只用一个单粒级粗骨料配制混凝土时，砂率应适当增大。

需要指出的是，表6-16所列的砂率是一个范围，工程使用中可以根据情况进行适当调整。如果石子空隙率大，表面粗糙，颗粒间摩擦阻力较大，砂率要适当增大些；如石子级配较好，空隙率较小，粒径较大，应尽量选用较小的砂率，以节省水泥。

在工程应用中，如果所测拌合物坍落度大于设计要求时，可以在保持砂率不变条件下，调整砂、石用量的办法调整混凝土的和易性。

6）计算粗、细骨料的用量 m_{so}、m_{go}

粗、细骨料的用量可用体积法或重量法求得。

①体积法。假设混凝土拌合物的体积等于各组成材料绝对体积和所含空气体积之和。因此，在计算 $1m^3$ 混凝土拌合物的各材料用量时，可列出下式：

$$\frac{m_{co}}{p_c}+\frac{m_{so}}{p_{os}}+\frac{m_{go}}{p_{og}}+\frac{m_{wo}}{p_w}+0.01\alpha=1 \tag{6-37}$$

已知砂率公式为：

$$\beta_s=\frac{m_{so}}{m_{go}+m_{so}}\times 100\% \tag{6-38}$$

式中 ρ_c——水泥密度，kg/m^3，可取 2900 ~ 3100kg/m^3；

ρ_{og}——粗骨料的表观密度，kg/m^3；

ρ_{os}——细骨料的表观密度，kg/m^3；

ρ_w——水的密度，kg/m^3，可取 1000 kg/m^3；

α——混凝土的含气量百分数，在不使用引气型外加剂时，α 可取为 1。

②重量法。如果原材料情况比较稳定，所配制混凝土拌合物的表观密度 m_{cp} 将接近一个固定值，这就可以先假设一个混凝土拌合物的表观密度 m_{cp}，由此列出下式：

$$m_{co}+m_{go}+m_{so}+m_{wo}=m_{cp} \tag{6-39}$$

式中 m_{cp}——每立方米混凝土拌合物的假设表观密度，kg/m^3；其值可取 2350 ~ 2450kg/m^3。

联立式（6-37）和式（6-38）或式（6-38）和式（6-39）可求出 m_{so} 及 m_{go}。通过以上六个步骤，可以求出每方混凝土中水泥、砂、石、水的用量，得到初步计算配合比。

以上混凝土配合比计算公式和表格，均以干燥骨料为基准（系指含水率小于 0.5% 的细骨料和含水率小于 0.2% 的粗骨料），如需以饱和面干骨料为基准进行计算时，应作相应修改。

2. 掺减水剂和矿物掺合料时初步计算配合比的调整

现代混凝土工程中已经广泛应用矿物掺合料及减水剂，混凝土组成成分已经从过去的四组分混凝土变为五组分、六组分混凝土。当掺加矿物掺合料或减水剂时，初步计算配合比中相关参数需要进行适当调整。

1）掺减水剂时的调整

若掺外加剂，则混凝土用水量应按下式调整：

$$m_{w0}=m'_{w0}\ (1-\beta) \tag{6-40}$$

式中 m_{w0}——掺外加剂混凝土每立方米混凝土中的用水量，kg/m^3；

m'_{w0}——未掺外加剂混凝土每立方米混凝土中的用水量，kg/m^3；

β——外加剂的减水率，%。

2）掺矿物掺合料时的调整

（1）水胶比的确定。掺加矿物掺合料后，胶凝材料多种组成，前述的水灰比（W/C）

相应的应表示为水胶比（W/B），即鲍罗米公式应调整为：

$$\frac{W}{B}=\frac{\alpha_a f_b}{f_{cu,0}+\alpha_a\alpha_b f_b} \tag{6-41}$$

式中　α_a、α_b——回归系数，如无通过试验求得的 α_a、α_b 系数，可选取如下数值：对碎石混凝土 α_a 取 0.53，α_b 取 0.20；对卵石混凝土 α_a 取 0.49，α_b 取 0.13。

f_b——胶凝材料 28d 实际抗压强度 f_b。

式（6-40）中 f_b 实测值时，可根据粉煤灰影响系数 γ_f 和粒化高炉矿渣粉影响系数 γ_s（表 6-17），按式（6-42）计算 f_b。

$$f_b=\gamma_f\cdot\gamma_s\cdot f_{ce} \tag{6-42}$$

表 6-17　粉煤灰影响系数（γ_f）和粒化高炉矿渣粉影响系数（γ_s）

掺量	γ_f	γ_s
0	1.00	1.00
10	0.85 ~ 0.95	1.00
20	0.75 ~ 0.85	0.95 ~ 1.00
30	0.65 ~ 0.75	0.90 ~ 1.00
40	0.55 ~ 0.65	0.80 ~ 0.90
50	—	0.70 ~ 0.85

（2）胶凝材料用量的确定。

根据单位用水量 m_{wo} 和水胶比（W/B）通过下式可以计算出胶凝材料用量：

$$m_{bo}=\frac{m_{wo}}{W/B} \tag{6-43}$$

每方混凝土中矿物掺合料用量 m_{fo} 和水泥用量 m_{co} 分别为：

$$m_{fo}=m_{bo}\cdot\beta_f \tag{6-44}$$

$$m_{co}=m_{bo}-m_{fo} \tag{6-45}$$

式中　β_f——矿物掺合料掺量，%。

胶凝材料用量确定后，在计算砂石用量时需考虑矿物掺合料所占体积及质量。

3. 基准配合比的确定

以上求出的混凝土各组成材料用量，是借助于一些经验公式和数据计算出来的，或是利用经验资料查得的，因而不一定完全符合工程实际情况，必须通过试拌调整，直到混凝土拌合物的和易性符合要求为止，然后提出供检验混凝土强度用的基准配合比。以下介绍和易性的调整方法：

按初步计算配合比称取材料进行试拌。将混凝土拌合物搅拌均匀后测定坍落度，并检查其黏聚性和保水性能的好坏。如果坍落度不满足要求，或黏聚性和保水性不良时，应在保持水灰比不变的条件下相应调整用水量或砂率。当坍落度低于设计要求，可保持水灰比不变，增加水泥浆量；如坍落度过大，可在保持砂率不变条件下增加骨料。如出现含砂不足，黏聚性和保水性不良时，可适当增大砂率，反之应减小砂率。每次调整后再试拌，直到符合要求为止。

当试拌调整工作完成后，应测出混凝土拌合物的实际表观密度（ρ_0），并重新计算每立方米混凝土各组成材料用量，得出的配合比为基准配合比。假设试拌调整后各组成材料用量为：$m_{c拌}$、$m_{s拌}$、$m_{g拌}$、$m_{w拌}$，则1m³混凝土的材料用量为：

$$m_{c基}=\frac{m_{c拌}}{m_{c拌}+m_{s拌}+m_{g拌}+m_{w拌}}\times\rho_0$$

$$m_{s基}=\frac{m_{s拌}}{m_{c拌}+m_{s拌}+m_{g拌}+m_{w拌}}\times\rho_0$$

$$m_{g基}=\frac{m_{g拌}}{m_{c拌}+m_{s拌}+m_{g拌}+m_{w拌}}\times\rho_0$$

$$m_{w基}=\frac{m_{w拌}}{m_{c拌}+m_{s拌}+m_{g拌}+m_{w拌}}\times\rho_0$$

式中　$m_{c基}$——基准混凝土的水泥用量，kg/m³；

$m_{s拌}$——基准混凝土的砂子用量，kg/m³；

$m_{g拌}$——基准混凝土的石子用量，kg/m³；

$m_{w拌}$——基准混凝土的用水量，kg/m³。

4. 实验室配合比的确定

经过和易性调整后得到的基准配合比，还应检验混凝土的强度。一般采用三个配合比。其中一个为基准配合比，另外两个配合比、水灰比宜较基准配合比分别增加和减少0.05；其用水量与基准配合比基本相同，砂率分别增加或减少1%。每个配合比制作一组试件，标准养护28d试压。在制作混凝土试件时，尚需检验混凝土拌合物的和易性及表观密度，并以此结果作为代表这一配合比的混凝土拌合物的性能。

通过试验，在三个配合比中选出一个既满足强度、和易性要求，并且水泥用量最少的配合比作为实验室配合比；也可以绘制出三个配合比的灰水比与强度曲线，求出配制强度$f_{cu,o}$所对应的灰水比，再计算出实验室配合比。

其中，用水量（m_w）取基准配合比中的用水量；水泥用量（m_c）以选定出来的灰水比乘以用水量进行计算；粗、细骨料用量（m_g和m_s），取基准配合比中的粗、细骨料用量，并按选定的灰水比进行调整。

混凝土配合比通常以每立方米混凝土中各种材料用量表示，在配合比计算、混凝土试配和配合比调整过程中，每立方米混凝土中各种材料用量总和的计算值（表观密度计算值$\rho_{c,c}$）可能与混凝土实测表观密度$\rho_{c,t}$不一致，当两者之差超过表观密度计算值的±2%时，应对每种材料乘以校正系数δ进行校正。通过配合比校正，可以使依据配合比计算的混凝土生产方量更为准确。

$$\delta=\frac{\rho_{c,t}}{\rho_{c,c}} \tag{6-46}$$

式中　$\rho_{c,t}$——混凝土拌合物表观密度实测值，kg/m³；

$\rho_{c,c}$——混凝土拌合物表观密度计算值，kg/m³。

5. 施工配合比

实验室配合比是以干燥材料为基准的，而工地存放的砂、石都含有一定水分，并且经常变化，所以应按现场材料的实际含水情况对配合比进行修正，修正后的配合比称为施工配合比。假定工地存放砂的含水率为 a%，石子含水率为 b%，将实验室配合比换算成为施工配合比，其材料的用量应为：

水泥用量 m'_c：　$m'_c = m_c$

砂子用量 m'_s：　$m'_s = m_s\ (1 + a\%)$

石子用量 m'_g：　$m'_g = m_g\ (1 + b\%)$

水的用量 m'_w：　$m'_w = m_w - m_s \times a\% - m_g \times b\%$

6.8　其他品种混凝土

混凝土品种很多，用处甚广。普通混凝土是用量最大、用处最广的混凝土品种，在此基础上，以下简要介绍其他常用的混凝土。

6.8.1　高强与高性能混凝土

高强与高性能混凝土是普通混凝土发展的必然产物。随着现代化工程结构向大跨、重载、高耸发展以及重大混凝土结构工程在各种严酷环境条件下使用的需要，高强度和高耐久性混凝土日益受到世界范围内的重视和关注。

1. 高强混凝土

高强混凝土是指采用符合国家质量标准的水泥、细骨料、粗骨料、减水剂以及优质的活性矿物掺合料，利用常规制作工艺，制备的强度等级不低于 C60 的混凝土。

1）高强混凝土的特点

高强混凝土致密，强度高，抗渗、抗冻等耐久性指标性能也优于普通混凝土。将其用于工程结构可减小结构断面，增加房屋使用面积和有效空间，减轻地基负荷；如用于预应力钢筋混凝土结构，则可施加更大的预应力和更早地施加预应力，以减小因徐变而导致的预应力损失。但高强混凝土的延性小而脆性大，配制时对原材料质量要求更为严格，混凝土的质量也更容易受到生产、运输、浇筑和养护过程中环境条件的影响。

2）高强混凝土的技术性能

高强混凝土的组成中，水泥胶砂强度、水泥浆与骨料之间的界面强度、骨料自身强度这三者之间的差异较普通混凝土小，所以相对来说更接近匀质材料，使得高强混凝土的性能与普通混凝土相比有相当大的差别。表现在以下几个方面：

（1）应力-应变曲线。

图 6-23 是不同强度混凝土棱柱体试件在单轴受压下典型应力-应变曲线，其中 A、B 为高强混凝土，C、D 为普通强度混凝土。从图中可见高强混凝土的应力-应变曲线的特点是：

①在应力达到峰值（抗压强度）的 75% ~90% 以前，应力-应变曲线为一直线，即为

弹性工作。线性段的范围随强度的提高而增大，而在低强混凝土中，线性段的上限仅为峰值应力的40%～50%。

②与峰值应力相应的应变 ε_0 随混凝土强度的提高而有增大的趋势。

③到达峰值应力后，高强混凝土的应力-应变曲线骤然下降，表现出很大的脆性；强度越高，下跌越陡。

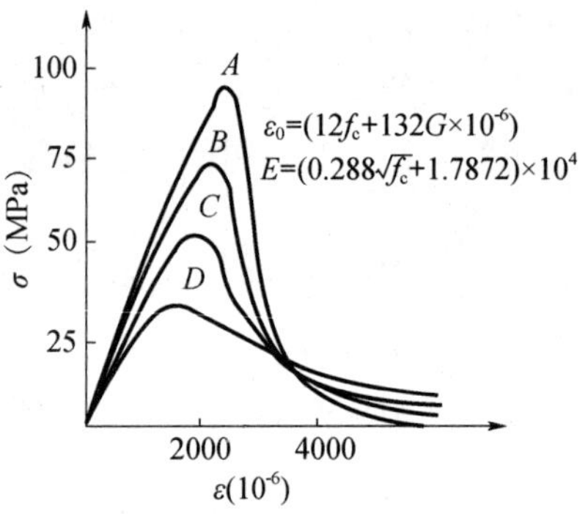

图 6-23　混凝土应力-应变曲线

（2）早期与后期强度。

高强混凝土的水泥用量较大，早期强度发展较快，特别是加入高效减水剂后促进水化，早期强度更高。但早期强度高的混凝土后期强度的增长往往较小，掺高效减水剂的高强混凝土，其后期强度增长幅度要明显低于没有掺外加剂的混凝土（图6-24）。

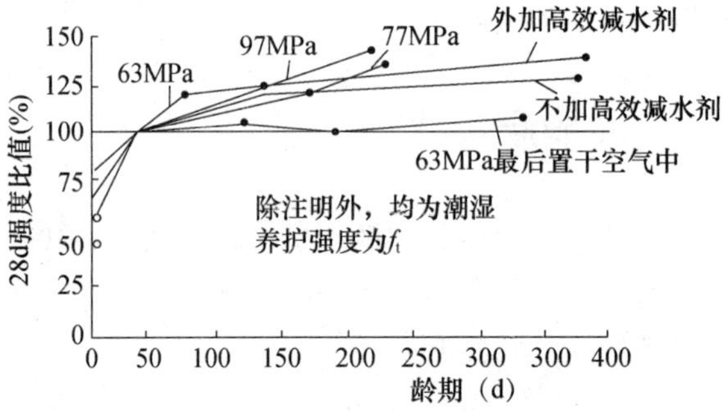

图 6-24　外加剂对强度发展规律的影响

（3）抗拉强度。

混凝土的抗拉强度虽然随着抗压强度的提高而提高，但它们之间的比值却随着强度的增加而降低。高强混凝土的劈拉强度为立方体抗压强度 f_{cu} 的 1/15～1/18，抗折强度为 f_{cu} 的 1/8～1/12，而轴拉强度为 f_{cu} 的 1/20～1/24。在低强混凝土中，这些比值均要大得多。

（4）收缩。

高强混凝土对环境湿度很敏感，潮湿环境中增长幅度大，干燥环境中增长幅度小；除此之外，变形性能也会受环境影响而表现出初期收缩较大，而最终收缩量与普通混凝土大体相同，养护得当，用活性矿物掺合料代替部分水泥可进一步减少混凝土的收缩。

2. 高性能混凝土

高性能混凝土是一种新型高技术混凝土，是在大幅度提高普通混凝土性能的基础上采用现代混凝土技术制作的混凝土，它以耐久性作为设计的主要指标，针对不同用途要求，对下列性能有重点地予以保证：工作性、强度、体积稳定性、经济性。为此，高性能混凝土在配制上的特点是选用优质原材料，低水胶比，并除水泥、水、骨料外，必须掺加足够数量的矿物细掺料和高效外加剂。

1）高性能混凝土的特点

高性能混凝土孔隙率很低，水化产物中氢氧化钙减少，水化凝胶体增多，界面过渡层厚度小，取向程度下降，水化物结晶颗粒尺寸减小，更接近于水泥石本体水化物的分布，因而耐久性显著提高。

2）高性能混凝土的性能

（1）工作性能。

对于高性能混凝土，工作性能应包括充填性、可泵性和稳定性（即抗泌水和抗离析性）等概念。充填性是混凝土拌合物通过钢筋间隙等狭窄空间流到模板各个角落不被堵塞而均匀填充的性质。高性能混凝土不仅应具有高流动性，而且应具有高抗堵塞能力。在配筋密集、模板形状复杂的情况下，流动性不足的混凝土充填性差，可是，在流动性很大而黏聚性不足的情况下，粗骨料在钢筋等障碍物处被堵塞，充填性不再提高，甚至下降。普通混凝土拌合物的流动性用坍落度反映。而在评价高性能混凝土的工作性能时，则用坍落度及坍落扩展度（拌合物坍落稳定时所铺展的直径）表示。在进行工程质量控制时，对已确定原材料和配合比的混凝土拌合物，可参考如图6-25所示的情况进行评价。

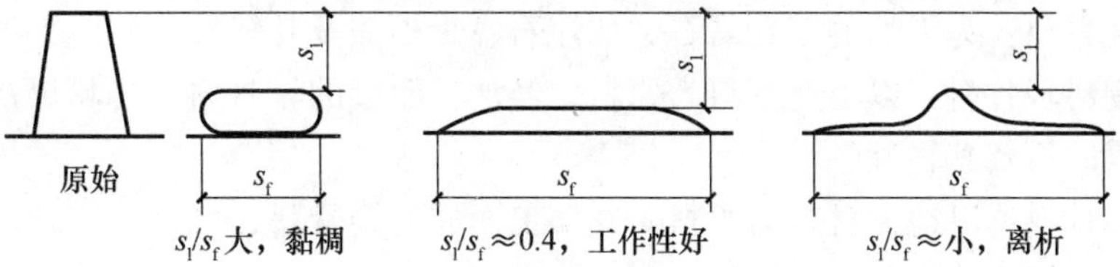

图6-25 混凝土拌合物工作性的简易评价

（2）耐久性。

一般来说，混凝土只要其渗透性很低，就有很好的抵抗水和侵蚀性介质侵入的能力。高性能混凝土由于水胶比很低而具有很低的渗透性，因而其耐久性好。

（3）强度。

尽管高性能混凝土的水胶比范围较窄，但其强度范围却很宽。高性能混凝土在原材料和配合比上按耐久性进行设计后，抗压强度仍是检验混凝土质量的重要指标。高性能混凝土在原材料和配合比上的特点与普通混凝土不尽相同，但是影响普通混凝土强度的因素同样影响高性能混凝土。在设计高性能混凝土配合比时，当胶凝材料总量确定后，调整水泥与活性掺合料的比例，即可制成不同强度等级且经济合理的高性能混凝土。

6.8.2 轻混凝土

轻混凝土是指干表观密度小于1950kg/m^{3}的混凝土，包括轻骨料混凝土、多孔混凝土和大孔混凝土。

1. 轻骨料混凝土

用轻粗骨料、轻细骨料或普通砂和水泥配制成的干表观密度不大于1950kg/m^{3}的混凝土称为轻骨料混凝土。

按细骨料种类，轻骨料混凝土又分为全轻混凝土（粗、细骨料均为轻骨料）和砂轻混凝土（细骨料全部或部分为普通砂）。

轻骨料混凝土由于自重轻，弹性模量低，因而抗震性能好。用它建造的建筑物，在地震荷载作用下，所承受的地震力小，振动波的传递也较慢，且自振周期长，对冲击能量吸收快，减震效果好，所以抗震性能比普通混凝土好。

轻骨料混凝土的导热系数低，保温性能好。表观密度为800～1400kg/m^3的轻骨料混凝土，其导热系数为0.23～0.52W/（m·K），与烧结普通砖相比，不仅强度高、整体性好，而且保温性能良好，用它制作墙体，在同等保温要求下，可使墙体减薄40%以上，自重减轻一半以上。由于轻骨料混凝土具有许多优点，其应用范围日益广泛，不仅可作围护结构，也可用作承重结构。特别适用于高层和大跨度结构。

1）轻骨料的种类及技术要求

（1）轻骨料的种类。

凡是骨料粒径为5mm以上，堆积密度小于1000kg/m^3的轻质骨料，称为轻粗骨料；粗径小于5mm，堆积密度小于1200kg/m^3的轻骨料，称为轻细骨料（亦称轻砂）。

按来源不同，轻骨料分三类：

①天然轻骨料：为天然的多孔岩石，如浮石、火山渣及其轻砂。

②工业废料轻骨料：以工业废料为原料，经加工而成的轻骨料，如粉煤灰陶粒、膨胀矿渣、自燃煤矸石及其轻砂。

③人造轻骨料：以地方材料为原料，经加工而成的轻骨料，如黏土陶粒、页岩陶粒及其轻砂，以及膨胀珍珠岩。

按颗粒形状不同，轻粗骨料分为：圆球形、普通型及碎石型。

轻骨料的生产有烧胀法和烧结法。烧胀法是将原料破碎，或者将原料加工成粒，经高温焙烧而使原料膨胀，形成多孔结构。黏土陶粒（圆球型）和页岩陶粒（普通型或圆球型）就是用此法生产出来的。烧结法是将原料加工成粒，通过高温烧结获取多孔骨料，如粉煤灰陶粒（圆球型）。

（2）轻骨料的技术要求。

轻骨料的技术要求主要有堆积密度、强度、颗粒级配和吸水率等。此外，抗冻性、体积安定性、有害成分含量也应符合规定。

①堆积密度。

轻骨料的堆积密度直接影响所配制的轻骨料混凝土的表观密度和性能。轻粗骨料按堆积密度（单位 kg/m^3）划分为10个等级：200、300、400、500、600、700、800、900、1000、1100；轻细骨料按堆积密度也可划分为8个等级：500、600、700、800、900、1000、1100、1200。

②强度。

轻粗骨料的强度通常用筒压强度来表示。

$$P_T = P/A \tag{6-47}$$

式中 P_T——轻粗骨料的筒压强度，MPa；

P——将标准圆筒内的轻粗骨料压入2cm时的压力值，N；

A——标准圆筒底面积，10^4mm^2。

③吸水率。

轻骨料的吸水率一般都比普通骨料大，显著影响混凝土的和易性、水灰比和强度的发展。在设计轻骨料混凝土配合比时，必须根据轻骨料的 1h 吸水率计算附加用水量。技术规程对轻骨料 1h 的吸水率的规定是：轻砂和天然轻骨料的吸水率不作规定，其他轻骨料的吸水率不应大于 22%。

④最大粒径和颗粒级配。

保温及结构保温轻骨料混凝土用的轻骨料，其最大粒径不宜大于 40mm。结构轻骨料混凝土的轻骨料，粒径不宜大于 20mm。

⑤软化系数。

人造轻粗骨料和工业废料粗骨料的软化系数不小于 0.8；天然轻粗骨料的软化系数不小于 0.7。

⑥有害物质含量。

轻骨料中严禁混入烧过的石灰石、白云石和硫化铁等体积不稳定的物质。轻骨料的有害物质含量不应大于规范中规定的值。

2）轻骨料混凝土的分级和分类

轻骨料混凝土的强度等级按立方体抗压强度标准值确定。轻骨料混凝土立方体抗压强度标准值，与普通混凝土相同，也是按标准试验方法测得的具有 95% 保证率的抗压强度值。轻骨料混凝土的强度等级划分为：LC5.0、LC7.5、LC10、LC15、LC20、LC25、LC30、LC35、LC40、LC45、LC50、LC55、LC60。

轻骨料混凝土按其干表观密度（单位为 kg/m^3）分为：自 600 ~ 1900 等 14 个等级。轻骨料混凝土按其用途分为三大类，其相应的强度等级和表观密度见表 6-18。

表 6-18　轻粗骨料混凝土按用途分类

类别名称	混凝土强度等级的合理范围	混凝土密度等级的合理范围	用途
结构保温轻骨料混凝土	CL5.0 CL7.5 CL10 CL15	800 ~ 1400	主要用于既承重又保温的围护结构
结构轻骨料混凝土	CL15 CL20 CL25 CL30 CL35 CL40 CL45 CL50	1400 ~ 1900	主要用于承重构件或构筑物

3）轻骨料混凝土的性质

（1）和易性。

由于轻骨料具有表观密度小、表面粗糙、总表面积大、易吸水等特点，所以加入拌合物中的水量可分为两部分，一部分被骨料吸收，其数量相当于 1h 的吸水量，这部分水称为附加用水量，其余部分称为净用水量，它使拌合物获得要求的流动性和保证水泥水化的进行。选择流动性时，一般要比普通混凝土拌合物值低 10 ~ 20mm。这是因为在振捣成型时，吸入骨料的水分会部分释出，而使流动性提高。

（2）强度。

轻骨料混凝土中的多孔骨料，不仅表面粗糙而且内部有不同尺寸（一般为 0.1 ~ 1mm）的孔隙，水和水泥浆能渗入其中，因而骨料颗粒周围的水泥石的水灰比低，强度和密实度提高。渗入孔隙中的水分，当混凝土硬化时，能部分排出，供水泥石养护，致使水泥石强度不断提高。因而粗骨料与水泥石（即砂浆）之间有很高的粘结强度。当轻骨料混凝土受力破坏时，与普通混凝土不同，裂缝不会首先发生在粘结面上。当轻粗骨料强度高于水泥砂浆强度，轻骨料起骨架作用，破坏时裂缝首先在水泥砂浆中出现；当粗骨料强度低于水泥砂浆强度时，破坏裂缝首先在轻粗骨料中出现。当轻粗骨料强度与水泥砂浆强度相近时，破坏时裂缝几乎在水泥砂浆和粗骨料中同时出现。

与普通混凝土相比，轻骨料混凝土强度有如下特点：

①在混凝土中用多孔骨料取代密实骨料时，会导致混凝土强度下降。轻骨料强度越低，混凝土强度下降越大，但表观密度可减小。

②轻骨料混凝土强度与水泥砂浆强度之间的关系与普通混凝土不同。普通混凝土强度与砂浆强度成正比，而轻骨料混凝土与砂浆强度的关系是分成两个区段的曲线（图 6-26）。在Ⅰ区段，砂浆强度与混凝土强度呈线性关系，在Ⅱ区段，继续提高砂浆强度，混凝土强度增长已不明显。

③混凝土中轻粗骨料用量对混凝土强度也有很大影响。其影响程度和砂浆强度与骨料强度（筒压强度）的比值有关。砂浆强度高的结构混凝土，增加轻骨料用量，会使其强度明显下降（图 6-26 中的曲线 2，3）。砂浆强度与轻骨料强度相差不大的结构保温轻骨料混凝土，在一定轻骨料用量下，可达到最高强度（图 6-26 中曲线 1）。

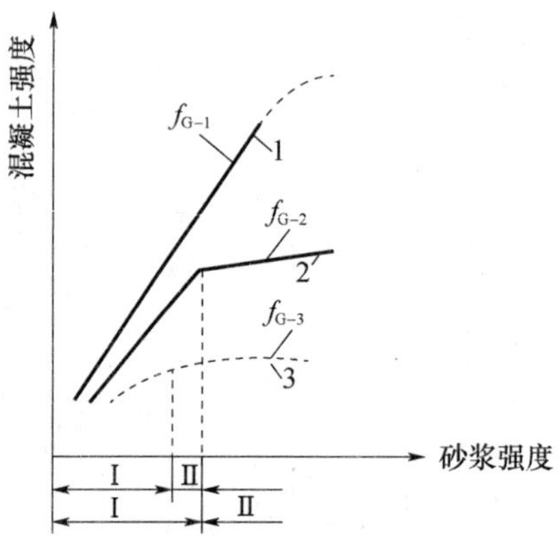

图 6-26　轻骨料强度和砂浆强度对轻骨料混凝土强度的影响

1—花岗岩碎石混凝土；2，3—轻骨料混凝土；3—骨料强度；

Ⅰ—混凝土强度增长区；Ⅱ—混凝土最高强度区

（3）变形性质。

轻骨料混凝土的弹性模量一般比同强度等级的普通混凝土低 20% ~ 50%。如在轻骨料混凝土中增加普通砂的含量，可以明显提高其弹性模量。在各种应力作用下，轻骨料混凝土的结构变形，超过同样情况下普通混凝土的结构变形的1.5~2倍。轻骨料混凝土的收缩变形比普通混凝土大，原因是轻骨料刚性比普通骨料小，阻止水泥石的收缩作用小。在干燥空气中，收缩值随混凝土的配合比和骨料种类不同而异，1m结构轻骨料混凝土最终收缩值在0.4~1.0mm之间，为同强度等级普通混凝土的1~1.5倍。

（4）导热系数。

轻骨料混凝土有良好的绝热性能，当其表观密度为1000kg/m^{3}时，其导热系数为0.28W/（m·K）；当表观密度为1800kg/m^{3}时，其导热系数为0.87W/（m·K），相当于普通黏土砖的导热系数。

（5）耐久性。

轻骨料混凝土水泥水化充分，水泥石毛细孔少，与同强度等级的普通混凝土相比，抗渗性及抗冻性大为改善，抗渗等级可达P25，抗冻等级可达F150。因轻骨料能与水泥石中的氢氧化钙化合生成新的产物，减少了水泥石中的氢氧化钙的含量，从而提高了轻骨料混凝土的抗化学侵蚀能力。

4）轻骨料混凝土的施工特点

轻骨料混凝土配合比设计可参照《轻骨料混凝土技术规程》JGJ 51—2002进行。因轻骨料表观密度小，吸水率大，为了保证轻骨料混凝土的质量，在施工中除遵守有关规定外，尚须做到以下几点：

（1）在气温5℃以上的季节施工时，可根据工程需要，对轻骨料进行预湿处理。预湿时间可根据外界气温和来料的自然含水状态确定，一般应提前半天或一天对骨料进行淋水预湿，然后滤去水分进行投料。

（2）如掺外加剂，应先将外加剂在有效用水量中溶解均匀，待轻骨料已预湿后，再加含外加剂的水进行搅拌，这样可以避免部分外加剂被吸入骨料内而失去作用。

（3）因轻骨料表观密度小，不宜采用自落式混凝土搅拌机搅拌，应采用强制式搅拌机。

（4）为减少混凝土拌合物坍落度损失或离析，应尽量缩短运距。拌合物从搅拌机卸料到浇筑入模的延续时间不宜超过45min。

（5）轻骨料混凝土拌合物宜采用机械振捣成型。振捣时间以拌合物捣实为准，振捣不宜过长，以防轻骨料上浮。

（6）浇筑成型后应及时覆盖并洒水养护，以防止表面失水太快而产生裂纹。采用普通水泥拌制的混凝土养护时间不少于7d；采用火山灰水泥拌制的混凝土养护时间不少于14d。

2. 多孔混凝土

多孔混凝土是一种内部均匀分布细小气孔而无骨料的混凝土。多孔混凝土孔隙率大、体积密度小、导热系数小，有承重及保温功能，可制成墙板、砌块和绝热制品等。制品便于切割、锯解和钉钉，在工业和民用建筑中应用较广。

根据气孔产生的方法不同，多孔混凝土可分为加气混凝土和泡沫混凝土。

加气混凝土是由磨细的硅质材料（石英砂、粉煤灰、矿渣、页岩等）、钙质材料（水泥、石灰等）发气剂（铝粉）和水等，经过搅拌、浇筑、发泡、静停、切割和压蒸养护而成。

泡沫混凝土是将水泥与泡沫拌和后硬化而成的一种多孔混凝土。泡沫是泡沫剂经打泡而成。常用的泡沫剂有松香皂泡沫剂，它是由松香溶入碱溶液中，再与胶液搅拌而成的泡沫剂。泡沫混凝土多采用蒸汽或蒸压养护，这样可以缩短养护时间并提高强度。在泡沫混凝土中掺入粉煤灰、矿渣可以代替部分水泥，有的也可以完全不用水泥，如蒸压泡沫硅酸盐制品就是用粉煤灰、石灰和石膏作为胶凝材料，经蒸压处理而成的一种泡沫混凝土。

6.8.3 功能性混凝土

1. 防水混凝土

普通混凝土由于施工质量差或在凝结硬化过程中的收缩等原因往往不够密实，在压力水作用下会产生渗水现象，如是软水还会进一步产生溶出性腐蚀，导致有抗渗要求的混凝土构筑物不能正常使用，因此应采用防水混凝土。

防水混凝土是通过各种方法提高混凝土自身抗渗性能的混凝土。防水混凝土分为普通防水混凝土、外加剂防水混凝土两类。

1）普通防水混凝土

普通防水混凝土是以调整配合比的方法，来提高自身密实度和抗渗性的混凝土。即在保证和易性的前提下减小水灰比，以减小毛细孔的数量和孔径；适当提高水泥用量、砂率和灰砂比，在粗骨料周围形成质量良好的和足够数量的砂浆包裹层，使粗骨料彼此隔离，以阻隔沿粗骨料互相连通的渗水孔网；采用较小的粗骨料以减少沉降孔隙；并保证施工质量以减少施工孔隙。普通防水混凝土施工简便、性能稳定、质量可靠、适用于地上地下一般防水工程。

2）外加剂防水混凝土

外加剂防水混凝土是在混凝土拌合物中掺入少量外加剂以提高抗渗性能的混凝土。根据掺入外加剂的种类，分为以下五种：

（1）引气剂防水混凝土。

引气剂在混凝土拌合物中形成大量封闭的微小气泡，由于气泡的阻隔作用，使混凝土拌合物中自由水的蒸发路线变得曲折、细小、分散，因而改变了毛细管的数量和特性，减少了混凝土的渗水通路；大量微小气泡存在，使颗粒沉降阻力增加，从而减少了因不均匀沉降造成的孔隙。

（2）减水剂防水混凝土。

混凝土掺入减水剂后能提高抗渗性，其原因是：掺入减水剂后在保证一定的和易性前提下，减少用水量，从而减少了混凝土拌合物的游离水数量和水分蒸发后留下的毛细孔数量，提高了混凝土的密实度；加入减水剂后，提高了水泥颗粒的分散度，改变了混凝土内孔的分布情况，并使孔径和孔隙率减小；如掺引气型减水剂，则微小气泡的作用与引气剂相同，有利于提高混凝土的抗渗性。掺减水剂的防水混凝土与坍落度及配合比相同的不掺减水剂的混凝土相比，抗渗等级可提高一倍以上。

（3）三乙醇胺防水混凝土。

掺入三乙醇胺可提高混凝土的抗渗性，并有早强和增强作用，特别适用于要求早强的防水混凝土工程。三乙醇胺防水原理：三乙醇胺并不改变水泥的水化产物，只是因能加速水泥水化，使水泥在早期就能生成较多的水化产物，使较多的水分变成结合水，相应地减少了游离水量，从而减少了由于游离水蒸发遗留的毛细孔数量，提高了混凝土的抗渗性。当三乙醇胺和氯化钠、亚硝酸钠复合应用时，在水泥水化过程中生成氯铝酸盐和亚硝酸铝酸盐类络合物并产生体积膨胀，可以堵塞毛细管通道，提高混凝土的密实度。

（4）氯化铁防水混凝土。

在混凝土拌合物中掺入适量氯化铁防水剂可配制成具有高密实度、高抗渗性的混凝土。氯化铁防水混凝土的防水原理是：氯化铁防水剂能与水泥水化产物氢氧化钙生成不溶于水的胶体，填充混凝土的孔隙，提高混凝土的密实度，从而提高混凝土的抗渗性。

（5）掺膨胀剂防水混凝土。

在水泥中掺加膨胀剂配制防水混凝土，是由于生成钙矾石等膨胀性矿物，从而补偿了混凝土的收缩，减少了混凝土内部的微裂缝，提高了密实度，从而提高了混凝土的抗渗能力，达到防水要求。

防水混凝土施工应一次浇筑完成，尽量不留施工缝，必须留施工缝时，应留企口缝，并设止水带；严格控制原材料质量，尤其是砂、石含泥量要低于规定限值；模板要求不漏浆，板面光洁，可提高混凝土的抗渗能力；适当延长搅拌时间，以保证混凝土拌合物及外加剂搅拌均匀，外加剂必须先用水稀释后加入；采用机械振捣；加强养护，至少14d；不得过早脱模，以防出现裂缝。

2. 耐热混凝土

普通混凝土不能在高温环境下使用，其原因是：水泥石与骨料的热膨胀系数不同，受热后水泥石与骨料的变形不同，将导致混凝土产生裂缝，强度下降；水泥石中的氢氧化钙在长期高温作用下会分解；石灰岩骨料在高温下也会分解；石英质骨料在高温下晶体转变体积产生膨胀。由于以上原因导致普通混凝土强度显著下降，甚至破坏。

耐热混凝土是能在长期高温200～900℃作用下保持使用性能的混凝土。

按所用的胶凝材料可分为：硅酸盐耐热混凝土、铝酸盐耐热混凝土、水玻璃耐热混凝土、磷酸盐耐热混凝土等。耐热粗细骨料有矿渣、耐火黏土砖或烧结黏土砖碎块、安山岩、玄武岩、铝矾土熟料、烧结镁砂等。

耐热混凝土用于有耐热要求的工程，如高炉、焦炉及其他热工设备的基础，烟筒及围护结构等。

3. 耐酸混凝土

普通混凝土是以水泥为胶凝材料的，因而在酸性介质下将受到腐蚀。耐酸混凝土采用耐酸的胶凝材料及耐酸的骨料。常用的胶凝材料为水玻璃、硫磺、沥青等，耐酸骨料有石英砂、石英岩或花岗岩碎石。

目前常用的是水玻璃混凝土，它是由水玻璃、氟硅酸钠（促硬剂）、耐酸粉料（石英粉或铸石粉）及耐酸粗、细骨料按规定比例配制而成。水玻璃混凝土拌合物的坍落度不应大于20mm，硬化后的强度应不小于20MPa。为使水玻璃混凝土表面上未参与反应的水玻璃充分反应，形成一层坚固的致密硅胶层，以抵抗酸的渗入和侵蚀，需用中等浓度的酸作表面酸化处理。在酸作用下，未反应的水玻璃产生如下反应：

$$Na_2O \cdot nSiO_2 + (2n+1)H_2O + 2HCl \longrightarrow 2NaCl + nSi(OH)_4 \quad (6\text{-}48)$$

耐酸混凝土对一般无机酸（除氢氟酸及热磷酸外）、有机酸（除高级酯肪酸外）有较好的抵抗能力。

6.8.4 大体积混凝土

大体积混凝土是由于结构物实体尺寸较大而需要采取技术措施控制结构内外温差，防止因温度应力而导致结构开裂的混凝土。在大体积混凝土中，由于水泥水化所放出的热量累积且不易传出，故混凝土内部温度逐渐升高，造成较大的内外温差，加之混凝土早期抗拉强度低，弹性模量小，致使混凝土开裂，影响工程质量。为保证混凝土工程质量，针对大体积混凝土施工，可采取如下的控制措施：

（1）优先采用水化热低的水泥。如中热水泥、低热水泥，矿渣硅酸盐水泥等，或尽量提高矿物掺合料用量，以尽量减小水泥水化热产生的内部热量。为此可以以60d或90d龄期的混凝土强度作为验收的标准。

（2）高温季节浇筑大体积混凝土应采取措施，控制混凝土的入模温度，一般不宜超过30℃，如降低原材料温度，采用地下水或加冰块等方法。必要时，也可以在大体积混凝土内部设置冷却水管以加速散热，以实现控制内外温差不超过25℃的目标。

（3）加强保温、保湿养护。

（4）控制降温速率不宜大于2℃/d。

（5）控制浇筑层厚度和进度，以利于散热。

6.8.5 道路混凝土

道路混凝土主要是指用作路面的混凝土。按路面所用材料及施工工艺不同，可分为以下两大类：水泥混凝土和沥青混凝土。混凝土路面要受到风、雨、霜、雪、日晒等大自然作用的影响，是暴露在严峻环境下的结构物，且行驶的车辆是高速运行的，如果混凝土路面不平坦，不仅车辆行驶不舒适、不安全，而且还会给混凝土路面施加一个很大的冲击力。

因此，道路混凝土必须具备：抗折强度高，平整度好；表面致密，有良好的抗磨性；具有承受环境因素作用的良好耐久性等。

6.8.6 纤维混凝土

纤维混凝土是由普通混凝土和均匀分散于其中的短纤维所组成。纤维按变形性能分为低弹性模量纤维（尼龙纤维、聚丙烯纤维、聚乙烯纤维等）和高弹性模量纤维（钢纤维、玻璃纤维、碳纤维等）。通常纤维的长径比为70～120，掺加的体积率为0.3%～0.8%。

纤维在混凝土中起增强作用，可提高混凝土的力学性能，如抗拉、抗弯、冲击韧性，也能有效地改善混凝土的脆性。冲击韧性为普通混凝土的5~10倍，初裂抗弯强度提高2.5倍，劈裂抗拉强度提高1.4倍。采用低弹性模量纤维时，对混凝土抗拉强度影响不大，但可改善混凝土的冲击韧性；采用高弹性模量纤维时，能显著提高混凝土的抗拉强度，而对抗压强度提高不大。

目前，纤维混凝土主要用于对抗冲击性要求高的工程，如飞机跑道、高速公路、桥面面层等，除此之外，在屋面和墙体也逐渐有所应用。

6.8.7 特细砂混凝土

特细砂混凝土是用细度模数在1.6以下的砂和石子配制的混凝土。特细砂混凝土的性能接近于同强度等级的粗、中砂混凝土，仅耐磨性较差，可用于工业及民用建筑、道路、桥梁及水工建筑等。为保证特细砂混凝土的质量，应控制以下三点：

1）控制特细砂粒度

细度模数小于0.7，且通过筛孔0.16mm标准筛的量大于30%的砂，不得用来配制混凝土。因砂的粒度过细，不仅水泥用量骤增，而且混凝土强度显著下降。

2）配制特细砂混凝土宜用低砂率

特细砂比表面积大，空隙率大，为保证混凝土拌合物的和易性，应使砂粒表面水泥浆保持适当的厚度，为了不致过多增加水泥用量，不降低混凝土性能，只有降低砂率。当采用碎石时，最佳砂率为14%~35%；采用卵石时，最佳砂率为14%~25%。

3）混凝土拌合物宜采用低流动性

由于水分吸附于细砂表面，使混凝土拌合物干稠，与相同配合比的粗、中砂混凝土比较，前者坍落度较小，但在振动条件下，两种混凝土的密实成型性能相近。因此，特细砂混凝土拌合物的坍落度应小于30mm为宜。

特细砂混凝土施工应注意：搅拌时间应比粗中砂配制的混凝土延长1~2min；宜用机械振捣成型；成型后因表面砂浆多，硬化过程中易产生裂缝，应进行二次抹面；加强早期养护，保持表面湿润，并适当延长养护时间。

6.8.8 聚合物混凝土

普通混凝土已成为最重要的建筑材料，但在性能上还存在许多不足之处，如抗冻性、抗渗性还不够高，抗拉强度及耐磨性也较低，在酸及某些盐类作用下会遭到破坏等。为了克服上述缺点，可用聚合物代替混凝土中部分或全部水泥。聚合物混凝土包括：聚合物水泥混凝土、聚合物浸渍混凝土及聚合物胶结混凝土。

1. 聚合物水泥混凝土

这种混凝土是在搅拌混凝土拌合物时掺入一定数量（占水泥质量5%~20%）的聚合物而成的。聚合物呈乳液或悬浮液状态（如聚醋酸乙烯酯、天然或合成橡胶等的水分散体）掺入，它们在混凝土硬化过程中固化。聚合物掺量适当，则混凝土的抗弯强度、抗渗性，胶结性能、冲击韧性、耐磨性、干缩性及耐酸性均有明显改善。聚合物水泥混凝土和砂浆主要用于铺设工业厂房和飞机跑道的地面、混凝土和砖砌体的衬面，以及建造水或石油的储池。

2. 聚合物浸渍混凝土

以已硬化的混凝土为基材，干燥后浸入有机单体，然后用加热辐射的方法使混凝土孔隙内的单体聚合，使混凝土与聚合物形成一个整体。由于聚合物填充了混凝土内部的孔隙，从而增加了混凝土的密实度，提高了水泥石与骨料之间的粘结强度，减少了应力集中，因此混凝土的抗渗性、抗冻性、耐磨性及强度均有明显提高。浸渍混凝土的单体有苯乙烯、甲基丙烯酸甲酯等，它们在混凝土中分别聚合成聚苯乙烯、聚甲基丙烯酸甲酯。与普通混凝土相比，抗压强度提高 2 ~ 4 倍，一般可达 150MPa 以上。抗拉强度约为抗压强度的 1/10。弹性模量约为基材的 2 倍，徐变较小，吸水率小，抗冻性大大提高。浸渍混凝土适用于要求高强度、高耐久性的特殊构件，特别适用于输送液体的有筋管、无筋管、坑道等。还可用于耐高压的容器，如原子反应堆、液化天然气储罐等。

3. 聚合物胶结混凝土

聚合物胶结混凝土又称树脂混凝土或塑料混凝土，是用热固性聚合物（环氧、聚酯树脂等）代替水泥石的混凝土。这种混凝土的胶结材料是由液态低聚物、固化剂和粉状填料组成。这种混凝土在常温下即可硬化，加热时可加速硬化。聚合物胶结混凝土具有较高的强度（抗压强度为 60 ~ 100MPa，抗弯强度为 20 ~ 40MPa）、耐磨性和化学稳定性，并能与其他建筑材料很好地粘结，但变形较大，耐热性低。其造价虽远高于普通混凝土，但用于制造在有害介质下工作的构件，或者作为这类构件的覆盖层，以及修复石材、混凝土构件（如表面复原、填塞裂缝等）却是极为有效的。

6.8.9 喷射混凝土

喷射混凝土是利用压缩空气的力量将掺加速凝剂的混凝土喷射到岩面或建筑物表面的混凝土。

按混凝土在喷嘴处的状态，喷射混凝土分为干式喷射混凝土和湿式喷射混凝土两种：将水泥、砂、石按一定配合比拌和而成的混合料装入喷射机中，混凝土在“微湿”状态下（水灰比为 0.1 ~ 0.2）输送至喷嘴处加水加压喷出者，为干式喷射混凝土；将水灰比为 0.45 ~ 0.50 的混凝土拌合物输送至喷嘴处加压者，为湿式喷射混凝土。湿式喷射混凝土施工时灰尘小、回弹量少，但若处理不当，混凝土拌合物易在输送管道中凝固和堵塞。

喷射混凝土宜采用普通硅酸盐水泥；粗骨料最大粒径应小于 20mm，10mm 以上的骨料总量应少于 30%，以减少回弹量；不宜采用细砂，以减小混凝土收缩。喷射混凝土抗压强度为 25 ~ 40MPa，与岩石施工面的粘结力为 1 ~ 1.5MPa。

喷射混凝土凝结硬化快，1h 内产生强度，因此可节省模板，省去支模、浇筑、拆模工序，使混凝土的输送、浇筑和捣固合为一道工序，加快施工进度。此项技术已广泛应用于地下工程和隧道工程。

6.8.10　泵送混凝土

泵送混凝土一词是伴随着混凝土施工技术的发展而提出的，在高层建筑施工中采用高压泵技术，推动着流动的混凝土拌合物沿管道进行运输和浇筑，因此要求混凝土必须具有优异的可泵性。所谓可泵性，即混凝土拌合物具有顺利通过管道，摩擦阻力小，不离析、不泌水、不阻塞的性质。

泵送混凝土拌合物的坍落度一般要求 160 ~ 180mm。为使拌合物整体易于输送，粗骨料的最大粒径，碎石不应大于管道内径的 1/3，卵石不应大于管道内径的 2/5；细骨料中小于 0. 315mm 的颗粒不应少于 15%。

泵送混凝土可一次连续完成水平和垂直运输，效率高、费用低。对于大型钢筋混凝土构筑物（大型设备基础、地下工程等）和高层建筑，尤其是在狭小现场施工的工程，泵送混凝土能有效地发挥作用。

免振自密实混凝土是泵送混凝土的新秀，其拌合物的坍落度可达 200mm 以上，坍落扩展度可达 500mm 以上，流动性大且不离析、不泌水，克服了噪声对环境的污染，节约了振捣浇筑的能量，在钢管混凝土等结构中应用广泛。

6.8.11　装饰混凝土

装饰混凝土主要指的是白色混凝土和彩色混凝土。白色混凝土是以白色水泥为胶凝材料，白色或浅色岩石为骨料，或掺入一定数量的白色颜料而配制成的混凝土；而彩色混凝土则是彩色水泥或白色水泥掺入彩色颜料，以及彩色骨料和白色或浅色骨料按一定比例配制而成的混凝土。在施工过程中充分利用混凝土在凝结前的塑性及其组成特点，在成型时采取措施使其表面具有装饰性的线型、纹理和质感，并改善其色彩效果，以满足立面装饰要求。经过处理，保持混凝土原有外观质地的为清水装饰混凝土；将表面水泥浆除去，露出混凝土骨料颜色质感的为露骨料装饰混凝土。

1. 装饰混凝土的线型和质感

混凝土拌合物具有良好的可塑性，可以加工成任意形态，但在混凝土表面形成线型和质感时受到模板本身能够提供的花纹的限制，受加工工艺可能性及经济因素的限制。因为在混凝土表面形成线型、质感时，要做出凹凸花纹，这部分混凝土纯系装饰性的，不起结构或热工作用，花纹凸出过多会增加工程造价和建筑物自重，因此设计时要充分考虑上述因素，设计出合理的装饰线型和质感。决定线型、质感效果的另一重要因素是它们的比例恰当，用于室内时可以适当纤细一些，用于室外特别是高层建筑可适当粗犷一些，在采用整间大模板现浇外墙施工时，为提高饰面效果，可以将模板接缝处的墙面分格缝加深并放大。

2. 装饰混凝土色彩的选择

选择色彩应根据人们的感情以及建筑物所处的环境确定。(1) 如果房间光线较暗，内墙不宜采用深颜色。(2) 客厅、房间一般采用奶黄色或绿色，这两种颜色柔和、协调，给人以舒适的感觉；也可选用蓝色，它给人以明快的感觉。(3) 餐厅、饭店涂上浅紫红色或桔红色，使人有兴奋感，会增加食欲，使人身心健康。(4) 天花板最好选择白色，能使整个房间比较空旷，不致给人一种压迫感。(5) 地脚线配上深色彩，可防止易脏，以免影响美观。总之，内墙不宜色彩过深，必要时可配小面积深色以作装饰。外墙则视建筑物所处的位置、环境而定，不能一概而论。

3. 装饰混凝土的施工

装饰混凝土的施工除考虑结构构造的质量要求外，还要考虑装饰质量方面的要求。

1）清水装饰混凝土施工要点

(1) 模板要求表面平整、尺寸准确、接缝严密、装饰方便。如采用现浇混凝土或预制墙板反打工艺，应在模板底板上做出设计的图案花纹。由于在钢模板上做出较复杂的图案花纹难度较大，给设计带来局限性，所以应采用衬模来形成装饰混凝土的表面质感。衬模可用硬质及软质材料制作，前者为木板、硬质塑料及玻璃钢等；后者可用橡胶或软质塑料等。预制装饰混凝土墙板也可采用正打工艺做出有一定质感的图案花纹，即在水泥初凝前采用压印与挠刮的办法做出花纹。压印工艺是采用刻有图案的模具在刚浇灌成型的墙板表面印出凹凸花纹；挠刮工艺是用硬毛刷在混凝土表面挠刮成毛面质感的花纹。

(2) 脱模剂要求不污染混凝土表面，不影响涂料在混凝土表面的附着，不影响混凝土强度，不引起混凝土表面粉化、酥松，脱模性好。

(3) 振捣装饰混凝土表面尽量减少孔洞、麻面，出现这种情况很难修补，刷涂料也会留有痕迹，应当加强振捣。尽量排除气泡，使混凝土表面光洁平整。

(4) 养护装饰混凝土如果表面产生裂纹，会因积灰而颜色变黑，影响装饰效果，因此混凝土成型后要加强养护。

2）露骨料装饰混凝土施工要点

露骨料装饰混凝土的施工可以采用在水泥硬化前冲刷水泥浆及水泥硬化后冲刷水泥浆以暴露骨料的两种施工方法。在水泥硬化前冲刷水泥浆以暴露骨料的做法只适用于预制墙板正打工艺，即在混凝土成型后，将模板一端抬起，用水冲刷混凝土制品上表面的水泥浆，把骨料暴露出来，养护后即为露骨装饰混凝土。现场施工采用立模浇筑与预制墙板反打的工作面受模板遮挡不能及时冲刷水泥浆，就需借助缓凝剂使饰面水泥不硬化，待脱模后再冲，其具体施工方法是在模板表面涂一层缓凝剂。再放钢筋网片、铺约3cm厚的水泥石渣浆，浇筑混凝土、养护达脱模强度后拆模，用压力水将未硬化的水泥浆冲洗干净，石碴暴露程度要均匀一致。

复习思考题

1. 试解释下列名词或术语。

强度保证率；混凝土配合比

2. 什么是混凝土的质量控制？它包括哪几个控制？各自的控制内容是什么？

3. 混凝土质量为什么是波动的？波动的规律是什么？用数理统计方法对混凝土质量进行控制时常用的统计量是什么？各个统计量的含义是什么？

4. 如何用质量控制图来控制混凝土的施工质量?

5. 混凝土强度的检验评定如何进行?

6. 在普通混凝土配合比设计中，水灰比、砂率及水泥用量是根据什么原则确定的?

7. 某室内钢筋混凝土梁，要求强度等级为C30，采用42.5级普通水泥（$\rho_c = 3.10\ g/cm^3$）、卵石（$\rho_{og} = 2670\ kg/m^3$、$\rho'_{og} = 1550\ kg/m^3$、$D_{max} = 40mm$）、中砂（$\rho_{os} = 2.63$、$\rho'_{os} = 1420\ kg/m^3$）。试用绝对体积法求混凝土配合比，并计算13L的用料量。

8. 某工程设计要求混凝土强度等级为C25，施工中共制作标准立方体试件30组，各组28d抗压强度代表值如下：

试件组编号	f_{cu}(MPa)	试件组编号	f_{cu}(MPa)	试件组编号	f_{cu}(MPa)	试件组编号	f_{cu}(MPa)	试件组编号	f_{cu}(MPa)
1	26.5	7		13		19		25	
2	26.0	8		14		20		26	
3	29.5	9		15		21		27	
4	27.5	10		16		22		28	
5	24.0	11		17		23		29	
6	25.0	12		18		24		30	

试求该批混凝土强度平均值、标准差、强度保证率。

9. 分别用32.5、42.5、52.5级普通硅酸盐水泥、碎石和河砂配制C30级混凝土，求水灰比各为多少？并说明所用水泥强度等的合理性（碎石最大粒径40mm，混凝土坍落度为30~50mm）。

10. 某混凝土拌合物经试拌调整满足和易性要求后，各组成材料用量为水泥3.15kg、水1.89kg、砂6.24kg、卵石12.48kg，实测混凝土拌合物表观密度为$\rho_{oh} = 2450kg/m^3$。试计算每$1m^3$混凝土的各种材料用量。

11. 已知混凝土拌合物的表观密度为$2420kg/m^3$，配合比为水泥：砂：石：水=1：2.39：4.44：0.63。求每$1m^3$混凝土的材料用量?

12. 上题的混凝土配合比为实验室配合比，如砂、石的含水率分别为2%和1%，求其施工配合比。

13. 某工地拌和混凝土时，施工配合比为42.5级水泥308kg、砂700kg、碎石1260kg、水泥127kg。经测定砂的含水率为4.2%，石子含水率为1.6%。求该混凝土的实验室配合比。

14. 实验室拌和混凝土，已确定水灰比为0.6，砂率为0.36，每$1m^3$混凝土用水量为180kg，实测混凝土拌合物的表观密度为$2480kg/m^3$，求每$1m^3$混凝土拌合物各项组成材料用量。

15. 同上题的混凝土配合比，如所用的普通水泥为42.5级，采用碎石做粗骨料。试估算此混凝土在标准条件下养护28d后的强度等级是哪一级?

第7章　砌体材料

7.1　概　　述

砌体材料是指砌筑而成的墙体、柱等承重或非承重构件所用的砂浆和块体材料。本章重点介绍了砌筑砂浆的组成材料、和易性、强度和配合比设计方法，以及三种主要墙体材料：砌墙砖、砌块和墙板的分类、主要品种的产品标记及技术性质。

砌筑砂浆是由无机胶凝材料、细骨料、掺合料和水拌和而成的，按照使用性能主要分为砌筑砂浆和抹面砂浆，其主要作用是粘结砖、砌块及墙板等块体材料，并覆盖其表面，从而获得完整的砌体结构。

砌墙砖按照生产工艺分为烧结砖和蒸压养护砖，按照原材料可分为黏土砖、页岩砖、粉煤灰砖、煤矸石砖等；按照外观可分为普通砖、多孔砖和空心砖。

砌块是砌筑用的、形体大于砌墙砖的人造块材。其形体一般为直角六面体，也有各种异形的。砌块的分类方法很多，按产品主规格的尺寸可分为大型砌块（高度大于980mm）、中型砌块（高度为380～980mm）和小型砌块（高度为115mm～380mm）；按用途可分为承重砌块和非承重砌块；按有无孔洞可分为实心砌块（无孔洞或空心率小于25%）和空心砌块（空心率>25%）；按生产工艺可分为烧结砌块和蒸压养护砌块。

砌墙砖和砌块均可以充分利用地方资源和工业废渣，并可节省土地资源和改善环境。它们具有生产工艺简单，原料来源广，适应性强，制作及使用方便灵活，并可改善墙体功能等特点。

7.2　砌筑砂浆

7.2.1　砂浆的组成和分类

砂浆由胶凝材料、细骨料、掺合料和水拌和而成，是建筑工程中一种用量大、使用范围广、呈薄层状的材料。它是砌体结构的重要组成部分，也是结构内、外粉刷抹面以及饰面石材、陶瓷砖粘贴施工的常用材料。

砂浆分类如下：

(1) 按所用胶凝材料划分：有水泥砂浆、水泥－石灰混合砂浆、石灰砂浆、石膏砂浆、沥青砂浆、聚合物砂浆等。

(2) 按用途划分：有砌筑砂浆、抹面砂浆、装饰砂浆和特种功能砂浆（如粘结砂浆、保温砂浆、吸声砂浆、防水砂浆、耐酸砂浆等）。

(3) 按表观密度划分：小于1500kg/m^{3}的为轻砂浆，大于1500kg/m^{3}的为重砂浆。

(4) 按拌制地点划分：在施工现场配制的为现场配制砂浆，由专门生产厂生产的湿拌砂浆或干混砂浆为预拌砂浆。预拌砂浆是国家推广的、应予优先选用的砂浆品种。

7.2.2 砌筑砂浆的组成材料

1. 水泥

水泥是砌筑砂浆中的主要胶凝材料。选用水泥时，应满足以下两点要求：

(1) 水泥品种应优先选择通用硅酸盐水泥或砌筑水泥，不同品种的水泥，不得混合使用。

(2) 水泥强度等级应体现合理利用资源、节约材料的原则。配制砂浆时应尽量选用低强度等级的通用硅酸盐水泥或砌筑水泥。M15及以下强度等级的砌筑砂浆宜选用32.5级的通用硅酸盐水泥或砌筑水泥；M15以上强度等级的宜选用42.5级通用硅酸盐水泥。

2. 石灰

为了改善砂浆的和易性和节约水泥，在水泥砂浆中掺入适量石灰，配制成混合砂浆，用于地上的砌体和抹灰工程。掺入混合砂浆中的石灰，磨细生石灰粉的熟化时间不得少于2d，块状生石灰熟化成石灰膏时，应用孔径不大于3mm×3mm的网过滤，熟化时间不得少于7d。沉淀池中储存的石灰膏，应采取措施防止干燥、冻结和污染。消石灰粉不得直接用于砌筑砂浆中。

3. 砂

砌砖砂浆宜采用质量符合相关标准要求的中砂，既能满足和易性要求，又节约水泥。砂的含泥量应予控制，因为含泥量过大，不但会增加砂浆的水泥用量，而且会使砂浆的收缩值增大、耐久性降低。人工砂中石粉含量也应控制，如石粉含量过大，将使砂浆收缩值增大。

4. 矿物掺合料

为改善砂浆的相关技术性能并节约水泥、石灰，降低工程成本，可在砂浆中掺入适量粉煤灰、粒化高炉矿渣等矿物掺合料，掺合料性能应符合现行相关标准要求。

5. 水

配制砂浆用水应符合现行行业标准《混凝土拌和用水标准》JGJ 63—2006的规定。

6. 其他砂浆改性材料

为进一步改善砂浆的和易性，除采用上述的石灰膏、粉煤灰外，还可选用其他外加剂和改性材料。

7.2.3 砌筑砂浆的性能和应用

砌筑砂浆能把单块砖、石或砌块胶结成整体，也可用于填充墙板、楼板和构件的接缝。砌筑砂浆的作用是保证构件均匀受力，整体工作。为此，要求新拌砂浆具有良好的流动性和保水性，硬化后具有一定的强度。

1. 流动性

砂浆的流动性又称稠度，是指砂浆在重力或外力作用下流动变形的能力。砂浆稠度用沉入度表示，用砂浆稠度仪来测定，试验方法参阅本教材试验部分。砂浆流动性与胶凝材料的品种和数量，用水量，砂的细度、粒形和级配等因素有关。

砌筑砂浆稠度选择与砌体材料品种、砌体形式及施工时天气情况有关。对于砌筑多孔吸水的块材及干热气候施工时，要求砂浆沉入度大一些；砂筑密实、不吸水的块材及湿冷气候施工时，则要求砂浆沉入度小一些。砌筑砂浆的施工稠度，宜按表 7-1 的规定选用。

表 7-1 砌筑砂浆的施工稠度（JGJ/T 98—2010）

砌体种类	砂浆稠度（mm）
烧结普通砖砌体、粉煤灰砖砌体	70 ~ 90
混凝土砖砌块、普通混凝土小型空心砌块砌体、灰砂砖砌体	50 ~ 70
烧结多孔砖砌体、烧结空心砖砌体、轻骨料混凝土小型空心砌块砌体、蒸压加气混凝土砌块砌体	60 ~ 80
石砌体	30 ~ 50

2. 保水性

保水性是指砂浆能够保持水分的能力，即砂浆各组成材料不易分层、泌水的性质。砌筑砂浆的保水性用分层度表示，具体测试过程见本教材实验部分。保水性良好的砂浆分层度较小，通常不大于 2cm，否则容易离析、泌水、分层或水分流失过快，使砂浆难于铺成薄层，水分也容易被基材吸收，从而使胶凝材料不能充分凝结硬化，最终使砌体强度下降。砌筑砂浆的保水性要求也是随基体材料种类（多孔的或是密实的）、施工条件和天气条件而变。

3. 砂浆硬化后的性质

1）砂浆强度

砂浆强度一般是指抗压极限强度，是划分砂浆强度等级的依据。砂浆的强度等级代号是 M，划分为 M5、M7. 5、M10、M15、M20、M25、M30 等 7 个等级。砂浆强度等级是以边长为 70. 7mm 的立方体试件（3 个试件为一组），在（20 ± 2）℃温度下，相对湿度为 95% 的标准养护室中养护 28d 试压而得出的强度代表值。

砂浆强度主要与水泥用量、水泥强度相关。搅拌时间、养护条件、龄期、保水增稠材料和掺合料的品种、用量等因素也会影响砂浆强度。

2）粘结力

为保证砌体坚固，砂浆必须对砌筑块材有一定的粘结力。砂浆的粘结力主要与砂浆的抗压强度、抗拉强度，以及底面材料的毛糙程度、干净程度、湿润状况（如烧结砖含水率10% ~15% 为宜；硅酸盐砖含水率 5% ~8% 为宜）有关。

3）变形性能

砂浆在承受荷载或温度变化时容易变形。如果变形过大或变形不均匀，都会引起砌体沉陷或出现裂缝，影响砌体质量。若采用轻骨料（如细炉渣）拌制砂浆或掺合料过多，将会使砌体收缩变形过大。

4）抗冻性能

冻融会造成砂浆强度降低，其破坏原理与混凝土冻融相同。当设计有冻融循环要求时，所用砂浆必须进行冻融试验。按质量损失率不大于 5%，抗压强度损失率不大于 25% 为指标评定。

7.3　砌墙砖

7.3.1　烧结砖

1. 烧结砖的主要种类

砖坯体经窑内预热、焙烧、保温、冷却而成的制品均为烧结砖。烧结砖根据所用原料不同，可分为烧结黏土砖（符号为 N）、烧结页岩砖（Y）、烧结煤矸石砖（M）和烧结粉煤灰砖（F）。根据外形形状可分为烧结普通砖、烧结多孔砖和烧结空心砖。

1）烧结普通砖

烧结普通砖是指以黏土、页岩、煤矸石或粉煤灰为主要原料，经焙烧而成的普通实心砖。烧结普通砖为矩形体，标准尺寸是 240mm × 115mm × 53mm，如图 7-1 所示。若加上砌筑灰缝厚度（10mm），则 4 个砖长、8 个砖宽、16 个砖厚都恰好是 1m。这样，每立方米砌体的理论需用砖数是 512 块。

按照《烧结普通砖》GB 5101—2017 的规定，根据抗压强度，其强度等级分为 MU30、MU25、MU20、MU15 和 MU10。强度、抗风化性能和放射性物质合格的砖，根据尺寸偏差、外观质量、泛霜和石灰爆裂分为优等品（A）、一等品（B）、合格品（C）三个质量等级。

2）烧结多孔砖

烧结多孔砖为大面有孔洞的砖。孔的尺寸较小［矩形条孔或矩型孔，宽度小于等于13mm，孔长度小于等于 40mm；规格大的砖可设置手抓孔，孔尺寸为（30 ~ 40）mm ×（75 ~ 85）mm］，使用时孔洞垂直于受压面。孔洞率等于或大于 28%（烧结多孔砌块的孔洞率等于或大于 33%）。因为烧结多孔砖的强度较高，主要用于建筑物的承重部位。

按照《烧结多孔砖和多孔砌块》GB 13544—2011 的规定，根据抗压强度分为 MU30、

MU25、MU20、MU15 和 MU10 五个强度等级和 1000、1100、1200、1300 四个密度等级（烧结多孔砌块的密度等级为 900、1000、1100、1200）。

烧结多孔砖的产品标记按产品名称、品种、规格、强度等级、密度等级和标准编号顺序编写。例如，规格尺寸为 290mm × 140mm × 90mm、强度等级为 MU25、密度为 1200 级的黏土烧结多孔砖，其标记为：烧结多孔砖 N　290 × 140 × 90　MU25　1200　GB 13544

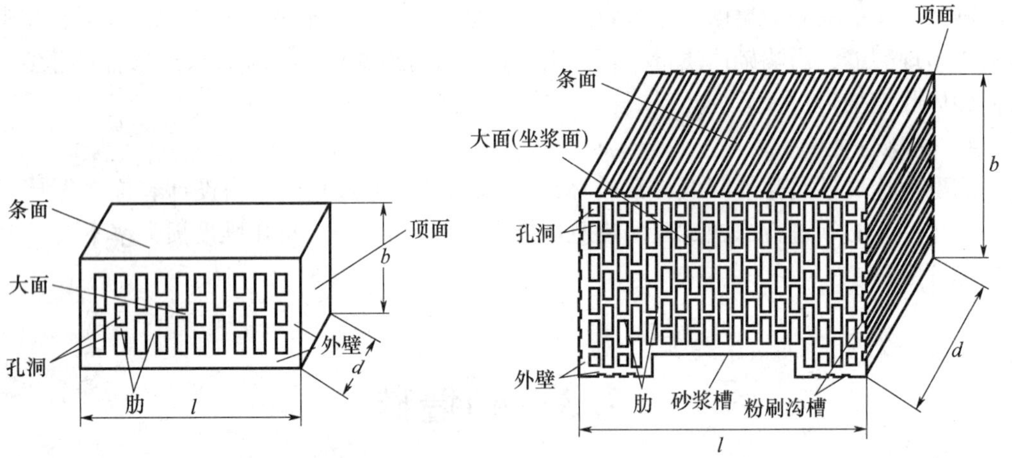

图 7-1　烧结多孔砖及烧结砌块孔排列示意及各部位名称

3）烧结空心砖

烧结空心砖为顶面有孔洞的砖或块，如图 7-2 所示，孔的尺寸大而数量少，其孔洞率一般可达 40% 以上。孔洞垂直于顶面而平行于条面，使用时大面受压，所以这种砖的孔洞与承压面平行。由于孔洞大、自重轻、强度低，因此主要用于非承重部位，例如多层建筑的内墙或框架结构的填充墙等。

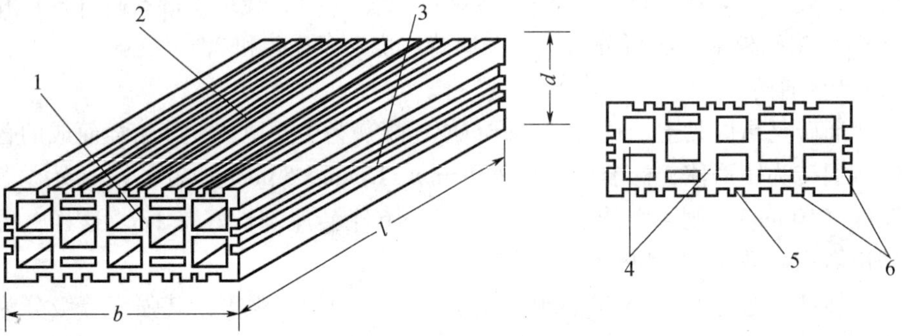

图 7-2　烧结空心砖外形

1—顶面；2—大面；3—条面；4—肋；5—凹线槽；6—外壁

l—长度；b—宽度；d—高度

2. 烧结砖的主要技术性能

1）强度等级评定

（1）烧结普通砖、烧结空心砖的强度等级评定。

烧结普通砖、烧结空心砖和烧结空心砌块的强度等级试验方法为：随机抽取具有代表性的样砖10块，并按标准要求加工，试验后根据式（7-1）和式（7-2）计算标准差 S 和强度变异系数 δ。

$$S=\sqrt{\frac{1}{9}\sum_{i=1}^{10}(f_i-\bar{f})^2} \tag{7-1}$$

$$\delta=\frac{S}{\bar{f}} \tag{7-2}$$

式中 $\bar{f}$——10块砖试件的抗压强度算术平均值，精确至0.1MPa；

δ——10块砖试件抗压强度的变异系数，精确至0.01；

S——10块砖试件的抗压强度标准差，精确至0.01MPa；

f_i——单块砖试件抗压强度的测定值，精确至0.01MPa。

强度等级的评定根据变异系数 δ 的大小，有平均值-标准值方法（$\delta \leqslant 0.21$）评定和平均值-最小值方法（$\delta > 0.21$）评定。

$$f_k=\bar{f}-1.8S \tag{7-3}$$

式中 f_k——强度标准值，精确至0.1MPa。

根据上述计算结果，将烧结普通砖分为MU30、MU25、MU20、MU15、MU10五个等级，各强度等级的砖应符合表7-2的规定；将烧结空心砖分为MU10.0、MU7.5、MU5.0、MU3.5、MU2.5五个等级，各强度等级的砖应符合表7-3的规定。

表7-2 烧结普通砖的强度等级（MPa）

强度等级	抗压强度平均值 $\bar{f}\geqslant$	变异系数 $\delta\leqslant0.21$	变异系数 $\delta>0.21$
		强度标准值 $f_k\geqslant$	单块最小抗压强度值 $f_{min}\geqslant$
MU30	30.0	22.0	25.0
MU25	25.0	18.0	22.0
MU20	20.0	14.0	16.0
MU15	15.0	10.0	12.0
MU10	10.0	6.5	7.5

表7-3 烧结空心砖的强度等级（MPa）

强度等级	抗压强度平均值 $\bar{f}\geqslant$	变异系数 $\delta\leqslant0.21$	变异系数 $\delta>0.21$	密度等级范围（kg/m^3）
		强度标准值 $f_k\geqslant$	单块最小抗压强度值 $f_{min}\geqslant$	
MU10.0	10.0	7.0	8.0	≤1100
MU7.5	7.5	5.0	5.8	
MU5.0	5.0	3.5	4.0	
MU3.5	3.5	2.5	2.8	
MU2.5	2.5	1.6	1.8	≤800

（2）烧结多孔砖的强度评定。

烧结多孔砖和烧结多孔砌块的强度评定，按照式（7-1）计算所得抗压强度标准差 S，再按式（7-4）计算强度标准值 f_k。

$$f_k = \bar{f} - 1.83S \tag{7-4}$$

根据上述计算结果，将烧结多孔砖分为 MU30、MU25、MU20、MU15、MU10 五个等级，各强度等级的砖应符合表 7-4 的规定。

表 7-4　烧结多孔砖的强度等级

强度等级	抗压强度平均值 $\bar{f}$ ≥	强度标准值 f_k ≥
MU30	30.0	22.0
MU25	25.0	18.0
MU20	20.0	14.0
MU15	15.0	10.0
MU10	10.0	6.5

2）烧结砖的抗风化性能

抗风化性能是指能抵抗干湿变化、温度变化、冻融变化等气候作用的性能。抗风化性与砖的使用寿命密切相关，抗风化性性能好的砖使用寿命长。砖和砌块的抗风化性能除了与材料本身性质有关外，与所处环境的风化指数也有关。

风化指数是指日气温从正温降至负温或负温升至正温的每年平均天数与每年从霜冻之日起至消失霜冻之日止这一期间降雨总量（以 mm 计）平均值的乘积。风化指数大于等于 12700 为严重风化区，风化指数小于 12700 为非严重风化区。

我国的风化区划分见表 7-5。

表 7-5　我国风化区的划分

严重风化区		非严重风化区	
1. 黑龙江省 2. 吉林省 3. 辽宁省 4. 内蒙古自治区 5. 新疆维吾尔自治区 6. 宁夏回族自治区 7. 甘肃省 8. 青海省 9. 陕西省 10. 山西省	11. 河北省 12. 北京市 13. 天津市	1. 山东省 2. 河南省 3. 安徽省 4. 江苏省 5. 湖北省 6. 江西省 7. 浙江省 8. 四川省 9. 贵州省 10. 湖南省	11. 福建省 12. 台湾省 13. 广东省 14. 广西壮族自治区 15. 海南省 16. 云南省 17. 西藏自治区 18. 上海市 19. 重庆市

以烧结普通砖为例，严重风化区中的 1、2、3、4、5 地区的砖必须进行冻融试验，其他地区的砖抗风化性能符合表 7-6 的规定时可不做冻融试验，否则，必须进行冻融试验。冻融试验后，每块砖样不允许出现裂纹、分层、掉皮、缺棱、掉角等冻坏现象；质量损失不得大于 2%。

表7-6 烧结普通砖的抗风化性能

砖种类	严重风化区				非严重风化区			
	5h沸煮吸水率（%），≤		饱和系数 ≤		5h沸煮吸水率（%），≤		饱和系数 ≤	
	平均值	单块最大值	平均值	单块最大值	平均值	单块最大值	平均值	单块最大值
黏土砖	18	20	0.85	0.87	19	20	0.88	0.90
粉煤灰砖	21	23			23	25		
页岩砖	16	18	0.74	0.77	18	20	0.78	0.80
煤矸石砖								

3）泛霜

泛霜是指黏土原料中的可溶性盐类，随着砖和砌块内水分蒸发而在砖表面产生的盐析现象，一般在砖和砌块表面形成絮团状斑点的白色粉末。轻微泛霜就会对清水墙建筑外观产生较大的负面影响。中等泛霜的砖和砌块用于建筑中的潮湿部位时，7～8年后因盐析结晶膨胀将使砖体表面产生粉化剥落，在干燥的环境中使用约10年后也将脱落。严重泛霜对建筑结构的破坏性更大。

4）石灰爆裂

石灰爆裂是指砖和砌块内含有过烧生石灰时，过烧生石灰若在砖和砌块内吸水消解并产生体积膨胀，将导致砖砌体发生膨胀性破坏。

7.3.2 蒸压砖

由于烧结黏土砖和烧结黏土砌块容易导致占用耕地和大量消耗燃煤等问题，因此国家正大力提倡生产免烧结类砖和砌块。常见的免烧结类砖主要为采用蒸压养护工艺生产的灰砂砖和粉煤灰砖等。

1. 蒸压灰砂砖

蒸压灰砂砖的原材料为砂子和石灰。砂子可为河砂、海砂、风积砂、沉积砂和选矿厂的尾矿砂，要求砂中的SiO_2含量大于65%，级配良好。石灰应采用生石灰，其中CaO含量大于60%，另外要求该生石灰为消化速度快、消化温度高、过火和欠火石灰含量少的磨细钙质生石灰。

将原材料进行计量和搅拌后，进行充分消化，再进行二次搅拌，获得砖坯生产所需要的混合原材料。将混合原材料于压砖机模孔中，采用适当的压制压力和压制时间加压成型工艺制得砖坯。

砖坯经蒸压养护后成为成品。根据《蒸压灰砂砖》GB 11945—1999规定，灰砂砖的公称尺寸为240mm×115mm×53mm；分为MU10、MU15、MU20、MU25等四个强度等级，抗压强度平均值分别不低于10MPa、15MPa、20MPa、25MPa，抗折强度平均值不低于2.5MPa、3.3MPa、4.0MPa、5.0MPa。

2. 蒸压粉煤灰砖

蒸压粉煤灰砖的原材料为粉煤灰、石灰、石膏和骨料。粉煤灰应符合《硅酸盐建筑制品用粉煤灰》JC/T 409—2016 规定，对石灰的要求同蒸压灰砂砖；石膏可用天然石膏或工业副产品石膏，要求 $CaSO_4$ 含量大于 65%；骨料的种类与掺量直接影响到砖的强度和收缩值，可选用工业废渣、砂及细石屑等。

原材料经计量、配料和搅拌后，进行消化，随后进行轮碾。轮碾对拌合料起到压实、均化和增塑作用，可提高砖坯的极限成型压力。同时轮碾又使粉煤灰在碱性介质中的活性得以激发。

与蒸压灰砂砖相同，采用压制成型的方式制得砖坯，最后经蒸压养护后成为成品。根据《粉煤灰砖》JC 239—2014 规定，粉煤灰砖的公称尺寸为 240mm × 115mm × 53mm；分为 MU10、MU15、MU20、MU25、MU30 等五个强度等级，抗压强度平均值分别不低于 10MPa、15MPa、20MPa、25MPa、30MPa，抗折强度平均值不低于 2.5MPa、3.3MPa、4.0MPa、5.0MPa、6.2MPa。

7.4 砌　块

7.4.1 砌块的分类

砌块是用于砌筑的、形体大于砌墙砖的人造块材，一般为直角六面体，也有各种异形的。砌块系列中主规格的长度、宽度或高度有一项或一项以上分别大于 365mm、240mm 或 115mm。砌块高度一般不大于长度或宽度的六倍，长度一般不超过高度的三倍。

砌块的分类方法很多，按产品主规格的尺寸可分为大型砌块（高度大于 980mm）、中型砌块（高度为 380 ~ 980mm）和小型砌块（高度为 115mm ~ 380mm）；若按用途可分承重砌块和非承重砌块；按有无孔洞可分为实心砌块（无孔洞或空心率小于 25%）和空心砌块（空心率 > 25%）；按材质又可分为硅酸盐砌块、轻骨料混凝土砌块、加气混凝土砌块、混凝土砌块等。

7.4.2 常用的砌块简介

1. 蒸压加气混凝土砌块

蒸压加气混凝土砌块是以钙质材料（水泥、石灰等）和硅质材料（砂、矿渣、粉煤灰等）以及加气剂（铝粉）等，经配料、搅拌、浇注、发气、切割和蒸压养护而成的多孔轻质块体材料。

根据采用的主要原料不同，蒸压加气混凝土砌块可分为水泥 - 矿渣 - 砂；水泥 - 石灰 - 砂；水泥 - 石灰 - 粉煤灰等多种。

按《蒸压加气混凝土砌块》GB 11968—2006 的规定，砌块按尺寸偏差与外观质量、干密度、抗压强度和抗冻性分为优等品（A）、合格品（B）两个等级；按砌块抗压强度分为 A1.0、A2.0、A2.5、A3.5、A5.0、A7.5、A10 七个级别；按砌块干密度分为 B03、B04、B05、B06、B07、B08 六个级别。

2. 混凝土小型空心砌块

混凝土小型空心砌块主要是以普通混凝土拌合物为原料，经成型、养护而成的空心块体墙材。有承重砌块和非承重砌块两类。为减轻自重，非承重砌块可用炉渣或其他轻质骨料配制，根据外观质量可分为优等品（A）、一等品（B）、合格品（C）。常用混凝土砌块外形如图 7-3 所示。

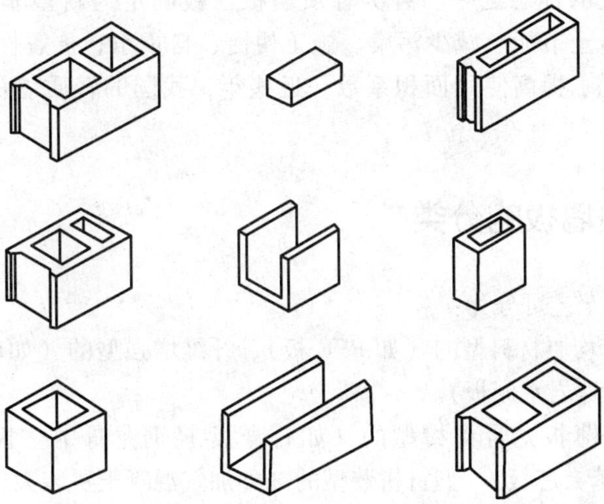

图 7-3　几种混凝土空心砌块外形示意图

混凝土小型空心砌块的尺寸规格：主规格为 390mm × 190mm × 190mm，其他规格尺寸可由供需双方协商。

3. 石膏砌块

石膏砌块是以建筑石膏为主要原料，经加水搅拌、浇注成型和干燥制成的建筑石膏制品。生产中允许加入纤维增强材料、发泡剂、憎水剂或其他骨料。由于石膏砌块的抗压强度较低，一般用于隔墙。

按照《石膏砌块》JC/T 698—2010 的规定，根据砌块的结构分为实心石膏砌块和空心石膏砌块，根据砌块的防潮性能分为普通石膏砌块和防潮石膏砌块。

石膏砌块的规格：长度为 600mm、666mm，高度为 500mm，厚度为 80mm、100mm、120mm、150mm。

7.5　轻质墙板

为改善墙体功能，减轻自重，减少能耗，以及减少工程现场湿作业，加快墙体施工进度，可采用普通混凝土或轻质混凝土墙板、轻质条板，以及薄板-龙骨组合板等，统称轻质墙板。

轻质墙板是工厂或施工现场预制的大板、条板、薄板，板高至少达一个楼层，直接现装或组装，成为一面墙体的板式墙体材料。轻质墙板可作现代装配式建筑的内墙、外墙、隔墙；可作框架结构建筑的围护墙、隔墙；可作混合结构的隔墙；还可作其他类型建筑的特殊功能型复面板；以及无梁柱式拼装加层和活动房屋的墙体、屋面板、天棚板等。

轻质墙板是“墙改”及施工工艺改革的主流和方向。特别在大中城市，推广轻质墙板是实现建筑工业化的标志之一。各类轻质墙板已被确定为新型非承重墙体材料的重点。生产轻质墙板节土节能、减少污染、施工快捷、自重小、抗震性能高、改善室内热环境、节约使用能耗、提高使用面积系数。近些年，我国的轻质墙板已取得长足发展，品种很多。

7.5.1 轻质墙板的分类

轻质墙板按生产工艺可分为：

(1) 成型类——均质材料型的（如 PVC 板）、纤维增强型的（如玻纤水泥板）、颗粒骨架型的（如膨胀珍珠岩水泥板）。

(2) 组装类——薄板龙骨支撑型的（如石膏板-轻钢龙骨中空板）、夹芯复合型的（如钢丝网架水泥聚苯夹芯板）、型材拼装型的（如加气混凝土拼装大板）。

按用途可分为内墙板与外墙板；又可再分为承重的、自承重的、非承重的三种。

按构造可分为轻质薄板（如纸面石膏板）、轻质条板（如空心条板）、夹芯复合板（如彩钢聚苯夹芯板）、拼装大板（如泡沫水泥格构板）以及夹芯复合墙体。

按功能可分为内墙普通型（轻质、高强、安装方便）、防火型（耐热、不燃）、防水型（耐水、抗蚀、防霉），外墙普通型（高强、耐久）、外墙保温型（高强、轻质、隔声、抗震），功能覆面型（装饰、保温、吸声、防火覆面）。

7.5.2 常用轻质墙板简介

1. 石膏板

石膏制品有许多优点，石膏类板材在轻质墙体材料中占有很大比例，主要有纸面石膏板、石膏纤维板等。

纸面石膏板是以石膏芯材与牢固结合在一起的护面纸组成，分普通型、耐水型和耐火型三种。由建筑石膏及适量纤维类增强材料和外加剂为芯材，与具有一定强度的护面纸组成的石膏板为普通纸面石膏板（代号 P）；若在芯材配料中加入防水、防潮外加剂，并用耐水护面纸，即可制成耐水纸面石膏板（代号 S）；若在配料中加入无机耐火纤维和阻燃剂等，即可制成耐火纸面石膏板（代号 H）。

纸面石膏板常用规格为：

长度：1800mm、2100mm、2400mm、2700mm、3000mm、3300mm 和 3600mm。

宽度：900mm 和 1200mm。

厚度：9.5mm、12.0mm、15.0mm、18.0mm、21.0mm 和 25.0mm。

可根据用户要求，生产其他规格尺寸的板材。

纸面石膏板的质量要求和性能指标应满足标准 GB/T 9775—2008 的要求。纸面石膏板的表观密度为 800 ~ 950kg/m^3，热导率低［约 0.20W/（m · K）］，隔声系数为 35 ~ 50dB，抗折荷载为 400 ~ 800N，表面平整、尺寸稳定。具有自重轻、隔热、隔声、防火、抗震、可调节室内湿度、加工性好、施工简便等优点，但其用纸量较大、成本较高。

普通纸面石膏板可作室内隔墙板、复合外墙板的内壁板、天花板等。耐水型板可用于相对湿度（≥75%）较大的环境，如厕所、盥洗室等。耐火型纸面石膏纸主要用于对防火要求较高的房屋建筑中。

石膏纤维板是以纤维增强石膏为基材的无面纸石膏板，常用无机纤维或有机纤维为增强材料，与建筑石膏、缓凝剂等经打浆、铺装、脱水、成型、烘干而制成，可节省护面纸，具有轻质、高强、耐火、隔声、韧性高的性能，可加工性好。其尺寸规格和用途与纸面石膏板相同。

2. GRC 轻质多孔隔墙条板

GRC 轻质多孔隔墙条板（简称 GRC 板）是以低碱度水泥为胶凝材料，耐碱玻璃纤维为增强材料，膨胀珍珠岩为轻骨料，以及适当的外加剂，按比例配合，经搅拌、浇筑（或挤压）成型、养护、脱模等工序制成的轻质混凝土空心隔墙用条形板材。

3. 钢丝网架夹芯板

钢丝网架夹芯板是用钢丝焊接成不同三维空间网架，内填 MA 型聚苯乙烯泡沫塑料板条（或整板）、半硬质岩棉板或玻纤板构成芯板，芯板两面分别喷抹水泥砂浆后形成的轻型复合板材。例如泰柏板、舒乐合板、万力板等。

4. 超轻隔热夹层板

彩色压型钢板———发泡聚苯乙烯复合夹层板（简称 EPS 板）是超轻隔热板材。EPS 板是由 0.5 ~ 0.8mm 厚彩色镀锌钢板、铝合金板或不锈钢板压型后作面层板，用高强聚氨酯胶作粘结剂，与聚苯乙烯泡沫塑料层叠合后，经加热、加压、固化，再修边、开槽而成的复合板。EPS 板可用于大、中、小型建筑的外墙板、屋面板、天棚板，一定条件下还可作为楼板。特别适合在寒冷地区建造办公室、别墅、活动房屋、厂房、仓库、加层房屋以及车厢板等。

5. 纤维增强硅酸钙板

纤维增强硅酸钙板以无机矿物纤维或纤维素纤维等松散短纤维为增强材料，以硅质-钙质材料为主体胶结材料，经成型，在高温高压饱和蒸汽中加速固化反应，形成硅酸钙凝胶体而制成的板材，例如埃特板。以单一温石棉纤维或与其他增强纤维混合作为增强材料制成的纤维增强硅酸钙板，制品中含有温石棉成分。无石棉硅酸钙板代号为 NA，温石棉硅酸钙板代号为 A。

纤维增强硅酸钙板可用作各种条件下复合墙体的墙面板、轻质隔墙板、吊顶、天花板，是一种很有发展前途的建筑用薄板。经表面防水处理，也可用作建筑物的外墙屋面板。也适用于潮湿环境，如浴室、厨房、洗手间与地下室等。高档建筑应选用非石棉纤维增强硅酸钙板中的高级板（GN）。中档建筑宜选用非石棉纤维增强硅酸钙板中的高级板，也可选用非石棉纤维增强的普通板（N）或石棉纤维增强的高级板（GA）。一般建筑可选用石棉纤维增强的普通板（A）。食品加工、医药等建筑内隔墙，不应选用含石棉的板材。

复习思考题

1. 什么是砂浆？什么是砌筑砂浆？

2. 砂浆的组成材料有哪些？

3. 新拌砂浆的和易性包括哪些含义？各用什么指标表示？砂浆的保水性不良对其质量有何影响？

4. 测定砌筑砂浆强度的标准试件尺寸是多少？如何确定砂浆的强度等级？

5. 砌墙砖有哪几类？它们各有什么特性？

6. 何谓烧结普通砖的泛霜和石灰爆裂？它们对建筑物有何影响？

7. 建筑墙体采用烧结多孔砖和烧结空心砖有何优点？

8. 砌块与烧结普通砖相比，有哪些优点？

9. 某工地送来一批普通砖试样进行检测试验，10 块砖样的抗压强度值分别为：13.8、22.1、9.6、22.4、13.8、19.2、18.4、18.7、20.1、21.2，试确定该砖的强度等级。

第 8 章　金属材料

8.1　概　　述

金属材料是由一种或一种以上的金属元素或金属元素与非金属元素组成的合金的总称，是由原子核对自由电子的吸引而构成的材料。金属材料可分为黑色金属和有色金属两大类。黑色金属是指以铁、铬、锰等元素为主构成的金属及合金，主要是铁和钢；黑色金属以外的所有金属统称为有色金属，如铜、铝、钛、锌、锡及其合金等。所谓合金是由两种或两种以上的元素（至少有一种为金属元素）组成的金属。

建筑工程中应用的金属材料主要有钢材和铝合金两大类。

钢材是建筑工程中使用量最大的金属材料，也是除水泥混凝土以外的最重要的建筑结构材料，主要是指用于钢结构中的各种型钢（如角钢、槽钢、工字钢、圆钢等）、钢板、和钢管，以及用于钢筋混凝土结构中的各种钢筋、钢丝和钢绞线等。钢材的性能分为两大部分：一是力学性能，包括屈服强度、抗拉强度、冲击韧性和硬度等；二是工艺性能，包括冷弯、焊接、热处理和冷加工强化等。钢是由生铁冶炼而成的铁碳合金材料。本节首先对铁和钢的相关概念做简单介绍。

8.1.1　铁和钢的概念

铁是由氧化铁矿石（主要有红铁矿 Fe_2O_3，磁铁矿 Fe_3O_4等）经加碳还原冶炼而成的铁碳合金材料，其还原反应式如下：

$$2Fe_2O_3 + 3C \rightarrow 4Fe + 3CO_2 \text{或} 2Fe_3O_4 + 2C \rightarrow 3Fe + 2CO_2 \text{（不完全反应则为 CO）} \tag{8-1}$$

铁矿石经还原冶炼生成的铁碳合金，碳含量一般高于2%，且硫、磷等杂质含量也较高。我们将含碳量大于2%的铁碳合金，称之为生铁。生铁中的碳若以渗碳体（Fe_3C）形式存在，则断口呈银灰色，这类生铁称之为白口铁；若生铁中的碳以石墨状态游离存在，则断口呈暗灰色，这类生铁称之为灰口铁。

白口铁硬度高、脆性大、冷却收缩大、铸造加工困难，故直接应用很少，主要作为炼钢原料使用。

灰口铁强度和硬度低，但冷却收缩小，适合于直接铸造，故又称为铸铁。

若铁碳合金中的碳含量低于0.04%，则将此类铁碳合金称为熟铁。它柔软、易于加工，但强度很低。

将生铁加入其他少量合金元素，经氧化除碳、造渣除杂等工艺冶炼处理，将含碳量降至2.11%以下，有害杂质硫、磷含量也降至允许范围内，所形成的铁碳合金称为钢。常用钢材的含碳量在1.3%以下，钢的密度为7.84～7.86g/cm^3。

8.1.2 钢材的优缺点

钢材具有以下主要优点：

（1）质量均匀、性能可靠。钢材既可铸造、锻造、切割，又可进行压力加工，还可通过冷加工或热处理方法，在很大范围内改变或控制钢材的性能，另外还可以用焊接、铆接、螺栓连接等多种连接方式进行装配式施工。

（2）强度、硬度高。钢材的抗拉、抗压、抗弯、抗剪强度以及硬度都很高，适用于制作各种承载较大的构件和结构，如钢结构、钢筋混凝土、预应力钢筋混凝土结构等。钢轨和机械加工用的切割工具都是由硬度很高的钢材制成的。

（3）塑性、韧性好。常温下钢材能承受较大的塑性变形，便于冷弯、冷拉、冷拔、冷轧等各种冷加工。良好的韧性使得钢材在常温下可以承受较大的冲击作用，适于制作吊车梁等承受动荷载的结构和构件。

钢材的主要缺点是，易锈蚀、耐化学腐蚀性和耐火性差、维修费用高。

8.2 钢材的冶炼及分类

8.2.1 钢的冶炼

由于铁和碳的化合力强，故生铁含碳量高，且其他杂质含量也高。钢的冶炼就是降低碳和杂质的含量，并加入必要的少量合金元素的过程。

1. 冶炼原理

钢的冶炼主要包括三个过程，即除碳、造渣和脱氧。

（1）除碳。通过氧化法，可将生铁中的一部分碳变为气体而逸出，使铁碳合金中的碳含量降至0.04%～2%范围内，其化学反应式如下：

$$2Fe + O_2 \rightarrow 2FeO \tag{8-2}$$

$$FeO + C \rightarrow Fe + CO\uparrow \tag{8-3}$$

（2）造渣。在炼钢过程中，通过加入一定的造渣物质，如石灰石、白云石等，使铁水中的S、P等有害杂质，以及多余的硅、锰等杂质，进行以下氧化还原反应：

$$CaCO_3 \rightarrow CaO + CO_2\uparrow \tag{8-4}$$

$$5FeO + 2P + 3CaO \rightarrow 5Fe + Ca_3(PO_4)_2 \quad (8\text{-}5)$$

$$FeS + CaO \rightarrow FeO + CaS \quad (8\text{-}6)$$

$$FeO + Mn \rightarrow Fe + MnO \quad (8\text{-}7)$$

$$2FeO + Si \rightarrow 2Fe + SiO_2 \quad (8\text{-}8)$$

$Ca_3(PO_4)_2$、CaS、MnO 和 SiO_2 等与 CaO 一道形成钢渣，浮于钢水之上而排出。

（3）脱氧。该过程主要是将 FeO 中的氧脱除，使亚铁离子还原为单质铁。由于锰、硅、铝与氧的结合能力大于氧与铁的结合能力，所以脱氧时给钢水中加入锰铁、硅铁或铝锭作为还原剂，将钢水中的 FeO 还原为铁，使氧变为 Mn、Si 或 Al 的氧化物而进入钢渣。其主要反应如下：

$$3FeO + 2Al \rightarrow 3Fe + Al_2O_3 \quad (8\text{-}9)$$

$$FeO + Mn \rightarrow Fe + MnO \quad (8\text{-}10)$$

$$2FeO + Si \rightarrow 2Fe + SiO_2 \quad (8\text{-}11)$$

同时，还原剂还与钢水中的游离氧气反应生成氧化物，使游离氧也得以脱除进入钢渣。脱氧过程减少了钢材中的气泡并克服了元素分布不均，即偏析的缺点，可明显改善钢材的性能。

2. 冶炼方法

根据炼钢所用炉种的不同，可分为氧气顶吹转炉炼钢、平炉炼钢和电炉炼钢三种方法。

1）氧气顶吹转炉炼钢

将熔融铁水倒入转炉，并加入适量的造渣剂，然后从转炉顶部吹入高纯度的高压氧气，使铁水中的 C、S、P 迅速氧化而被有效去除。由于氧气中不含氮、氢等有害气体，因而钢中杂质较少，钢材质量稳定，且冶炼速度快，一般每炉只需 20 ~ 40min，成本低。所以，氧气顶吹转炉法是目前最主要的一种炼钢方法，广泛应用于生产优质碳素钢和合金钢。

2）电炉炼钢

以生铁或废钢为原料，加入适量的造渣剂和合金元素，以电为热源迅速加热，通过废钢中的氧或外吹氧进行炼钢的方法，称为电炉炼钢法。电炉冶炼的钢质量最好，但成本也高。按炉种分为电弧炉钢、感应炉钢、电渣炉钢等，其中以电弧炉钢产量最大、应用最广。

电弧炉是利用电极末端与金属材料间产生的电弧来熔炼钢材，弧区温度可达 3000℃以上，主要由电极及其升降装置、炉身及其倾动机构和供电系统组成，是目前炼钢的主要炉种之一。

8.2.2　钢材的分类

钢材的种类很多，化学成分和技术性能也各不相同，可以从不同角度对其进行分类。

1. 按化学成分分类

按化学成分，可将钢材分为碳素钢和合金钢两大类。

1）碳素钢

该类钢的主要成分是铁，其次是碳，还含有少量的硅、锰及少量的硫、磷等元素。其中，碳含量对钢的性质影响显著。依据含碳量不同，碳素钢又分为低碳钢（含碳量小于0.25%）、中碳钢（含碳量为0.25% ~0.60%）和高碳钢（含碳量大于0.60%）三种类型。

2）合金钢

该类钢是在碳素钢的基础上，加入少量一种或多种合金元素（如锰、钛、钒、铬、镍、钼等）后冶炼而成的钢材。少量合金元素的加入，可以显著改善钢材的力学性能、工艺性能和化学性能。按照合金元素的不同，合金钢又分为低合金钢（合金元素总含量小于5.0%）、中合金钢（合金元素总含量为5.0% ~10.0%）和高合金钢（合金元素总含量大于10.0%）三种类型。

2. 按杂质含量分类

碳素钢中的硫、磷为有害元素，它们会降低钢的性能。根据硫、磷含量的高低，可将碳素钢分为普通碳素钢（硫含量为0.055% ~0.065%，磷含量为0.045% ~0.085%）、优质碳素钢（硫含量为0.030% ~0.045%，磷含量为0.035% ~0.040%）和高级优质钢（硫含量不大于0.030%，磷含量不大于0.035%，钢号后加“高”或“A”）三种类型。

3. 按冶炼方法分类

按冶炼方法，可将钢分为氧气转炉钢、平炉钢和电炉钢三种类型。电炉钢质量最好，但成本也最高；氧气转炉钢质量较好，但成本最低；平炉钢的质量和成本介于电炉钢和氧气转炉钢之间，目前基本上已被淘汰。

4. 按冶炼时脱氧程度分类

炼钢时吹入的氧气或加入的氧化物，在氧化脱除碳的同时，会有少量氧以游离氧或氧化亚铁形式存在于钢水中而影响钢的质量，因此要加入还原剂将其脱除。根据冶炼时钢水中脱氧的彻底程度，可将钢分为镇静钢、特殊镇静钢和沸腾钢。

在炼钢过程中，当采用锰铁、硅铁和铝锭等作脱氧剂时，脱氧彻底，同时可起到去硫作用。这种钢水在铸锭时能平静地充满锭模并冷却凝固，故称之为镇静钢。镇静钢虽成本高，但组织致密、成分均匀、性能稳定，故质量好，适用于预应力混凝土等重要的结构工程。

在炼钢过程中，当仅加入锰铁进行脱氧时，则脱氧不彻底。这种钢水浇入锭模时，会有大量一氧化碳从钢水中逸出，引起钢水沸腾，故称之为沸腾钢。沸腾钢组织不致密、成分不均匀，硫、磷等杂质偏析较严重，故质量较差。但沸腾钢成本低、产量高，故被广泛应用于一般建筑工程。

比镇静钢脱氧还要彻底的钢就称为特镇静钢，质量更好，适用于特别重要的结构工程。

5. 按用途分类

按钢材的用途，可将其分为结构钢、工具钢和特殊钢三种类型。

1）结构钢

用于制造承重和传力构件或零件的钢称为结构钢，主要用于工程结构及机械零件。其强度高，塑性、韧性、可焊性好。建筑工程中常用的结构钢主要是普通碳素钢中的低碳钢和合金钢中的低合金钢。

建筑结构钢又分为钢结构工程用钢和钢筋混凝土工程用钢两类。前者包括角钢、槽钢、工字钢等型钢及钢板和钢管等；后者包括各种钢筋、钢丝和钢绞线等。

2）工具钢

主要用于制造各种工具、量具和模具的钢称为工具钢，一般为硬度较大的高碳钢。

3）特殊钢

具有特殊物理、化学或机械性能的钢称为特殊钢，如不锈钢、耐热钢、耐酸钢、耐磨钢、磁性钢等，一般为合金钢。建筑工程中的桥钢和钢轨用钢即为特殊钢，它们的疲劳强度高、耐磨性好。

8.3　钢材的力学性能

钢材的力学性能主要包括抗拉性能、冷弯性能、冲击韧性、耐疲劳性和硬度。

8.3.1　抗拉性能

拉伸是钢材的主要受力方式，特别是建筑钢材，所以抗拉性能是钢材的最为重要的力学性能。由抗拉试验测定的钢材的抗拉性能指标主要包括屈服强度、抗拉强度和伸长率。

低碳钢（软钢）是建筑工程中被广泛使用的一种钢材。由于其在常温下受拉时的应力-应变曲线较典型（图8-1），所以钢材的抗拉性能常以此图来阐述。依据应力-应变曲线，可将低碳钢受拉的全过程可分为四个阶段，即弹性阶段（*OA*）、屈服阶段（*AB*）、强化阶段（*BC*）和颈缩阶段（*CD*）。

1. 弹性阶段

在 *OA* 段，荷载较小，此时若卸去荷载，试件将恢复原状而无残余变形，这种性质称为弹性，这个阶段称为弹性阶段。

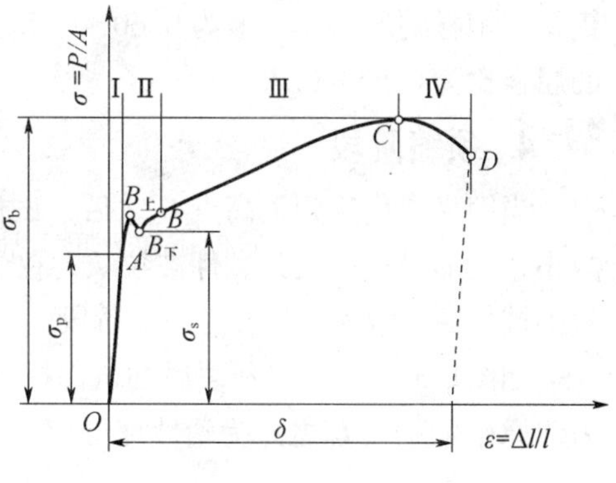

图8-1　低碳钢受拉时的应力-应变图

弹性阶段的最高点（A 点）所对应的应力称为比例极限或弹性极限，用 σ_p 表示。由图可见，*OA* 段为一直线，说明此阶段的应力 σ 和应变 ε 成正比关系，其比例常数称为弹性模量，用 E 表示，$E=\sigma/\varepsilon$。弹性模量反映钢材的刚度，即产生单位弹性应变时所需应力的大小，它是计算钢结构变形的重要指标。建筑工程中常用低碳素结构钢的弹性模量 $E=(2.0\sim2.1)\times10^5$ MPa，弹性极限 $\sigma_p=180\sim200$ MPa。

2. 屈服阶段

当钢材所受应力超过比例极限 σ_p后，若卸去荷载，变形将不能得到完全恢复，表明试件中已有塑性变形产生。由图 8-1 可见，在 AB 阶段，应力和应变不再成正比关系，应力的增长滞后于应变的增长，且从 $B_{上} \to B_{下}$点甚至出现了应力减小的情况，这种现象称为屈服，故 AB 阶段称为屈服阶段。$B_{上}$点所对应的应力称为屈服上限或上屈服点，$B_{下}$点所对应的应力称为屈服下限或下屈服点。由于 $B_{下}$点比较稳定且容易测定，故常以 $B_{下}$点所对应的应力作为钢材的屈服强度，又叫屈服点或屈服极限，用 σ_s表示。

钢材受力达到屈服强度后，尽管尚未断裂，但由于变形的迅速增长，已不能满足使用要求，故设计中一般以屈服强度作为钢材强度取值的依据。

对于中碳钢或高碳等硬钢，受拉时的应力 - 应变曲线不同于低碳钢的，其特点是抗拉强度高，塑性变形小，无明显屈服现象（图 8-2）。这类钢材难以测定其屈服点，故相关标准规定以产生残余变形达到试件原始标距长度 L_0的 0.2% 时所对应的应力作为硬钢的屈服强度，称为条件屈服强度，用 $\sigma_{0.2}$表示。

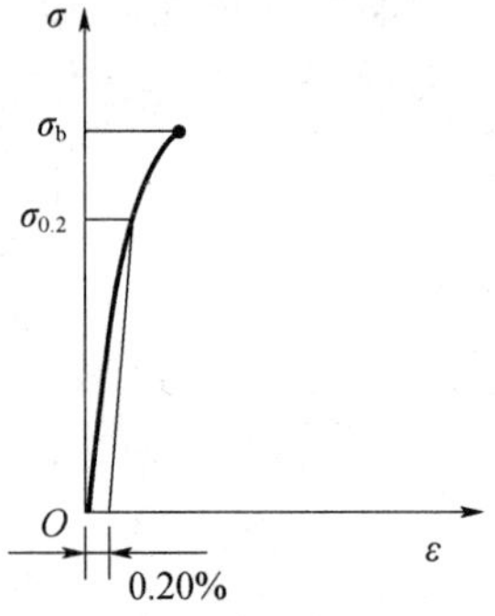

图 8-2　硬钢的屈服强度 $\sigma_{0.2}$

3. 强化阶段

经过屈服阶段，钢材内部发生晶格扭曲、晶粒破碎等组织结构变化，使滑移受阻，当继续受到外力作用时，其抵抗塑性变形的能力得到强化而重新提高，应力-应变曲线表现为从 $B_{下}$点开始继续上升直至最高点 C，这一过程通常称为强化阶段，对应于最高点 C 的应力称为极限抗拉强度或抗拉强度，用 σ_b表示，它是钢材所能承受的最大拉应力，如 Q235 钢的屈服强度在 235MPa 以上，抗拉强度在 375MPa 以上。

抗拉强度在设计计算中虽然不能直接利用，但是屈服强度与抗拉强度之比 σ_s/σ_b，即屈强比，是评价钢材受力特征的一个重要参数。屈强比 σ_s/σ_b越小，反映钢材受力超过屈服点工作时的可靠性越大，安全性越高；若该比值过小，钢材强度的利用率偏低，则浪费钢材。钢材的屈强比一般为 0.60 ~0.75。Q235 钢的屈强比为 0.58 ~0.63，普通低合金钢的屈强比为 0.65 ~0.75。

4. 颈缩阶段

当钢材强化达到最高点 C 之后，试件抵抗变形的能力开始降低，能抵抗的应力值逐渐减小，变形迅速增大，试件被拉长，在试件薄弱处的断面将显著减小，产生“颈缩”现象直到被拉断，故称 CD 段为颈缩阶段。

如图 8-3 所示，将断裂后的试件拼合起来，便可量出标距范围的长度 L_1，L_1与试件受力前原始标距长 L_0之差为塑性变形值，它与 L_0之比称为伸长率 δ，可按下式计算：

$$\delta = \frac{L_1 - L_0}{L_0} \times 100\% \tag{8-12}$$

伸长率表示钢材塑性变形能力的大小，是钢材的重要技术指标。尽管结构是在弹性范围内使用，但其应力集中处的应力可能超过屈服点。良好的塑性变形能力，可使应力重新

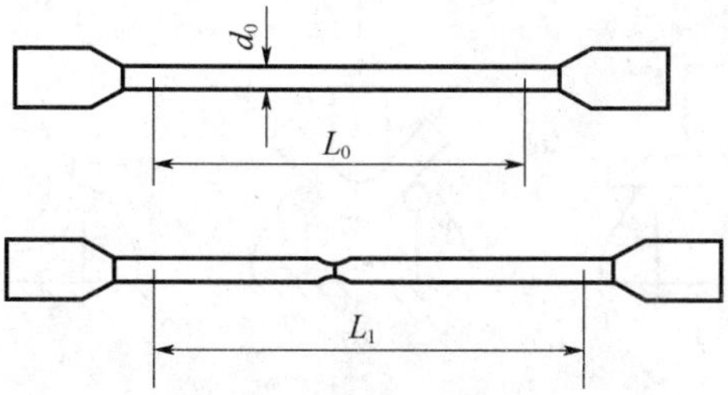

图 8-3　断裂前后的试件

分布，从而避免结构过早破坏。

进行钢材拉伸试验时，试件原始标距长度通常取 $L_0=5d_0$ 或 $L_0=10d_0$（d_0为试件的直径或厚度），其伸长率分别以 δ_5 和 δ_{10} 表示。由于钢材的塑性变形在试件标距内的分布是不均匀的，颈缩处的变形最大，离颈缩部位越远则变形越小，所以原始标距 L_0 与直径 d_0 之比越小，则颈缩处伸长值在整个伸长值中的比例越大，计算出来的伸长率就会大些。因此，对于同一种钢材，其 δ_5 大于 δ_{10}。

应该指出的是，对于直径小于 3mm 的钢丝，或者强度高、塑性变形小的高强钢丝，如预应力混凝土用冷拉钢丝、消除应力钢丝等，测定伸长率时，原始标距 L_0 不是取比例标距，而是采用定标距 $L_0=100$mm，或者其他定标距；预应力混凝土用钢绞线，测定其伸长率时，原始标距 L_0 采用的是不小于 400mm 或 500mm 的定标距。

反映钢材塑性好坏的另一个技术指标是断面收缩率 ψ。它是试件断裂后，颈缩处断面面积的收缩值与原断面面积的百分比，即：

$$\psi=\frac{A_0-A}{A_0}\times 100\% \tag{8-13}$$

式中　A_0——试件原始截面面积，mm^2；

A——试件断裂后颈缩处的截面面积，mm^2。

综上所述，通过拉伸试验，可以测得钢材的三项重要指标，即屈服点 σ_s，抗拉强度 σ_b 和伸长率 δ。

8.3.2　冷弯性能

冷弯性能指钢材在常温下承受弯曲变形的能力，是钢材的工艺性能指标。

钢材的冷弯性能，常用弯曲的角度 α 和弯心直径 d 与试件直径（或厚度）a 的比值 d/a 来表示。弯曲角度 α 越大，d/a 越小，说明试件受弯程度越高。钢材的技术标准中对不同钢材的冷弯指标均有具体规定。不同弯曲角度 α 对应的冷弯试验和不同 d/a 时的弯曲情况分别如图 8-4 所示。当按规定的弯曲角度 α 和 d/a 值对试件进行冷弯时，试件受弯处不发生裂缝、断裂或起层，即认为冷弯性能合格。

钢材的冷弯性能和伸长率均是塑性变形能力的反映。但伸长率是在试件轴向均匀变形条件下测定的，而冷弯性能则是在试件轴向非均匀受力，产生局部变形的条件下测定的，是对钢材塑性变形更加严格的检验。它可揭示钢材内部是否存在结构不均匀、内应力和夹杂物，以及焊件的施焊部位是否存在未融合、微裂缝、夹杂物等缺陷。冷弯试验不仅能反

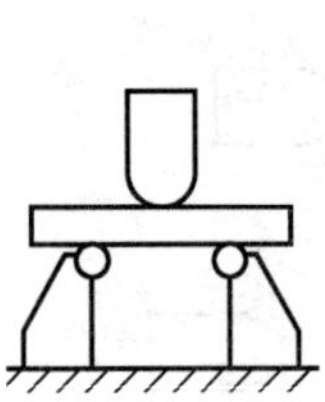

图 8-4　钢材冷弯试验
(a) 试件安装；(b) 弯曲 90°；(c) 弯曲 180°

映钢材的冶炼质量，而且能反映钢材的焊接质量。

8.3.3　冲击韧性

冲击韧性是指钢材抵抗冲击荷载作用的能力，其大小以冲击韧性指标 α_A 来表示。

冲击韧性指标是通过标准试件的弯曲冲击韧性试验确定的（图 8-5）。试验时，将标准试件放置在固定的支座上，以摆锤冲击试件刻槽处的背面，使试件承受冲击弯曲而断裂。试件被冲断时，在 V 型或 U 型缺口处的单位截面积上所消耗的功即为钢材的冲击韧性指标 α_A（J/cm^2）。α_A 值越大，表明钢材的冲击韧性越好。

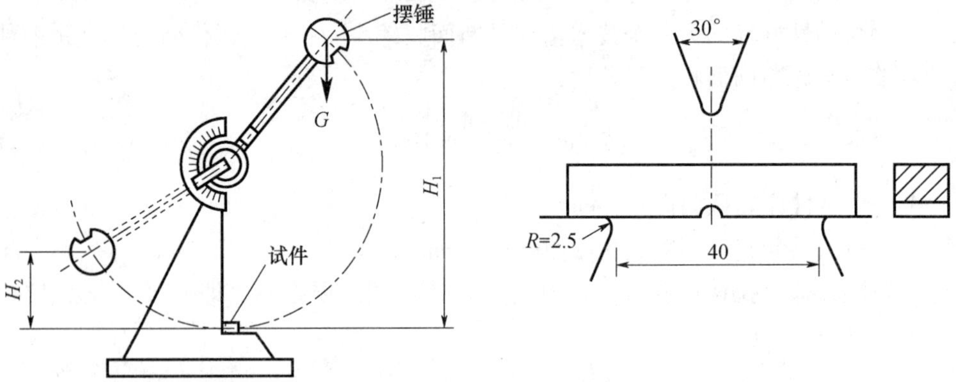

图 8-5　摆锤式冲击韧性试验

钢材的冲击韧性对钢的化学成分、组织结构及冶炼、轧制质量都较敏感。例如，当钢中硫、磷含量较高，存在化学成分偏析，含有非金属夹杂物或焊接形成的微裂纹时，冲击韧性均会显著降低。

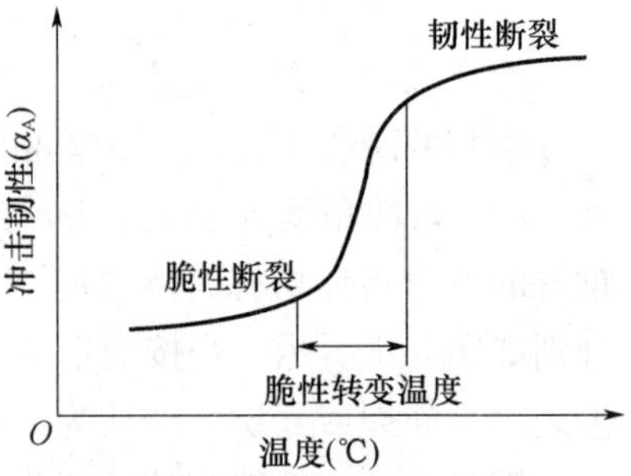

图 8-6　钢材的脆性转变温度

试验表明，冲击韧性随温度的下降而下降，其变化规律是开始时下降缓慢，当温度降至某一范围时，冲击韧性突然显著下降而呈现脆性，这一现象称为钢材的冷脆性，此时的温度范围称为脆性转变温度或脆性临界温度（图 8-6）。脆性转变温度越低，表明钢材的低温冲击韧性越好，所以在负温条件下使用的结构，应当选用脆性转变温度低于使用温度的钢材，并满足规范规定的 -

20℃或 -40℃的温度冲击韧性指标的要求。

随着时间延长，钢材强度逐渐提高，塑性、韧性下降的现象称为时效。正常情况下，完成时效变化过程可达数十年，但是钢材若经受冷加工处理或使用中受到振动及反复荷载的影响，则其时效发展速度会迅速加快。因时效而导致钢材性能改变的程度称为时效敏感性。时效敏感性越大的钢材，其冲击韧性随时间延长而下降的程度越显著。为了保证安全，对于承受动荷载的重要结构，如桥梁、吊车梁等，应选用时效敏感性小的钢材。

表 8-1 为在负温及时效后钢材的冲击韧性变化情况。

表 8-1　普通低合金结构钢冲击韧性指标

试验条件	常温	-40℃	时效处理后
冲击韧性指标 α_A（J/cm^2）	58. 8 ~ 69. 6	29. 4 ~ 34. 3	29. 4 ~ 34. 3

8. 3. 4　耐疲劳性

钢材在交变荷载反复多次作用下，可在最大应力远低于屈服强度的情况下突然破坏，这种破坏称为疲劳破坏。钢材抵抗疲劳破坏的能力叫做疲劳强度，其内部的晶体结构、成分偏析及最大应力处的表面光洁程度等因素均会明显影响疲劳强度。

如图 8-7 所示，钢材承受的交变应力 σ_{max} 越大，则断裂时的交变次数 N 越小；相反，σ_{max} 越小则 N 越大。从理论上讲，当最大交变应力 σ_{max} 低于某值时，N 值无限大也不会产生疲劳破坏，此最大交变应力即为疲劳强度或疲劳极限，如图 8-7 中曲线水平部分对应的应力值 σ_n，即为疲劳强度或疲劳极限。实践中，一般将承受交变荷载达规定交变次数时或 10^7 周次时不破坏的最大应力定义为疲劳强度。

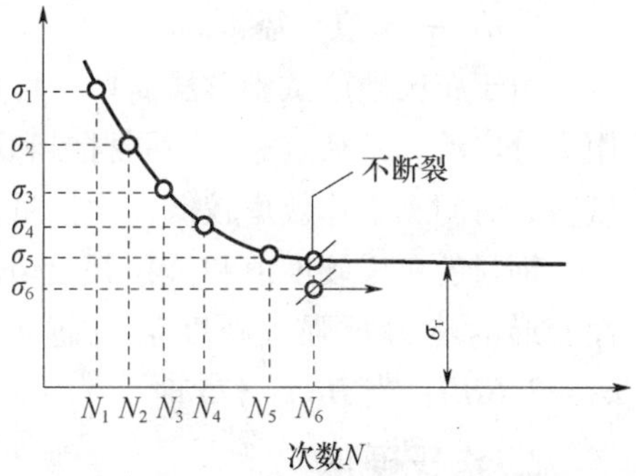

图 8-7　疲劳曲线

测定疲劳强度时，应根据结构使用条件确定采用的应力循环类型（如拉-拉型、拉-压型）、应力比值 ρ（又称为应力特征值，为最小与最大应力比）及和交变的次数 N。例如，测定钢筋的疲劳强度时，通常采用的是承受大小改变的拉应力循环，应力比值 ρ 通常为：非预应力筋为 0. 1 ~ 0. 8，预应力筋为 0. 7 ~ 0. 85，交变次数 N 一般为 2×10^6 或 4×10^6 以上。

在设计承受反复荷载且须进行疲劳验算的结构时，应当了解所用钢材的疲劳强度。

8. 3. 5　硬度

钢材表面局部体积内抵抗硬物压入而产生塑性变形的能力，称为钢材的硬度。测定钢材硬度的方法有布氏法、洛氏法和维氏法，常用方法为布氏法和洛氏法，也即常用的钢材硬度指标为布氏硬度值或者洛氏硬度值。人为规定的特定试验条件下测定的硬度是一种工程量或技术量，硬度值通常不标注单位。

1. 布氏硬度

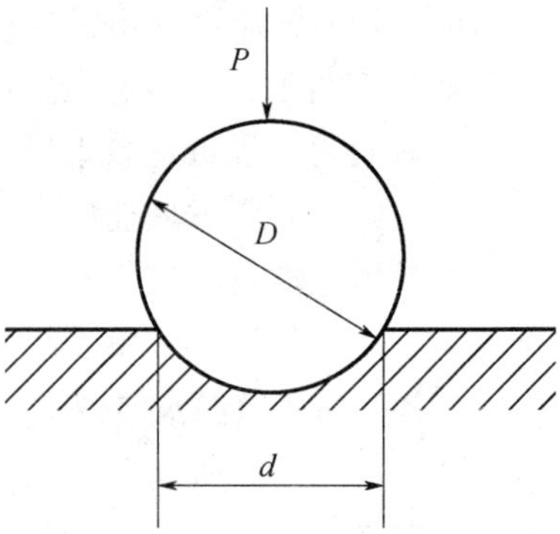
图 8-8　布氏硬度试验

布氏硬度的测定方法是用一直径为 D 的淬火钢球或碳化钨硬质合金球，在荷载 P 作用下将球压入试件表面并保持一定时间，然后卸去荷载，即得直径为 d、深度为 h 的压痕（图 8-8）。试件单位压痕面积所承受的荷载即为钢材的布氏硬度值 HB，计算公式如下：

$$HB=\frac{P}{S}=\frac{P}{\pi\times D\times h} \tag{8-14}$$

由图 8-9 可知，压痕深度 h 为：

$$h=\frac{D}{2}-\frac{1}{2}\sqrt{D^2-d^2} \tag{8-15}$$

所以

$$HB=\frac{P}{\pi\times D\times h}=\frac{2P}{\pi\times D\times\left(D-\sqrt{D^2-d^2}\right)} \tag{8-16}$$

式中 P——钢球上所加荷载，N；

S——钢材表面压痕球面积，mm^2；

D——钢球直径，mm；

d——压痕直径，mm。

由于布氏硬度试验方法简单，可用于测定软硬不同、厚薄不一的材料的硬度，所以应用十分广泛。其缺点是对不同材料和厚度的试样需要更换钢球和荷载，试验操作及压痕测量较费时间，工作效率较低，大批量检验时不宜采用。

钢材的布氏硬度值和抗拉强度 σ_b之间有较好的相关关系。钢材的强度越高，抵抗塑性变形的能力越强，硬度值也越大。大量试验表明，对于碳素钢，当 $HB<175$ 时，$\sigma_b\approx3.6HB$；当 $HB>175$ 时，$\sigma_b\approx3.5HB$。

2. 洛氏硬度

当被测样品过小或者布氏硬度（HB）大于 450 时，就改用洛氏硬度计量。试验方法是用一个顶角为 120°的金刚石圆锥体或直径为 1.59mm/3.18mm 的钢球，在一定载荷下压入被测材料表面，由压痕深度求出材料的硬度。洛氏法的压痕较小，一般用于判断机械零件的热处理效果。根据实验材料硬度的不同，可分为三种不同标度来表示：

（1）HRA 是采用 600N 载荷和钻石锥压入器求得的硬度，用于硬度较高的材料。例如：硬质合金。

（2）HRB 是采用 1kN 载荷和直径 1.58mm 淬硬的钢球求得的硬度，用于硬度较低的材料。例如：退火钢、铸铁等。

（3）HRC 是采用 1.5kN 载荷和钻石锥压入器求得的硬度，用于硬度很高的材料。例如：淬火钢等。

洛氏硬度中 HRA、HRB、HRC 中的 A、B、C 为三种不同的标准。称为标尺 A、标尺 B 和标尺 C。洛氏硬度实验是现今所有使用的普通压痕硬度试验的一种。三种标尺的初始压力均为 98.07N，最后根据压痕深度计算硬度值。标尺 A 使用的是球锥菱形压头，然后加压至588.4N；标尺B使用的是直径为1.588mm（1/16英寸）的钢球作为压头，然后加压至980.7N；标尺C是采用钻石锥，加压至1470N，适用于较硬的材料检测。因此，标尺B适用于较软的材料检测；标尺C适用于较硬的材料检测。

3. 维氏法

维氏法用顶角136°的金刚石方形锥，在一定荷载下压入材料表面，用材料压痕凹坑单位表面积所承受的荷载值表示材料的维氏硬度HV。

8.4 钢的化学成分及晶体组织

钢材中除铁、碳两种基本化学元素外，还含有硅、锰、硫、磷、氧、氮以及一些合金元素。铁和碳在不同条件下会形成不同的晶体组织。化学成分和晶体组织是影响钢材性能的内在因素。

8.4.1 化学成分对钢材性能的影响

1. 碳（C）

碳是钢材中的重要元素，对钢材的性质有很大的影响。图8-9给出了碳含量对钢材力学性能的影响，由图中结果可知，随着含碳量增加，钢的强度和硬度增加，塑性（δ、Ψ）和韧性（α_A）下降；但当含碳量大于1.0%后，由于钢材变脆，强度反而下降。

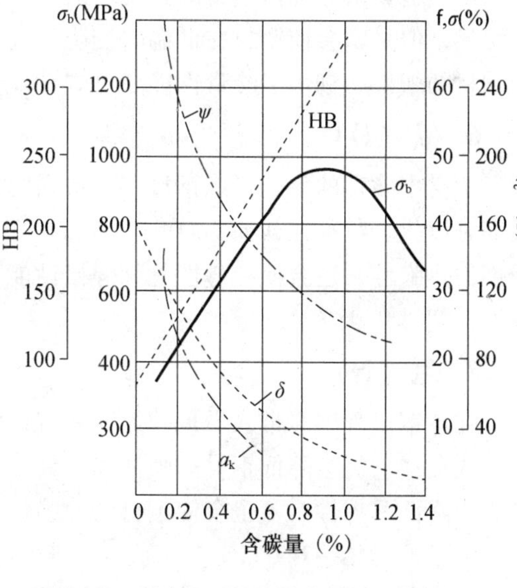

图8-9 含碳量对热轧碳素钢性能的影响

含碳量增加，还会使钢材的冷弯性能、焊接性能及耐锈蚀性能下降，并增加钢的冷脆性和时效敏感性。含碳量大于0.3%时，可焊性明显下降。

2. 硅（Si）

硅是在炼钢时为脱氧而加入的元素，它和氧的结合力大于铁与氧的结合力，所以可使有害的FeO中的氧与硅形成SiO_2而进入钢渣中。同时，硅也是钢的主要合金元素，当钢中含硅量小于1.0%时，少量的硅能显著提高钢材强度，而对塑性和韧性没有明显影响。在普通碳素钢中，硅含量一般不大于0.35%；在合金钢中，硅含量一般不大于0.55%。但是，当钢中含硅量大于1.0%时，钢的塑性和韧性会明显下降，冷脆性增加，可焊性和抗锈蚀性能下降。

3. 锰（Mn）

锰是在炼钢时为脱氧去硫而加入的，它与氧和硫的结合力大于铁与氧和硫的结合力，所以可使有害的 FeO 和 FeS 中的氧和硫分别与锰形成 MnO 及 MnS 而进入钢渣中。同时，锰也是钢的主要合金元素，锰能消除钢的热脆性，改善钢的热加工性能。当钢中含锰量为0.8% ~1.0%时可显著提高钢的强度，而几乎不降低塑性和韧性。在普通碳素钢中，锰含量一般为0.25% ~0.8%；在合金钢中，锰含量一般为0.8% ~1.7%。但是，锰含量过高，会使钢的延伸率降低，焊接性能变差。

4. 硫（S）

硫是钢材中最主要的有害元素之一，它以 FeS 的形式存在，在 800 ~1000℃时熔化，焊接或热加工时会引起裂纹，使钢材变脆，称为热脆性。热脆性严重损害了钢的可焊性和热加工性。

硫还会降低钢材的冲击韧性、耐疲劳性、抗腐蚀性等，因此一般不得超过0.055%。硫含量也是区分钢材品质的重要指标之一。

5. 磷（P）

磷是钢材的另一主要有害元素，含量一般不得超过0.045%，也是区分钢材品质的重要指标之一。

虽然适量磷可提高钢材的强度、耐磨性及耐蚀性，尤其与铜等合金元素共存时效果更为明显，但是磷会使钢材在低温时变脆，引发裂纹，这种现象称为冷脆性，它还会大大降低钢材的塑性、韧性、冷弯性能和可焊性。

6. 氧（O）

钢材中残存的氧是指炼钢过程中带入的，脱氧过程中未除尽的部分氧。钢中残存氧的大部分以化合物存在，如 FeO 等，少量溶于铁素体中。残存氧会降低钢的强度、韧性，增加钢的热脆性，还会使冷弯性能和焊接性能变差。因此，残存氧是钢中的有害元素，其含量不得超过0.05%。

7. 氮（N）

在炼钢过程中会带入少量的氮元素进入钢材中，其大部分溶于铁素体中，少量以化合物形式存在。氮会降低钢材的塑性和韧性，相应降低冷弯性能，还会增加焊接时热裂纹的形成，降低可焊性。氮也会使钢材的冷脆性及时效敏感性增加。因此，氮是钢中的有害元素，含量不得超过0.035%。

应该指出的是，适量氮会使钢的强度提高，特别是当钢中存在少量铝、钒、锆等合金元素时，氮可与它们形成氮化物，使钢的晶粒细化，改善钢的性能，这时氮不应视为有害元素。

8. 钛（Ti）

钛是合金钢中常用合金元素。它是强脱氧剂，能细化晶粒，显著提高钢的强度并改善韧性，减少时效敏感性，改善可焊性。但是，钛会使钢的塑性稍有降低。

9. 钒（V）

钒是合金钢中常用的合金元素。它能细化晶粒，有效地提高钢的强度，减少钢材时效敏感性，能促进碳化物和氮化物的形成，减弱碳和氮的不利影响。但是，钒有增加焊接时的脆硬倾向。

8.4.2　钢的晶体组织

1. 铁的同素异构现象

钢的晶体结构中铁元素的各个原子是以金属键相结合的，这是钢材具有较高强度和良好塑性的基础。铁原子在晶粒中排列的规律不同可以形成不同的晶格，如体心立方晶格是原子排列在一个正六面体的中心和各个顶点而构成的空间格子；面心立方体晶格是原子排列在一个正六面体的各个顶点和六个面的中心而构成的空间格子。这种由于温度改变导致晶格随之变化的现象称为同素异构转变；同种元素以不同晶体结构形式存在的现象叫同素异构（或同素异晶）现象。

纯铁在从液态转变为固态晶体并逐渐冷却到室温的过程中，发生两次晶格形式的转变，即 1394℃时为体心立方晶格的 δ-Fe；1394 ~ 912℃转变为面心立方晶格的 γ-Fe；912℃以下又转变为体心立方晶格的 α-Fe。

2. 钢的基本晶体组织

钢的基本成分是铁和碳，铁、碳两种元素的结合形态称为钢的晶体组织。基本的晶体组织有三种形式，即固溶体、化合物及两者之间的机械混合物。温度不同，固溶体又有铁素体和奥氏体两种形式。

温度在 727℃以下时，铁和碳合金存在的基本晶体组织有铁素体、渗碳体和珠光体三种；温度在 727℃以上时，可形成奥氏体型的铁碳固溶体。

1）铁素体

铁素体是碳溶于 α-Fe 中的固溶体。所谓固溶体是一种单相“固态溶液”。即某种金属或非金属元素为溶质，溶入另外一种金属元素溶剂的晶格中（图 8-10）。由于 α-Fe 为体心立方体晶格，原子之间的空隙小于碳原子的直径，所以碳在铁素体中的溶解度极小，室温下小于 0.05%。铁素体具有良好的塑性，但强度、硬度很低。

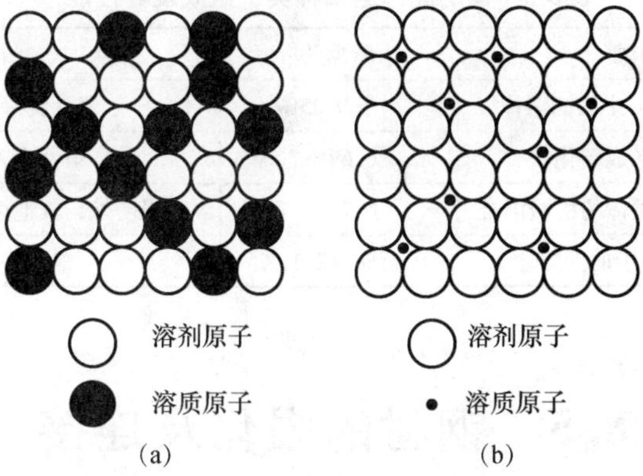

图 8-10　固溶体示意图

（a）置换固溶体；（b）间隙固溶体

2）渗碳体

渗碳体是铁与碳形成 Fe_3C 的化合物。渗碳体中含碳量极高（6.69%），故其塑性小而硬度高，伸长率 $\delta \approx 0\%$，布氏硬度 HB 可达 800。但因过于硬脆，强度值较低。

3）珠光体

珠光体是铁素体和渗碳体的机械混合物，平均含碳量为 0.77%，通常是在铁素体基体上分布着硬脆的呈层状构造的渗碳体。

珠光体的性能除强度外，介于铁素体和渗碳体之间。

4）奥氏体

奥氏体存在于 727℃以上的钢中，它是碳溶于 γ-Fe 中的固溶体。奥氏体中碳的溶解度随温度在 0.77% ~2.11%之间变化，其强度、硬度不高，但塑性好，故钢材在高温条件下容易轧制成材。

3. 晶体组织含量与含碳量的关系

如图 8-11 所示，当含碳量为 0.8%时，钢的晶体组织完全为珠光体构成；当含碳量小于 0.8%时，钢的晶体组织为铁素体和珠光体，并且随着含碳量增大，铁素体含量减小，珠光体含量增加；当含碳量大于 0.8%时，钢的晶体组织为珠光体和渗碳体，并且随着含碳量增加，珠光体减少，渗碳体增加。因此，随着含碳量增加，钢的强度提高，塑性和韧性减小的规律，与随着含碳量增加，钢的晶体组织变化规律是完全一致的。

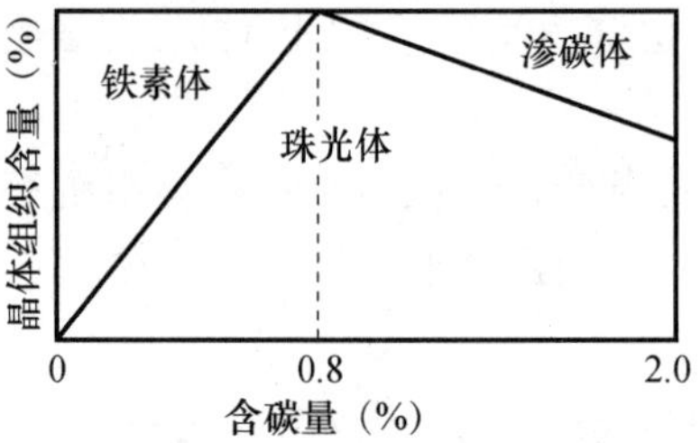

图 8-11 晶体组织相对含量与碳含量的关系

钢的晶体组织种类，各种晶体的组成、含碳量及性能比较见表 8-2。

表 8-2 钢的晶体组织种类、组成及其性能

晶体组织种类	组成	碳含量	性能
铁素体	C 溶于 α-Fe 中的固溶体	小于 0.05%	塑性良好，强度、硬度很低
渗碳体	铁与碳形成碳化铁	6.69%	塑性小，硬度高，强度低
珠光体	铁素体与渗碳体的机械混合	0.77%	除强度外，其他性能介于铁素体和渗碳体之间
奥氏体	C 在 γ-Fe 中的固溶体	0.77% ~2.11%	塑性好，强度、硬度不高

8.5 钢材的强化及连接

除了改变化学成分可以改变钢材的性能以外，在常温下对钢材进行不同形式的冷加工或用改变温度的办法对钢材进行热处理，也可以使钢材的性能发生明显变化。将能明显提高钢材强度或硬度的各种冷加工或热处理工艺过程，统称为钢的强化。

将不同的钢制工件通过适当的方法牢固地连接在一起，使其成为受力、传力整体，称为做钢材的连接。根据建筑结构形式的不同，钢材的连接可分为钢结构工程中的钢结构连接和钢筋混凝土结构工程中的钢筋连接。

本节一一介绍钢材的强化原理，以及常用的强化工艺、钢材连接方法。

8.5.1　钢材的冷加工强化及时效处理

钢材使用前，在常温条件下对其进行各种机械加工（包括冷拉、冷拔、冷轧、冷扭、刻痕等），使之产生一定的塑性变形，强度明显提高，塑性和韧性有所降低，这个过程叫做钢材的冷加工强化，或冷作硬化。冷加工的主要目的是提高屈服强度，节约钢材。

建筑工程中常用的冷加工形式有冷拉、冷拔和冷轧。以冷拉和冷拔应用最为广泛。

将冷处理后的钢材在常温下存放15～20d或在一定温度（100～200℃）下存放很短时间，则其强度会得到进一步提高，这一现象称为时效，冷处理后的钢材在常温下存放15～20d为自然时效，在一定温度下存放很短时间为人工时效，而将此过程称为时效处理。钢材的时效是普遍而长期的过程，未经冷处理的钢材同样存在时效问题，冷处理只是加速了时效发展而已。在工程应用中，冷加工和时效处理一般同时采用。应通过试验确定冷拉控制参数和时效方式。一般来讲，强度较低的钢筋宜采用自然时效，强度较高的钢筋则采用人工时效。

1. 冷拉

冷拉是建筑工程中经常采用的一种冷加工方法。将钢筋一端固定，利用冷拉设备对其另一端张拉，使其伸长。

钢筋经冷拉强化及时效处理后的应力-应变曲线如图8-12所示。图中$OBCD$为未经冷拉时的应力-应变曲线。将试件拉至超过屈服点B的K点，然后卸去荷载，由于试件已经产生塑性变形，故曲线沿KO'下降而不能回到原点。如将此试件立即重新拉伸，则新的应力-应变曲线为$O'KCD$，即以K点为新的屈服点。屈服强度得到了提高。若从K点卸荷后，不应立即重新拉伸，而将试件经过时效处理，然后重新拉伸，其应力-应变曲线为$O'KK_lC_1D_1$，即K_1点成为新的屈服点，屈服强度和极限抗拉强度得到了进一步提高。时效还可使冷拉损失的弹性模量基本恢复，硬度增加，但塑性和韧性将进一步降低。

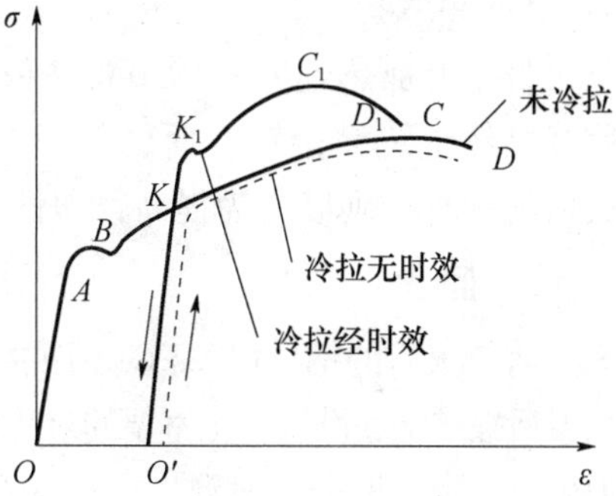

图8-12　钢筋的冷拉及失效

冷拉后屈服强度可提高15%～20%，作为钢筋混凝土中的受力主筋，可适当减小设计截面或减少配筋量，节约钢材。

冷拉可简化施工工艺，使盘条钢筋的开盘、矫直、冷拉三道工序合为一道工序；使直条钢筋的矫直、除锈、冷拉合为一道工序。

2. 冷拔

冷拔是预制构件厂经常采用的一种钢筋冷加工强化方法。它是降低碳热轧钢丝（ϕ6～8.5mm 圆盘条）从孔径略小于被拔钢丝直径的硬质拔丝模孔中强力拔出，使钢丝伸长变细的工艺过程（图 8-13）。每次冷拔断面缩小应在 10% 以下，经多次冷拔。钢筋在冷拔过程中，不仅受拉，同时还受到周围模具的挤压，因而冷拔的作用比冷拉更为强烈。经冷拔后的钢筋表面光洁度提高，屈服强度提高 40%～60%，但塑性降低较大，因而具有硬钢的性质。

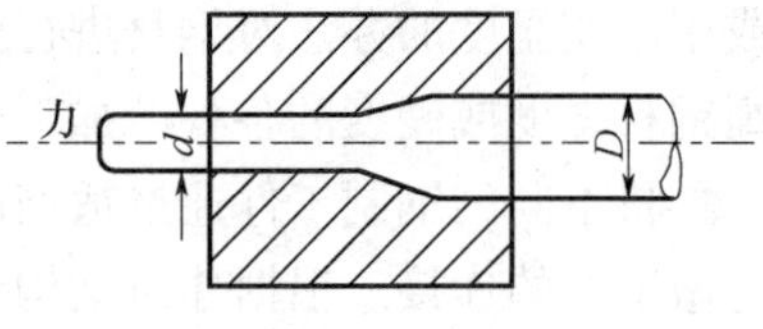

图 8-13 拔丝模

3. 冷轧

冷轧工艺在钢材加工成型中广泛使用，一般是指以热轧钢卷为原料，经酸洗去除氧化皮后，在常温状态下，通过硬质轧辊的轧制，使钢材产生连续塑性冷变形的过程。冷轧可使钢材的强度和硬度提高，但塑性和韧性则会降低。建筑钢材加工中常用的冷轧工艺则是指将热轧钢丝（圆盘条）通过硬质轧辊，在钢丝表面轧制出呈一定规律分布的轧痕，从而使其强度和硬度得到提高，但塑性和韧性有所下降的工艺过程。

8.5.2 钢材的热处理

热处理是将钢材按规定的温度制度，进行加热、保温和冷却处理，以改变其组织，得到所需要的性能的一种工艺（图 8-14）。

热处理可改变钢的晶体组织及显微结构或消除由于冷加工在材料内部产生的内应力，从而改变钢材的力学性能。常用热处理方法包括淬火、回火、退火和正火四种。

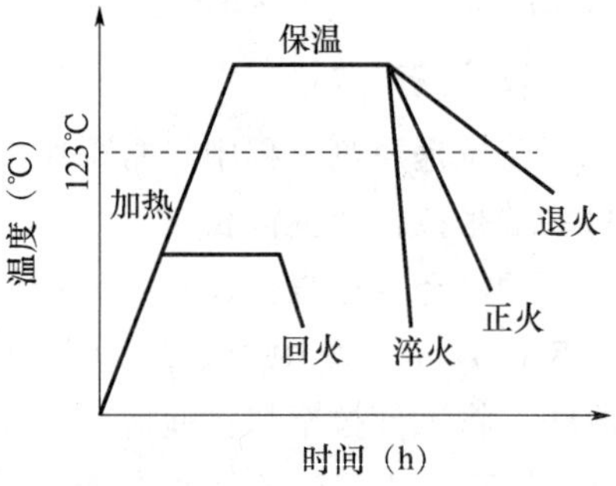

图 8-14 热加工工艺

1. 淬火

将钢材加热到 723～910℃（依含碳量而定），保温使其晶体组织完全转变后，立即在水或油中淬冷。淬火后的钢材，硬度大为提高，塑性和韧性明显下降。

2. 回火

将淬火后的钢材在 723℃以下的温度范围内重新加热，保温后按一定速度冷却至室温的过程叫回火。回火可消除淬火产生的内应力，恢复塑性和韧性，但硬度下降。根据加热温度可分为高温回火（500～650℃）、中温回火（300～500℃）和低温回火（150～300℃）。加热温度越高，硬度降低越多，塑性和韧性恢复越好。在淬火后随即采用高温回火，称为调质处理。经调质处理的钢材，在强度、塑性和韧性方面均有改善。

3. 退火

将钢材加热到 723～910℃（依含碳量而定），然后在退火炉中保温，缓慢冷却的过程称为退火。退火能消除钢材中的内应力，改善钢的显微结构，细化晶粒，以达到降低硬度、提高塑性和韧性的目的。

4. 正火

正火也称正常化处理，它是将钢材加热到723～910℃或更高温度，然后在空气中冷却的过程。正火处理后的钢材，能获得均匀细致的显微结构，与退火处理相比较，钢材的强度和硬度提高，但塑性下降。

8.5.3　钢结构连接

钢结构工程中常用的连接方法有焊接连接、铆钉连接和螺栓连接三种方式（图8-15）。其中螺栓连接又分为普通螺栓连接和高强螺栓连接。我国目前采用最多的是焊接，高强螺栓连接近年来也有了较大的发展，而铆钉连接已很少采用。

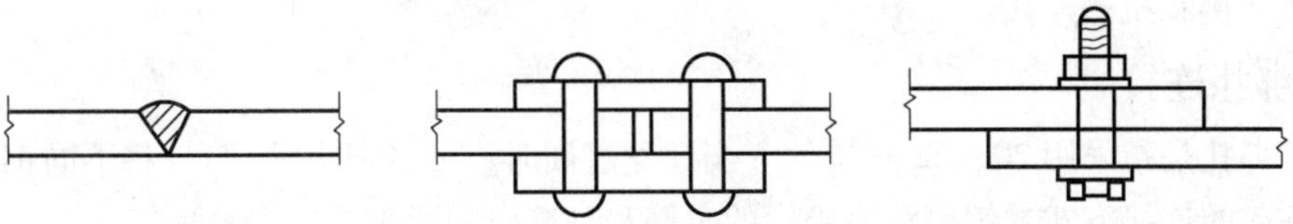

图8-15　钢结构连接方法

（a）焊接连接；（b）铆钉连接；（c）螺栓连接

1. 焊接连接

焊接连接具有不削弱构件截面，节约钢材、构造简单、加工方便、密封性好、刚度大、易采用自动化作业等优点，是目前我国钢结构的最主要连接方法。但焊接连接会使焊缝附近热影响区的材质变脆，同时在焊件中产生焊接残余应力和残余变形。由于焊接连接刚度大，对裂纹扩展很敏感，尤其对承受动荷载作用的结构更为不利，故在低温环境中结构容易发生脆性断裂。

2. 铆钉连接

铆钉连接具有良好的塑性和韧性，传力可靠，连接质量易于检查等优点，较适用于直接承受动荷载作用的结构。但铆钉连接工艺复杂，技术要求高，而且会削弱构件截面，费工费料，现在已很少采用。

3. 螺栓连接

1）普通螺栓连接

普通螺栓一般都用Q235钢制成，分为A、B和C三个等级。螺栓连接的强度不仅与材质有关，同时还与螺栓及螺孔加工精度有关。A、B级螺栓属精制螺栓，C级螺栓属粗制螺栓。螺孔根据加工精度不同，分为Ⅰ类孔和Ⅱ类孔。A、B级螺栓配用Ⅰ类螺孔，C级螺栓配用Ⅱ类螺孔。Ⅰ类螺孔的孔径比螺栓直径大0.3～0.5mm，Ⅱ类螺孔的孔径比螺栓直径大1.0～1.5mm。

2）高强螺栓连接

高强螺栓有8.8级和10.9级两种。8.8级螺栓采用45号或35号钢制成。10.9级螺栓采用40B钢、35VB钢、20MnTiB钢制成。螺帽和垫圈可用45号或35号钢经热处理制成。级别代号中，小数点前的数字是螺栓材料经热处理后的最低抗拉强度，小数点后的数字是材料的屈强比（σ_s/σ_b）。如8.8级螺栓最低抗拉强度为800MPa，$\sigma_s/\sigma_b=0.80$。

高强螺栓连接按传力方式可分为摩擦型和承压型两种。摩擦型螺栓适用于大型桥梁、高层钢结构和其他直接承受动荷载作用的重型钢结构连接中；承压型螺栓目前仅用于承受静荷载或间接承受动荷载结构的连接中。

8.5.4 钢筋连接

钢筋连接是指钢筋的接长和固定相互交叉钢筋位置的方式。钢筋的连接方法有绑扎连接、焊接连接和机械连接。

1. 绑扎连接

钢筋绑扎是指采用20～22号铁丝（当铁丝过硬时，可经退火处理），将不同钢筋牢固捆绑在一起的连接方式。钢筋混凝土中的主筋和箍筋之间通常采用绑扎连接。

2. 焊接连接

钢筋的焊接连接方法包括电弧焊、电渣压力焊、闪光对焊、电阻点焊、气压焊、埋弧压力焊等，但最常用的焊接连接方法为电弧焊、闪光对焊和电渣压力焊。

电弧焊又叫焊条电弧焊，它是利用电弧放电所产生的热量将焊条与工件相互熔化在一起并经冷凝形成焊缝，从而获得牢固焊接的过程。该种连接轻便、灵活，可用于平、立、横、仰等各种方位的钢筋焊接，适应性强，应用范围广。

闪光对焊是将两个钢筋安放成对接形式，利用焊接电流通过对接点接触电阻产生高热量使金属熔化，迅速施加顶压力将对接钢筋压焊在一起，焊接过程中伴有飞溅、闪光现象。闪光对焊质量好，效率高，可变段料长用，节省钢筋，适用于ϕ10～40mm的Ⅰ、Ⅱ、Ⅲ级热轧钢筋及ϕ10～40mm的余热处理Ⅲ级钢筋的对接连接。

电渣压力焊是将两钢筋安放成竖向对接形式，利用焊接电流通过渣池在焊剂层下产生电弧热和电阻热，熔化钢筋，迅速加压将钢筋压焊在一起。电渣压力焊接效率高、成本低，适用于现浇混凝土结构中柱、墙等竖向或斜向的ϕ14～40mm的HPB235、HRB335级竖向或斜向钢筋的连接。

1）钢筋焊接应注意的问题

当对钢筋焊接实施时，在很短时间内焊接区会达到很高的温度使局部金属熔融，由于金属的高传热性，被焊接区域焊接后又急速冷却，所以焊接往往伴随着急剧的膨胀、收缩，使焊区产生内应力及组织变化，影响焊接头性能。正确选择焊接方法、控制焊接工艺参数都将直接影响到焊接质量。钢筋焊接特别应注意的问题如下：

（1）冷拉钢筋的焊接应在冷拉之前进行。冷拉过程中，如在焊接的接头处发生断裂时，可切除热影响区后（每边长度按0.75倍钢筋直径计算），再焊再拉。

（2）钢筋焊接之前，必须清除焊接部位的铁锈、熔渣、油污等；钢筋端部的扭曲、弯折应予以矫直或切除。

（3）应尽量避免不同国家的进口钢筋之间或进口钢筋与国产钢筋之间的焊接，因为不同国家的钢筋的可焊性不同，若焊接工艺不当容易影响焊接质量。如需进行这些钢筋之间焊接，必须经过试验，合格后方准焊接。

（4）严禁在钢筋的非焊接部位上打火和电弧点焊，否则由于冷却速度快会产生淬硬现象而降低钢材的塑性，甚至使用中发生脆断事故，对含碳量较高的钢材危害更大。

2）钢筋焊接接头的质量要求

（1）电弧焊接头的质量要求主要是抗拉强度。应从每批成品中切取 3 个接头进行拉伸试验。3 个试件的抗拉强度均不得低于该级别钢筋规定的抗拉强度值，且 3 个接头均应断于焊缝之外，并至少有 2 个试件呈塑性断裂。若有 1 个试件的抗拉强度低于规定指标，或有 2 个试件发生脆性断裂时，应再取 6 个试件进行复验。复验结果若仍有 1 个试件的抗拉强度低于规定指标，或有 1 个试件断于焊缝，或有 3 个试件呈脆性断裂时，则该批接头即为不合格品。

（2）闪光对焊接头的质量要求包括抗拉强度和弯曲性能。应从每批成品中切取 6 个试件，3 个进行拉伸试验，3 个进行弯曲试验。拉伸试验时，每 1 个试件的抗拉强度均不得低于该级别钢筋的规定抗拉强度值；至少有 2 个试件断于焊缝之外，并呈塑性断裂。当有 1 个试件的抗拉强度低于规定指标，或有 2 个试件在焊缝或热影响区发生脆性断裂时，应再取 6 个试件进行复验。复验结果，若仍有 1 个试件的抗拉强度低于规定指标，或有 3 个试件呈脆性断裂，则该批接头即为不合格品。弯曲试验时，使焊缝处于弯曲的中心点，预先去除受压面的金属毛刺和镦粗变形部分，按照规定的弯心直径将试件弯曲 90°时，至少有 2 个试件不得断裂。当有 2 个试件未达到上述要求，应再取 6 个试件进行复验，若仍有 3 个试件不符合要求，该批接头即为不合格品。

（3）电渣压力焊接头的质量要求主要是抗拉强度。应从每批成品中切取 3 个接头进行拉伸试验。3 个试件的抗拉强度均不得低于该级别钢筋规定的抗拉强度值，若有 1 个试件的抗拉强度低于规定指标，应再取 6 个试件进行复验。复验结果若仍有 1 个试件的抗拉强度低于规定指标，则该批接头即为不合格品。

3. 机械连接

钢筋机械连接是通过连接件的直接或间接机械啮合作用或钢筋端面的承压作用，将一根钢筋中的力传递到另一根钢筋的连接方式。该种连接具有施工简单、工艺性能好、接头质量可靠、不受钢筋焊接性能的制约，可全天候施工，节约钢材和能源等优点。

1）钢筋机械连接种类

常用的钢筋机械连接类型包括：挤压套筒连接、锥螺纹套筒连接、直螺纹套筒连接等。

（1）挤压套筒连接。它是将需要连接的带肋钢筋，插于特制的钢套筒内，利用挤压机压缩套筒，使之产生塑性变形，靠变形后的钢套筒与带肋钢筋之间的紧密啮合来实现钢筋的连接（图 8-16）。该种连接的接头性能好，适用于 $\phi16\sim40$mm 的Ⅱ、Ⅲ级带肋钢筋的连接。

（2）螺纹套筒连接。该类连接又分为锥螺纹套筒连接和直螺纹套筒连接两种，前者是把钢筋的连接端加工成锥形螺纹（简称丝头），通过锥螺纹连接套把两根带丝头的钢筋，

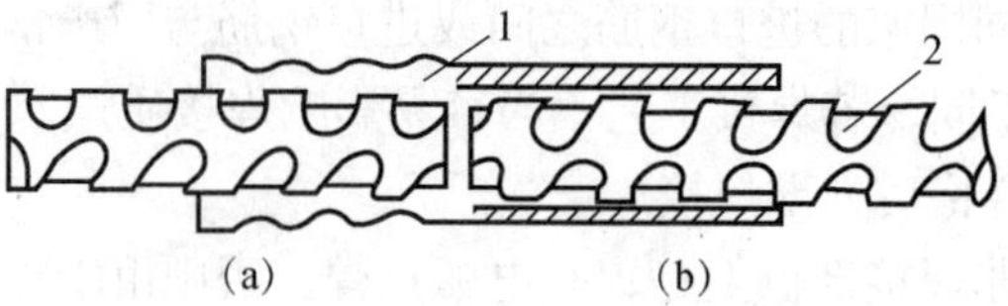

图 8-16　钢筋挤压套筒连接

(a) 已挤压部分；(b) 未挤压部分

1—钢套筒；2—带肋钢筋

按规定的力矩值连接成一体，如图 8-17 (a) 所示；后者是把钢筋的连接端加工成直形螺纹，通过直螺纹连接套把两根带丝头的钢筋，按规定的力矩值连接成一体，如图 8-17 (b) 所示。螺纹套筒连接工艺性能好、效率高，不受钢筋是否带肋的限制，适用于 ϕ16 ~ 40mm 的Ⅱ、Ⅲ级钢筋的竖向、斜向级水平相的连接。

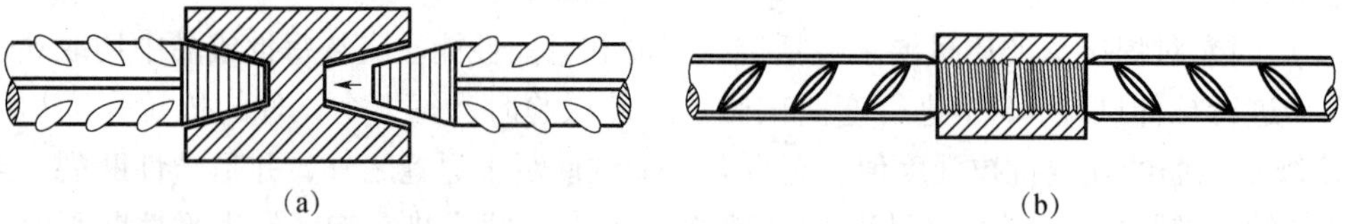

图 8-17　钢筋螺纹套筒连接

(a) 锥螺纹连接；(b) 直螺纹连接

2) 钢筋机械连接质量等级

一般情况下，钢筋机械连接接头根据静力单向拉伸性能及高应力、大变形条件下反复拉、压性能的差异，将钢筋机械连接分为下列三个质量等级：

A 级：接头抗拉强度达到或超过母材抗拉强度标准值，并具有高延性及反复拉压性能。用于混凝土结构中要求充分发挥钢筋强度或对接头延性要求较高的部位。挤压套筒连接质量完全能达到 A 级标准要求；螺纹套筒连接质量可以达到 A 级标准要求。

B 级：接头抗拉强度达到或超过母材抗拉强度标准值的 1.35 倍，具有一定的延性及反复拉压性能。用于混凝土结构中，钢筋受力小或对接头延性要求不高的部位。

C 级：接头仅能承受压力。用于非抗震设防和不承受动力荷载的混凝土结构中，钢筋只承受压力的部位。

8.6　钢材的技术标准及选用

建筑工程中使用的钢材主要分为钢结构用钢和钢筋混凝土结构用钢两大类。

8.6.1　常用钢结构用钢

钢结构用钢主要有碳素结构钢、优质碳素结构钢与低合金结构钢。

1. 碳素结构钢

碳素结构钢原称普通碳素结构钢，是钢铁生产中产量最大、品种最多和用途最广的钢类，是工程结构的主要原材料。碳素结构钢中只含有铁、碳、硅、锰及杂质元素磷和硫，不含任何其他有意添加的合金元素。

1）钢牌号表示方法、代号和符号

根据国家标准《碳素结构钢》GB/T 700—2006 规定，碳素结构钢分为 Q195、Q215、Q235 和 Q275 等四种牌号。牌号由代表钢材屈服强度的字母“Q”、屈服强度数值、质量等级符号和脱氧程度符号等四个部分按顺序组成。其中，质量等级按冲击韧性划分为 A、B、C 和 D 四个等级。A 级为不要求冲击韧性，B 级为要求 +20℃ 冲击韧性，C 级为要求 0℃ 冲击韧性，D 级为要求 -20℃ 冲击韧性。根据冶炼时脱氧程度分为沸腾钢和镇静钢两类。其中，沸腾钢用“沸”字汉语拼音首位字母“F”表示；镇静钢用“镇”字汉语拼音首位字母“Z”表示；特殊镇静钢用“特镇”两字汉语拼音首位字母“TZ”表示。镇静钢或特殊镇静钢的“Z”与“TZ”可以省略。

例如，Q235AF 表示屈服强度不小于 235MPa，质量等级为 A 级的沸腾碳素结构钢；Q235A 则表示屈服强度不小于 235MPa，质量等级为 A 级的镇静或特殊镇静碳素结构钢。

2）技术要求

碳素结构钢的力学性能（包括拉伸、冲击韧性和弯曲性能等）应分别符合表 8-3 和表 8-4 中的规定。

表 8-3　碳素结构钢的拉伸和冲击性能（GB/T 700—2006）

牌号	等级	拉伸性能												冲击试验（V 型缺口）	
		屈服强度 σ_s（MPa），不小于						抗拉强度 R_m（MPa）	断后伸长率 δ（%），不小于						
		厚度（或直径）（mm）							厚度（或直径）（mm）					温度（℃）	冲击吸收功（纵向）（J）不小于
		≤16	16～40	40～60	60～100	100～150	150～200		≤40	40～60	60～100	100～150	150～200		
Q195	—	195	185	—	—	—	—	315～430	33	—	—	—	—	—	—
Q215	A	215	205	195	185	175	165	335～450	31	30	29	27	26	—	—
	B													+20	27
Q235	A	235	225	215	215	195	185	370～500	26	25	24	22	21	—	—
	B													+20	27
	C													0	
	D													-20	
Q275	A	275	265	255	245	225	215	410～540	22	21	20	18	17	—	—
	B													+20	27
	C													0	
	D													-20	

表 8-4　碳素结构钢的冷弯试验（GB/T 700—2006）

牌号	试样方向	冷弯试验 180° $B=2a$ 钢材厚度或直径（mm）<60 弯心直径 d	冷弯试验 180° $B=2a$ 钢材厚度或直径（mm）60~100 弯心直径 d
Q195	纵	0	—
	横	$0.5a$	
Q215	纵	$0.5a$	$1.5a$
	横	a	$2a$
Q235	纵	a	$2a$
	横	$1.5a$	$2.5a$
Q275	纵	$1.5a$	$2.5a$
	横	$2a$	$3a$

从表 8-3 和表 8-4 中可以看出，牌号越大，其含碳量越高，强度和硬度也越高，但伸长率、冲击韧性等塑性和韧性指标越低。其具体特点和应用如下：

（1）Q195 和 Q215 钢强度低，塑性和韧性好，易于冷弯加工，常用作钢钉、铆钉、螺栓及钢丝等。

（2）Q235 号钢含碳量为 0.14% ~0.22%，属于低碳钢，具有较高的强度，良好的塑性、韧性和可焊性，能满足一般钢结构和钢筋混凝土结构用钢的要求，加之冶炼方便，成本较低，所以应用十分广泛。其中，Q235A 级钢一般仅适用于承受静载荷作用的结构，Q235B 和 Q235C 级钢可用于重要的焊接结构。另外，由于 Q235D 级钢含有足够的形成细晶粒结构的元素，同时对硫、磷有害元素控制严格，故其冲击韧性好，有较强的抵抗振动、冲击荷载能力，尤其适用于负温条件。

（3）Q275 号钢，强度高但塑性和韧性较差，可焊性也差，不易焊接和冷弯加工，可用于轧制钢筋、作螺栓配件等，更多地用于机械零件和工具等。

2. 优质碳素结构钢

优质碳素结构钢是较大的基础钢类，其硫和磷含量较低、钢质纯洁度较高，既要保证化学成分，又要保证力学性能。这类钢的碳含量在 0.05% ~0.90% 之间，包括低碳钢、中碳钢和高碳钢，钢中除含有碳、锰、硅，以及冶炼过程中不能完全清除的硫、磷等有害杂质和一些残余元素外，不含其他合金元素。

按国家标准《优质碳素结构钢》GB/T 699—2015 的规定，根据其含锰量不同可分为：普通含锰量钢（含锰量为 0.25% ~0.80%，共 20 个牌号）和较高含锰量钢（含锰量 0.70% ~1.20%，共 11 个牌号）两组。优质碳素结构钢一般以热轧状态供应，硫、磷等杂质含量比普通碳素钢少，其他缺陷限制也较严格，所以性能好，质量稳定。

优质碳素结构钢的钢号用两位数字表示，它表示钢中平均含碳量的万分数。如 45 号钢，表示钢中平均含碳量为 0.45%。数字后若有“锰”字或“Mn”，则表示属于较高含锰量钢，否则为普通含锰量钢。如35Mn钢，表示平均含碳量为0.35%，含锰量为0.70%～1.20%。若是沸腾钢，还应在钢号后面加写“沸”（或“F”）。

优质碳素结构钢成本较高，建筑上应用不多，仅用于重要结构的钢铸件及高强度螺栓等。如用30、35、40及45号钢作高强度螺栓，45号钢还常用作预应力钢筋的锚具。65、70、75和80号钢可用来生产预应力混凝土用的碳素钢丝、刻痕钢丝和钢绞线。

3. 低合金结构钢

加入总量小于5%的合金元素炼成的钢，称为低合金高强度结构钢，简称低合金结构钢。低合金结构钢规定的最小屈服强度高于275MPa，最高可达1035MPa。这类钢是在碳素钢的基础上通过加入少量合金元素以使其热轧或热处理状态下除具有高的强度外，还具有韧性、焊接性能、成形性能和耐腐蚀性能等综合性能良好的特性。常用的合金元素有硅（Si）、锰（Mn）、钛（Ti）、钒（V）、铬（Cr）、镍（Ni）、铜（Cu）等。

1）牌号及表示方法

按照国家标准《低合金高强度结构钢》GB/T 1591—2008规定，低合金高强度结构钢有Q345、Q390、Q420、Q460、Q500、Q550、Q620和Q690八种牌号。牌号由代表钢材屈服强度的字母“Q”、屈服强度数值、质量等级三个部分按顺序组成。其中，质量等级按冲击韧性划分为A、B、C、D和E五个等级。A级为不要求冲击韧性，B级为要求+20℃冲击韧性，C级为要求0℃冲击韧性，D级为要求-20℃冲击韧性，E级为要求-40℃冲击韧性。

例如：Q500A，表示屈服强度为不小于500MPa，质量等级为A级的低合金结构钢。

2）技术要求

低合金高强度结构钢的力学性能应符合国家标准《低合金高强度结构钢》中表6、表7和表8中的规定。

3）低合金结构钢的特性和应用

低合金结构钢的含碳量均小于或等于0.2%，有害杂质少，质量较高且稳定，具有良好的塑性、韧性与适当的可焊性。另外，由于合金元素的细晶强化作用和固溶强化作用，使低合金高强度结构钢与碳素结构钢相比，低合金钢的力学性能远高于普通碳素钢。例如，钢结构的常用牌号Q345级钢与碳素结构钢Q235相比，低合金高强度结构钢Q345的强度更高，等强度代换时可以节省钢材15%～25%。因此采用低合金结构钢可以减轻结构自重，减小跨度，节约钢材，经久耐用，特别适合于高层建筑或大跨度结构，是结构钢的发展方向。

8.6.2　常用钢筋混凝土结构用钢

钢筋混凝土中混凝土和钢筋之间有较大的握裹力，能牢固啮合在一起。钢筋抗拉强度高、塑性好，放入混凝土中很好地改善混凝土的脆性，扩展混凝土的应用范围，同时混凝土的碱性环境又很好地保护了钢筋，使其免于受到外界环境的腐蚀。按生产方式不同，钢筋混凝土结构用钢可分为热轧钢筋、热处理钢筋、冷拉钢筋、冷轧带肋钢筋、冷轧扭钢筋、冷拔低碳钢丝、预应力钢丝与钢绞线等多种。

钢筋混凝土用钢筋的直径通常为8～40mm，小于8mm者为钢丝。

1. 热轧钢筋

根据表面特征不同，热轧钢筋分为光圆钢筋、带肋钢筋。根据强度的高低，热轧钢筋又分为不同的强度等级，各强度等级热轧钢筋的技术标准见表 8-5。

表 8-5　钢筋混凝土用热轧钢筋的力学性能（GB 1499. 1—2008 和 GB 1499. 2—2007）

表面形状	牌号	公称直径（mm）	屈服强度 σ_s（MPa）	抗拉强度 σ_b（MPa）	伸长率 δ（%）	冷弯 d 弯心直径 a 钢筋公称直径
			不小于			
光圆	HPB235	6 ~ 22	235	370	25	180° $d=a$
	HPB300	6 ~ 22	300	420	25	180° $d=a$
带肋	HRB335	6 ~ 25	335	455	17	180° $d=3a$
		28 ~ 40				180° $d=4a$
		40 ~ 50				180° $d=5a$
	HRB400	6 ~ 25	400	540	16	180° $d=4a$
		28 ~ 40				180° $d=5a$
		40 ~ 50				180° $d=6a$
	HRB500	6 ~ 25	540	630	15	180° $d=6a$
		28 ~ 40				180° $d=7a$
		40 ~ 50				180° $d=8a$

根据国家标准《钢筋混凝土用钢第 1 部分：热轧光圆钢筋》GB 1499. 1—2008 的规定，强度等级代号分别为 HPB235 和 HPB300。HPB 是英文 Hot rolled Plain Bars 的缩写，235 和 300 表示强度特征值（MPa）。所谓特征值是指在无限多次的检验中，与某一规定概率相对应的分位值。光圆钢筋的强度低，但塑性和焊接性能好，便于各种冷加工，故广泛用作小型钢筋混凝土结构中的主要受力钢筋以及各种钢筋混凝土结构中的构造筋。

与热轧光圆钢筋相比较，热轧带肋钢筋表面有两条纵肋，并沿长度方向均匀分布有牙形横肋，如图 8-18 所示。根据国家标准《钢筋混凝土用钢第 2 部分：热轧带肋钢筋》GB 1499. 2—2007 的规定，强度等级代号分别为 HRB335、HRB400 和 HRB500。HRB 是英文 Hot rolled Ribbed Bars 的缩写，335、400 和 500 表示屈服强度特征值（MPa）。热轧带肋钢筋的强度较高，塑性和焊接性能较好，广泛用于钢筋混凝土结构的受力筋。

(a)　　(b)

图 8-18　带肋钢筋外形图

（a）月牙肋；（b）等高肋

2. 冷拔低碳钢丝

冷拔是将直径为 6.5 ~ 8mm 的钢丝，通过拔丝机上钨合金制成的硬质拔丝模孔，拔制成直径在 5mm 以下的钢丝的加工过程。拔制一次可减小直径 0.5 ~ 1.0mm，可根据所需钢丝直径拔制不同次数。但是，冷拔虽使强度大幅度提高（40% ~ 60%），塑性和韧性却明显下降，拔制次数越多程度越甚。冷拔一般以 Q235 或 Q215 低碳钢盘条为原材料。主要用于中、小型预应力构件生产，也可绞捻成钢绞线以扩大应用范围。

冷拔低碳钢丝分为甲、乙两级。甲级钢丝主要用于预应力筋，乙级钢丝用于焊接网片、骨架、箍筋等。原材料质量及冷拔工艺条件对冷拔低碳钢丝质量有显著影响，因而其强度及塑性指标往往均匀性较差，离散性较大，使用中应予注意。

3. 预应力混凝土用钢丝与钢绞线

对于大型预应力混凝土构件，由于受力很大，常采用高强度钢丝或钢绞线作为主要受力筋。预应力混凝土用钢丝牌号为 60 ~ 80 号的优质碳素钢盘条，经酸洗、冷拉或冷拉再回火等工艺制成，故分为冷拉钢丝与消除应力钢丝两种供货名称。为了增加钢丝与混凝土间的握裹力，还可在碳素钢丝表面压痕，制成刻痕钢丝（图 8-19）。钢绞线是用 2 根、3 根或 7 根 2.5 ~ 5.0mm 的高强度钢丝，经绞捻后再经一定热处理消除内应力而制成的（图 8-20）。

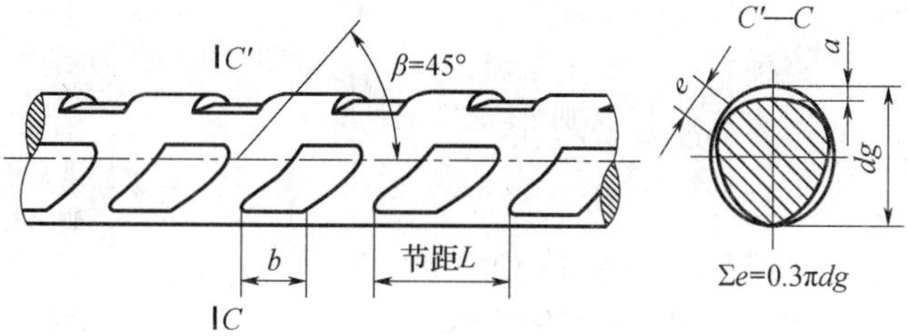

图 8-19 刻痕钢丝外形

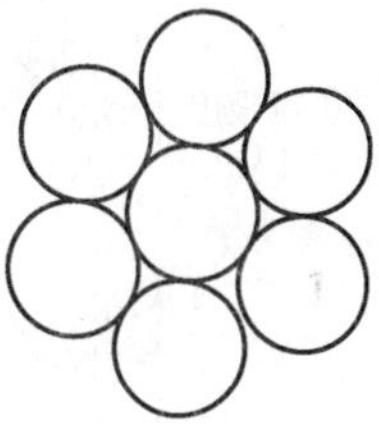

图 8-20　钢绞线断面（7 根）

1）预应力混凝土用钢丝

根据国家标准《预应力混凝土用钢丝》GB/T 5223—2014 规定，钢丝按照加工状态可分为冷拉钢丝和消除应力钢丝两类，钢丝按外形分为光圆、螺旋肋和刻痕三种。这些预应力混凝土钢丝主要用作桥梁、电杆、轨枕、吊车梁的预应力钢丝。标准规定冷拉钢丝、消除应力钢丝和消除应力刻痕钢丝的力学性能应分别符合表 8-6、表 8-7 和表 8-8 中的规定。

2）钢绞线

钢绞线力学性能应符合《预应力混凝土用钢绞线》GB/T 5224—2014 的规定，参见表 8-9。

这些产品均属预应力混凝土专用产品，具有强度高、安全可靠、柔性好、与混凝土握裹力强等特点，主要用于薄腹梁、吊车梁、电杆、大型屋架、大型桥梁等预应力混凝土结构中。

表 8-6 冷拉钢丝的力学性能（GB/T 5223—2014）

公称直径 d_n（mm）	抗拉强度 σ_b（MPa）不小于	规定非比例伸长应力 $\sigma_{p0.2}$（MPa）不小于	最大力下总伸长率 δ_{gt}（%）（L_0 = 200mm）不小于	弯曲次数（次/180°）不小于	弯曲半径 R（mm）	断面收缩率 φ（%）不小于	每 210mm 扭矩的扭转次数（n）不小于	初始应力相当于 70% 公称抗拉强度时，100h 后应力松弛率 r(%)不大于
3	1470 1570 1670 1770	1100 1180 1250 1330	1.5	4	7.5	—	—	8
4				4	10	35	8	
5				4	15		8	
6	1470 1570 1670 1770	1100 1180 1250 1330		5	15	30	7	
7				5	20		6	
8				5	20		5	

表 8-7 消除应力钢丝的力学性能（GB/T 5223—2014）

公称直径 d_n（mm）	抗拉强度 σ_b（MPa）不小于	规定非比例伸长应力 $\sigma_{p0.2}$（MPa）不小于		最大力下总伸长率 δ_{gt}（%）（L_0 = 200mm）不小于	弯曲次数（次/180°）不小于	弯曲半径（mm）	应力松弛性能		
							初始应力相当于公称抗拉强度的百分数（%）	1000h 后应力松弛率 r（%）不大于	
		低松弛钢丝	普通松弛钢丝					低松弛钢丝	普通松弛钢丝
							对所有规格		
4.00	1470 1570 1670 1770 1860	1290 1380 1470 1560 1640	1250 1330 1410 1500 1580	3.5	3	10	60 70 80	1.0 2.0 4.5	4.5 8 12
4.80					4	15			
5.00									
6.00	1470 1570 1670 1770	1290 1380 1470 1560	1250 1330 1410 1500		4	15			
6.25					4	20			
7.00					4	20			
8.00	1470 1570	1290 1380	1250 1330		4	20			
9.00					4	25			
10	1470	1290	1250		4	25			
12					4	30			

表 8-8　消除应力刻痕钢丝的力学性能（GB/T 5223—2014）

公称直径 d_n（mm）	抗拉强度 σ_b（MPa）不小于	规定非比例伸长应力 $\sigma_{p0.2}$（MPa）不小于		最大力下总伸长率 δ_{gt}（%）（$L_0=200mm$）不小于	弯曲次数（次/180°）不小于	弯曲半径（mm）	应力松弛性能		
							初始应力相当于公称抗拉强度的百分数（%）	1000h 后应力松弛率 r（%）不大于	
		低松弛钢丝	普通松弛钢丝					低松弛钢丝	普通松弛钢丝
							对所有规格		
≤5.0	1470	1290	1250	3.5	3	15	60	1.5	4.5
	1570	1380	1330				70	2.5	8
	1670	1470	1410				80	4.5	12
	1770	1560	1500						
	1860	1640	1580						
>5.0	1470	1290	1250			20			
	1570	1380	1330						
	1670	1470	1410						
	1770	1560	1500						

表 8-9　部分钢绞线的力学性能（GB/T 5224—2014）

钢绞线结构	钢绞线公称直径 D_n（mm）	抗拉强度 σ_b（MPa）不小于	整根钢绞线的最大力 F_m（kN）不小于	规定非比例延伸力 $F_{p0.2}$（kN）不小于	最大力总伸长率（$L_0 \geq 500mm$）不小于	应力松弛性能	
						初始负荷相当于公称最大力的百分数（%）	1000h 后应力松弛率 r 不大于
1×7	12.70	1720	170	153	对所有规格	对所有规格	对所有规格
		1860	184	166	3.5	60	1.0
		1960	193	174		70	2.5
	15.20	1470	206	185			
		1570	220	198			
		1670	234	211			
		1720	241	217			
		1860	260	234			
		1960	274	247			
	17.8	1720	327	294			
		1860	353	318			

8.7　钢材的腐蚀与防腐

钢材长期暴露于空气或潮湿环境中将产生锈蚀，尤其是空气中含有污染成分时，腐蚀更为严重。腐蚀不仅使钢结构有效断面减小，浪费大量钢材，而且会形成程度不等的锈坑、锈斑，造成应力集中，加速结构破坏。若受到冲击荷载、反复交变荷载作用时情况更为严重，甚至出现脆性断裂。

影响钢材锈蚀的主要因素是环境湿度、侵蚀性介质数量、钢材材质及表面状况等因素。

8.7.1 钢材腐蚀的类型

钢材腐蚀分为化学腐蚀和电化学腐蚀两类。

1. 化学腐蚀

钢材的化学腐蚀是由于大气中的 O_2、CO_2或工业废气中的 SO_2、Cl_2、H_2S 等与钢材表面作用引起的。化学腐蚀多发生在干燥的空气中，可直接形成锈蚀产物（如疏松的氧化铁等）。化学腐蚀一般进展比较缓慢，先使光泽减退进而颜色发暗，腐蚀逐步加深，但在温度和湿度较高的条件下，化学腐蚀发展很快。

2. 电化学腐蚀

电化学腐蚀的基本特征是由于金属表面发生了原电池反应而产生腐蚀。钢材属铁碳合金，其中还含有其他元素或晶体组织，这些元素或晶体组织的电极电位不同，如铁的电极电位为 -0.44，锰的电极电位为 -1.10，铁素体的电极电位低于渗碳体的电极电位。电极电位越低，越容易失去电子。钢材处于潮湿空气中时，由于吸附作用，钢材表面将覆盖一层薄的水膜，当水中溶入 SO_3、Cl_2、灰尘等即成为电解质溶液，这样就在钢材表面形成了无数微小的原电池，如铁素体和渗碳体在电解质溶液中变成了原电池的两极：铁素体活泼，易失去电子，成为阳极，渗碳体成为阴极。铁素体失去的电子通过电解质溶液流向阴极，在阴极附近与溶液中的 H^+离子结合成为氢气而逸出，O_2与电子结合形成的 OH^-离子再与 Fe^{2+}离子结合形成氢氧化亚铁而锈蚀。

阴极：$2H^+ + 2e \rightarrow H_2\uparrow$　　　　阳极：$2(OH)^- + Fe^{2+} \rightarrow Fe(OH)_2$

$Fe(OH)_2$进一步氧化为 $Fe(OH)_3$，其脱水产物 Fe_2O_3是红褐色铁锈的主要成分。

电化学腐蚀是最主要的钢材腐蚀形式。钢材表面污染、粗糙、凹凸不平、应力分布不均、元素或晶体组织之间的电极电位差别较大以及提高温度或湿度等均会加速电化学腐蚀。

8.7.2 防止腐蚀的措施

从以上对钢材腐蚀原因的分析可知，欲防止钢材的腐蚀，可采取以下三种措施：

1. 保护膜防腐

为使金属与周围介质隔离，既不产生氧化锈蚀反应，也不形成腐蚀性原电池，可在钢材表面涂刷各种防锈涂料、搪瓷、塑料以及喷镀锌、铜、铬、铅等防护层。

2. 电化学防腐

电化学防腐包括阳极保护和阴极保护，主要用于不易或无法涂敷保护层的钢结构或钢构件等处，如蒸汽锅炉、地下管道、港工结构等。

阳极保护是在钢结构附近安放一些废钢铁或其他难熔金属，如高硅铁、铅银合金等，外加直流电源（可用太阳能电池）：将负极接在被保护的钢结构上，正极接在难熔的金属上。通电后难熔金属成为阳极而被腐蚀，钢结构成为阴极得到了保护。阳极保护也称外加电流保护法。

阴极保护是在被保护的钢结构上接一块较钢铁更为活泼（电极电位更低）的金属如锌、镁，使锌、镁成为腐蚀电池的阳极被腐蚀，钢结构成为阴极得到了保护。

3. 选用合金钢

钢材冶炼中加入一些具有耐腐蚀能力的合金元素，如铬、镍、钛、铜等，可明显提高其防腐蚀能力。如在低碳钢或合金钢中加入适量铜，给铁合金中加入 17% ~20% 的铬、7% ~10% 的镍，可制成不锈钢。

钢筋混凝土工程中大量应用的钢筋，由于水泥水化产生大量 $Ca(OH)_2$，pH 值常达 12 以上，可在钢筋表面形成钝化膜，隔离有害介质，保护钢筋不锈蚀。随着混凝土的碳化逐渐深入，pH 值下降，钢筋表面钝化膜遭到破坏，此时若具备了潮湿、供氧条件，钢筋将产生电化学腐蚀。

在实际工程中，混凝土中钢筋的防锈，首先，通过严格控制混凝土保护层的厚度，以保证设计年限内混凝土碳化深度不会到达钢筋表面；其次，控制混凝土的最大水灰比和最小水泥用量，以保证混凝土具有较高的密实度，减缓碳化进程；再次，严格限制混凝土用原材料中的氯离子含量并掺用阻锈剂等外加剂，以延迟混凝土中钢筋的脱钝时间，从而有效地阻止钢筋锈蚀。

8.8 铝及铝合金

建筑工程中除了大量使用钢材外，铝及铝合金也被广泛应用于装饰装修工程及轻型结构。尤其是铝合金，因为具有轻质高强、不锈蚀、易着色、易加工等优点，同时具有独特的装饰效果，使其具有广阔的发展前景。

8.8.1 铝及铝合金

铝在自然界以化合物的形式存在。铝矾土是提炼铝的主要原料。从化学元素来讲，铝在地壳中的含量为 8.13%，仅次于氧和硅，居第三位，自然资源极为丰富。

纯铝为银白色轻金属，密度为 $2.70g/cm^3$，是钢材的 1/3，熔点低，仅为 660℃。铝的化学性质活泼，易与氧化合形成氧化铝膜，使铝具有一定的耐腐蚀性。其强度、硬度较低，（$\sigma_b = 80 \sim 100MPa$，$HB = 17 \sim 44$），塑性好（$\delta_{10} = 40\%$，$\psi = 80\%$）。

铝的电极电位较低，如与高电极电位的金属接触并有电解质存在时，会形成原电池反应，引起电化学腐蚀。因此，铝合金门窗等铝合金制品的连接件，应采用不锈钢件。

纯铝还可压延成极薄的铝箔（0.006 ~0.025mm），它具有极高的反射率（87% ~97%），是理想的绝热、装饰、隔蒸汽材料。另外，铝还可作为涂料的银色填料或生产加气剂的主要原料。

为了提高铝的强度等力学性质，可加入镁、锰、硅、铜等合金元素，形成铝合金。铝合金已在现代建筑中广泛应用，如用作梁、柱、屋架等结构材料；用作幕墙、门窗、外墙板、屋面板等装修材料。

铝及铝合金的主要缺点是弹性模量低，只有钢材的1/3，热膨胀系数大，约为钢材的2倍，因此铝合金刚度较低，温度变形较大，在结构设计中应予以考虑；耐热性低，焊接连接需采用惰性气体保护焊等焊接新技术，技术难度大。

8.8.2 铝合金的分类

1. 按加工方法分类

铝合金按加工方法可以分为铸造铝合金和变形铝合金。

- 铝合金
  - 铸造铝合金（用LZ表示）
  - 变形铝合金
    - 热处理非强化型铝合金（通称防锈铝）
    - 强化型铝合金（如硬铝、锻铝）

所谓变形铝合金就是通过冲压、弯曲、辊轧等工艺使其组织、形状发生变化的铝合金。热处理非强化型铝合金是不能用淬火等方法提高强度的铝合金，如铝-锰合金、铝-镁合金。热处理强化型铝合金是能用热处理的方法提高强度的铝合金。

各种变形铝合金的牌号分别用汉语拼音字母和顺序号表示，顺序号不直接表示合金元素的含量。代表各种变形铝合金的汉语拼音字母如下：

LF——防锈铝合金（简称防锈铝）；

LY——硬铝合金（简称硬铝）；

LC——超硬铝合金（简称超硬铝）；

LD——锻铝合金（简称锻铝）；

LT——特殊铝合金。

2. 按合金元素分类

常用铝合金如防锈铝中的Al-Mn合金、Al-Mg合金，热处理强化铝合金中的Al-Mg-Si合金、Al-Zn-Mg合金、A1-Cu-Mg合金及Al-Zn-Mg-Cu合金。

8.8.3 建筑工程用铝合金的性能

建筑工程中应用最为广泛的铝合金是Al-Mg-Si铝合金，国际上通常以6063牌号为其代表。以四位数字作铝合金的牌号是美国标准规定的命名方法，其第一位数字为按合金成分划分的铝合金类属，如6为Al-Mg-Si系铝合金，后边的三位数字分别代表铝合金的原始状态等工艺特征。一般在四位数字的合金名称后面还有一个状态名称，如用O表示退火状态，T表示热处理状态，不同的热处理可用数字表示，写在T的后面，如T5表示局部固溶热处理，然后为人工时效。

6063铝合金相当于我国的锻铝LD31。我国铝合金的状态用汉语拼音表示，如R表示热轧，CS 表示淬火及人工时效，M 表示退火等。LD31 铝合金的化学成分及力学性能见表 8-10。

表 8-10　LD31（6063）铝合金的化学成分及力学性能

化学成分	Cu	Si	Fe	Mn	Mg	Zn	Cr	Ti	Ni	其他
（%）	≤0.1	0.2~0.6	≤0.35	≤0.1	0.45~0.9	≤0.1	≤0.1	≤0.1	余量	≤0.15
力学性能	合金状态	抗拉强度 σ_b（MPa）		屈服强度 $\sigma_{0.2}$（MPa）		伸长率 δ（%）	弹性模量（MPa）	线膨胀系数（1/c）		密度（kg/m^3）
	RCS	155		110		8	0.69×10^5	23.4×10^{-6}		2690
	R	205		175		8				
	CS	205		175		10				

上表说明：LD31 具有与低碳钢相近的屈服强度和抗拉强度，但重量比钢轻 2/3，所以比强度远远超过低碳钢，是高层建筑、大跨度建筑的理想结构材料。

铝合金的弹性模量低［低碳钢 $E = (2.0 \sim 2.1) \times 10^5$MPa］，应用中可通过挤压成型做成各种断面的空心型材，以提高刚度，弥补弹性模量的不足。

8.8.4　铝合金的表面处理

铝合金表面的自然氧化膜很薄，因此耐腐蚀能力有限，通过表面处理可提高其耐腐蚀性和耐磨性，同时增强其装饰效果。铝合金表面处理有以下三种工艺：

1. 抛光处理

抛光处理有化学抛光和电解抛光两种方法。化学抛光是利用铝合金表面的突起和凹陷处在酸液中的溶解速度不同，通过酸洗使其表面逐渐平整的过程。电解抛光则是通过电解作用加速上述过程的完成。抛光后的铝合金，表面光洁平整，金属光泽均匀鲜亮，具有很强的装饰效果。

2. 阳极氧化处理

装修用的铝合金板材及挤压完的空心型材必须经阳极氧化处理。阳极氧化处理的目的主要是通过控制氧化条件和工艺参数，使在铝合金表面形成比自然氧化膜（厚度小于 0.1μm）厚得多的氧化膜层（5~20μm），并进行“封孔”处理，以达到提高表面硬度、耐磨性、耐蚀性的目的。光滑、致密的膜层也为进一步着色创造了条件。

3. 着色处理

着色处理有自然着色法和电解着色法。

自然着色法可和阳极氧化同时进行，改变电解液成分和电解条件（温度、电流密度、电压、时间等）可获得不同颜色的氧化膜，如以磺基水杨酸为主要成分，加入适量硫酸，在不同的电解条件下可获得金色、青铜色、香槟酒色等多种色调的氧化膜。

电解着色本质是电镀，是通过电解将金属盐溶液中的金属离子沉积到铝阳极氧化膜针孔底部，当光线在这些金属粒子上漫射时形成不同的颜色。

8.8.5 常用铝合金制品

常用铝合金制品主要有铝合金门窗、铝合金装饰板等。

1. 铝合金门窗

铝合金门窗是将经过表面处理后的铝合金型材，经过一定工艺加工成门窗框构件，再加连接件、密封件、五金件等组合而成的。铝合金门窗的技术性能如下：

（1）强度。强度表示铝合金门窗的抗风压性能。风力荷载取决于建筑物的形状、高度及所在的地域，由压力、吸力和摩擦作用构成。风力荷载是设计铝合金门窗型材断面的依据，可分为若干级，单位是 N/m^2。它表示在某风力荷载下，窗扉中央最大位移量不大于窗框内沿高度的 1/70。

（2）气密性。气密性表示铝合金门窗防止空气渗透的性能。用门窗关闭时，在一定内外压力差条件下的漏气量表示，单位是 $m^3/(h \cdot m^2)$。气密性可在专用压力箱内测定。一般铝合金门窗的气密性指标为 $6 \sim 16m^3/(h \cdot m^2)$。

（3）水密性。水密性表示铝合金门窗防止雨水渗透的性能，指已关闭的门窗在一定风力和雨水作用下，阻止雨水渗透到建筑物室内一侧的能力。一般在门窗外侧加以周期为 2s 的正弦波脉冲风压，同时向门窗以每分钟每平方米喷射 4L 的人工降雨，进行连续 10min 的风雨交加试验，室内立侧不应有可见的渗漏水。水密性用施加的平均脉冲风压力表示，常为 $50 \sim 600N/m^2$。

（4）隔声性。隔声性表示铝合金门窗的空气隔声性能。在音响试验室内进行的音响透过损失试验发现，当音响频率达到一定值后，铝合金门窗的音响透过损失趋于恒定。铝合金门窗的隔声性一般为 20 ~ 40dB。

（5）绝热性能。铝合金门窗的导热系数为 $2 \sim 6.2W/(m \cdot K)$。

2. 铝合金装饰板

铝合金装饰板的品种和规格很多，按表面处理方式可分为阳极氧化处理板和喷涂处理板；按装饰效果可分为波纹板、压型板、花纹板、浅花纹板等；按色彩可分为银色、亚银色、米黄色、金色、古铜色、蓝色等多种颜色。

铝合金装饰板具有重量轻、安装方便、外形美观等优点，是优良的立面装饰材料。

复习思考题

1. 试解释下列名词或术语。

黑色金属；有色金属；碳素钢；合金钢；屈服强度；条件屈服强度（$\sigma_{0.2}$）；抗拉强度；疲劳破坏；疲劳强度；铁的同素异构现象；铁素体；渗碳体；珠光体；奥氏体；钢材的时效；钢材的强化；钢材的时效处理；钢材的热处理；电弧焊；闪光对焊；电渣压力焊

2. 什么是铁？什么是钢？简述炼钢的三个主要过程及其特点。

3. 与混凝土相比，钢材有哪些优缺点？

4. 钢材可以从哪几个方面分类？建筑工程中常用什么钢材？

5. 简述脱氧程度对钢材品质的影响。

6. 画出低碳钢拉伸时的应力-应变曲线，简述曲线中各阶段的特点，指出弹性极限 σ_p、屈服强度 σ_s和抗拉强度 σ_b。

7. 结构设计中，是以钢材的什么强度作为设计依据的？说明屈强比的实用意义。

8. 什么是钢材的脆性临界温度？脆性临界温度与工作温度有什么关系？

9. 伸长率反映钢材的什么性质？对同一种钢材来讲，δ_5和 δ_{10}之间有何关系？为什么？

10. 何谓钢材的冷弯性能和冲击韧性？二者对钢材的应用有何实际意义？

11. 简述碳、硫、磷化学元素对钢材性能的影响规律。

12. 钢材有几种晶体组织？简述各晶体组织中碳的存在状态、含量及晶体组织的性能特点。

13. 冷加工在建筑钢材中应用可取得哪些技术经济效果？

14. 钢结构用钢材及钢筋混凝土用钢筋的连接形式各有哪些？各有何特点？

15. 钢筋的常用连接方式有哪些？钢筋焊接应注意什么问题？如何评定闪光对焊的焊接接头质量？

16. 碳素结构钢是如何划分牌号的？说明 Q235AF 和 Q235D 号钢在性能上有何区别？

17. 碳素钢分几个钢号？钢号与力学性能之间有何关系？为什么 Q235 号钢应用最为广泛？

18. 钢筋混凝土用热轧钢筋按力学性能分为几级？各级钢筋的应用范围如何？

19. 何谓钢材的电化学腐蚀？防止钢材腐蚀的主要途径有哪些？

20. 简述铝合金的分类。建筑工程中常用的铝合金是什么铝合金？

第9章　高分子材料

9.1　概　　述

分子量为10^4以上的大分子称为高分子，由高分子化合物构成的材料称为高分子材料。一般将高分子材料划分为无机高分子材料和有机高分子材料两大类。无机高分子材料如石棉、石墨、金刚石等。有机高分子材料又划分为天然高分子材料和人工合成高分子材料两类。天然高分子材料系指其基本组成物质为生物高分子的各种天然材料，如木材、棉、毛、丝、皮革等。而合成高分子材料中的塑料、合成橡胶、合成纤维被称为三大合成材料，应用十分广泛。

本章主要介绍了木材、沥青、塑料、涂料及粘结剂等高分子材料，包括其构造、性质及应用的相关知识。

9.2　木　　材

古代木构建筑在我国历史上创建了千古不朽的功绩，如北京故宫、天津蓟州区的独乐寺、山西应县木塔都称著于世。时至今日，具有民族风格的木构建筑仍大放异彩，而作为装饰用材又使木材的应用进入了新境界。木材具有轻质高强、耐冲击、弹性和韧性好、导热性低、纹理美观、装饰性好、易于加工等特点，但它也有构造不均、各向异性、使用中易受环境影响、腐蚀及虫蛀等缺陷，通过适当方法进行加工处理可克服或减轻其缺点带来的影响。因此，木材仍是当今优良的建筑用材。

9.2.1　木材的构造

由于树种和生长环境的不同，各种木材在构造上的差别很大，木材的构造是决定木材性质的主要因素。

1. 木材的宏观构造

木材的宏观构造是指用肉眼或借助放大镜所能观察到的构造特征。一般可从木材的横向、径向、弦向三个切面进行剖析研究，如图9-1所示。横切面是与树干主轴垂直的切面。径切面是通过树心，与树干平行的纵切面。弦切面是与树心有一定距离，与树干平行的纵切面，可以看出木材是由树皮、髓心和木质等部分组成的。

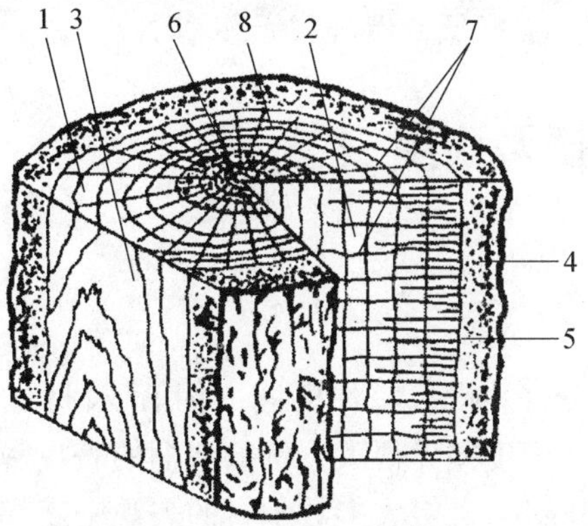

图 9-1　木材的宏观构造

1—横切面；2—径切面；3—弦切面；4—树皮；5—木质部；6—髓心；7—髓线；8—年轮

木质部是树皮与髓心之间的部分，它是木材的主体。木质部的颜色不均一，一般而言，靠近髓心部分颜色较深，称心材；靠近树皮部分颜色较浅，称边材。心材比边材的利用价值大。髓心也称为树心，是树干中心的松软部分，易腐朽，强度低，对材质要求高的用材，不得带有髓心。树皮是木材外表面的整个组织，起保护树木作用，建筑上用途也不大。

在木材的木质部有深浅相间的同心圆环，称为年轮。春天生长的木质，色浅、质软，称为春材（早材）；夏秋两季生长的木质，色深、质硬，称为夏材（晚材）。相同树种，年轮越密越均匀，质量越好；夏材部分越多，木材强度越高。

2. 木材的显微构造

在显微镜下可以观察到，木材是由无数管状细胞结合而成。每个细胞有细胞壁和细胞腔。细胞壁是由若干层细纤维组成，其间微小的孔隙能吸收和渗透水分。细纤维纵向联结牢固，横向松弱。木材的细胞壁越厚，细胞腔越小，木材越致密，体积、密度和强度也越大，但胀缩也大。春材细胞壁薄腔大，夏材则细胞壁厚腔小。

针叶树与阔叶树在微观构造上有较大差异，如图 9-2 和图 9-3 所示。

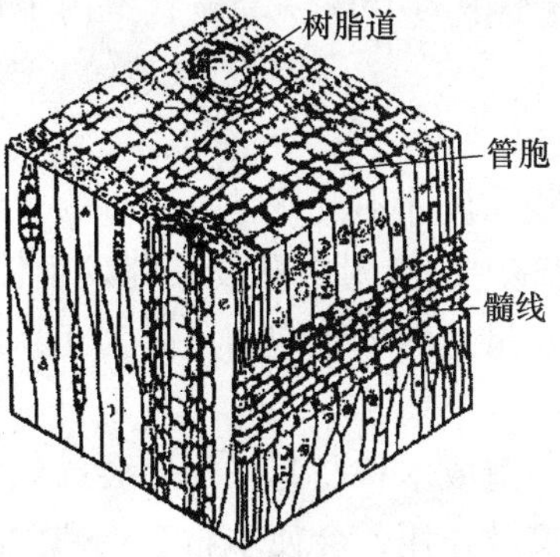

图 9-2　针叶树马尾松微观构造

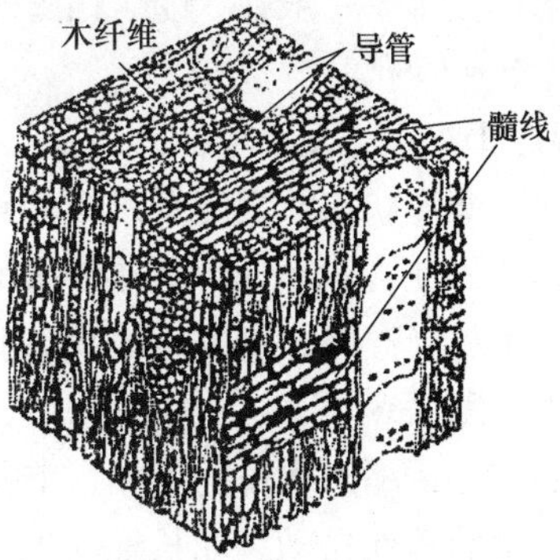

图 9-3 阔叶树柞木微观构造

细胞本身的组织构造在很大程度上决定了木材的性质，木材组织均匀、细胞壁厚、细胞腔小的（如夏材细胞）木质坚密，表观密度大、强度高，但湿胀干缩率也大；而春材细胞壁薄、腔大，故质地松软、强度低，但湿胀干缩率小。

9.2.2 木材的性质及应用

1. 物理性质

1）密度与表观密度

各种树种的木材，其分子构造基本相同，因而木材的密度基本相等，平均约为 1550kg/m^3。而木材的表观密度差异很大，例如泡桐的表观密度为 280kg/m^3，而广西蚬木的表观密度则可高达 1128kg/m^3。但大多数木材的表观密度都在 400～600kg/m^{3}范围内，平均为 500kg/m^3。根据木材的表观密度可以鉴别木材的品种，并估计木材的工艺性能。

2）吸湿性与含水率

干燥的木材能从周围的空气中吸收水分，这种性质称为吸湿性。木材中的木纤维素具有大量的羟基（-OH），是亲水性基团，因而木材的吸湿性强，很容易从周围环境中吸附水分。

木材中水分的重量与干燥木材重量的比率称为木材的含水率（%）。按其存在形式可将木材中水分分为化学结合水、吸附水和自由水三种类型。化学结合水是木材化学组成中的结构水。它在常温下不变化，对木材的性能无影响。吸附水是吸附在细胞壁内细纤维间的水。吸附水直接影响到木材的强度和体积的胀缩。自由水是存在于细胞腔和细胞间隙中的水。自由水影响木材的表观密度、抗腐蚀性和燃烧性。

木材干燥时，首先是自由水蒸发，而后是吸附水蒸发；木材吸潮时，先是细胞壁吸水，细胞壁中吸水达饱和后，自由水才开始吸入。当细胞腔和细胞间隙中无自由水，而细胞壁吸附水达饱和时的含水率，称为木材的纤维饱和点。其值一般为 25%～35%，平均值约为 30%。纤维饱和点是木材物理力学性质变化的转折点。

木材的含水率随环境温度、湿度的改变而变化。当木材长时间处于一定温度和湿度的空气中时，就会达到相对稳定的含水率，即水分的蒸发和吸收趋于平衡，此时木材的含水率称为平衡含水率。

新伐木材含水率一般在 35% 以上，风干木材含水率为 15%～25%，室内干燥木材含水率常为 8%～15%。

3）湿胀干缩

当木材从潮湿状态干燥至纤维饱和点时，其体积和尺寸不变化，仅表现为表观密度减小。当继续干燥使含水率低于纤维饱和点时，细胞壁中的吸附水蒸发，则发生体积收缩。反之，干燥木材吸湿时，将发生体积膨胀，直至含水量达到纤维饱和点时为止，此后继续吸湿，也不再膨胀。

木材的湿胀干缩对木材的使用影响很大，湿胀会造成木材凸起，干缩会导致木结构构件连接处产生隙缝而松动。如长期受到湿胀干缩的交替作用，会使木材产生翘曲开裂。为了避免这种情况，潮湿的木材在加工或使用之前应预先进行干燥处理，使木材内的含水率与将来使用的环境湿度相适应。因此，木材应预先干燥至平衡含水率后才能加工使用。

由于木材构造不均匀，各方向的胀缩也不同。同一木材，弦向胀缩最大，径向次之，而顺纤维的纵向最小。木材湿胀干缩程度也随树种而异，一般表观密度大的，夏材含量多的，胀缩较大。

2. 木材的强度

由于木材构造的不均质性，致使木材的各种力学强度都具有明显的方向性。在顺纹方向，木材的抗压和抗拉强度都比横纹方向高得多，而横纹方向，弦向又不同于径向。木材的含水率、疵病及试件尺寸对木材强度都有显著影响。

1）木材强度的种类

（1）抗压强度。

木材的抗压强度分为顺纹抗压强度和横纹抗压强度。顺纹抗压强度为作用力方向与木材纤维方向一致时的强度，这种受压破坏是细胞壁失去稳定而非纤维的断裂。横纹抗压为作用力方向与木材纤维垂直时的强度，这种受压破坏是木材横向受力压紧产生显著变形而造成的破坏。

木材的顺纹抗压强度比横纹抗压强度高，是木材用于柱、桩、斜撑和桁架等承压构件时的主要力学性能，是确定木材强度等级的依据。

木材的横纹抗压强度与顺纹抗压强度的比值因树种不同而异，一般针叶树横纹抗压强度约为顺纹的 10%，阔叶树则为顺纹的 15% ~20%。

（2）抗拉强度。

木材抗拉强度有顺纹和横纹两种。但横纹抗拉强度值很小，工程中一般不使用，而顺纹抗拉强度则是木材所有强度中最大的。顺纹受拉破坏时，往往不是纤维被拉断而是纤维间被撕裂。木材的疵病如木节、斜纹、裂缝等都会使顺纹抗拉强度显著降低。同时，木材受拉杆件连接处应力复杂，这是顺纹抗拉强度广泛应用的原因。

（3）抗弯强度。

木材受弯曲时会产生压、拉、剪等复杂的应力。受弯构件上部为顺纹抗压，下部为顺纹抗拉，而在水平面则产生剪切力。木材受弯破坏时，受压区首先达到强度极限，产生大量变形，但构件仍能继续承载，随着外力的增大，当下部受拉区也达到强度极限时，纤维本身及纤维间连接断裂，最后导致破坏。

木材的抗弯强度仅次于顺纹抗拉强度，为顺纹抗压强度的 1.5 ~2.0 倍。因此，建筑工程中木材常用作桁架、梁、桥梁及地板。

（4）抗剪强度。

木材受剪时，根据剪力与木材纤维之间的作用方向可分为顺纹剪切、横纹剪切和横纹剪断三种强度。

木材在不同剪力作用下，木纤维的破坏方式不同，因而表现为横纹剪断强度最大，顺纹剪切次之，横纹剪切最小。

2）影响木材强度的主要因素

（1）木材纤维组织。

木材受力时，主要靠细胞壁承受外力，细胞纤维组织越均匀密实，强度就越高。如夏材比春材的结构密实、坚硬，当夏材含量（夏材率）高时，木材强度较高。

（2）含水率。

木材的含水率对强度影响很大。当木材含水率在纤维饱和点以下变化时，含水率增大，强度降低，这是因为细胞壁的水分增加后使细胞壁及其中的亲水胶体变软的缘故；反之，则强度增大。但是，含水率在纤维饱和点以上变化时，木材强度不变，因为此时仅仅是自由水发生变化。

木材含水率变化一般对抗弯和顺纹抗压强度的影响较大，对顺纹抗剪强度影响较小，而对顺纹抗拉强度几乎没有影响。

（3）温度。

木材受热后，细胞壁中胶结物质会软化，从而引起木材强度降低。研究表明，当温度从25℃升高至50℃时，木材的顺纹抗压强度会降低20%～40%。温度高于100℃时，木材会被烤焦和变形，并发生部分挥发物分解，强度下降。温度高于140℃时，木材的纤维素会发生热裂解，变形明显并导致裂纹产生，强度急剧下降。因此，长期处于高温作用下（60℃以上）的建筑物件，不宜使用木材。

（4）负荷时间。

木材的长期承载能力远低于暂时承载能力。这是因为在长期承载情况下，木材会发生纤维等速蠕滑，累积后产生较大变形而降低了承载能力的结果。因而木结构中木材许可应力值远低于木材强度。

木材在长期荷载作用下，能无限期负荷而不破坏的最大应力，称为木材的持久强度。持久强度仅为极限强度的50%～60%。

一切木结构都处于某一种负荷的长期作用下。因此，在设计结构时，应考虑负荷时间对木材强度的影响。一般以持久强度为依据。

（5）疵病。

木材在生长、采伐、保存及加工过程中所产生的内部和外部的缺陷，统称为疵病。木材的疵病包括天然生长的缺陷（如木节、斜纹、腐朽和病虫害等）和加工后产生的缺陷（如裂缝、翘曲等）。一般木材或多或少都存在一些疵病，使木材的物理力学性质受到影响。

同一疵病对不同强度的影响不尽相同。如木节对顺纹抗拉强度影响显著，对顺纹抗压强度影响较小；斜纹易使木材开裂和翘曲，降低抗拉和抗弯强度；裂纹破坏木材的整体性，降低强度，在受弯构件中完全不能承受顺纹剪切作用。

3. 木材的处理与应用

1）木材的防腐、防虫和防火处理

（1）木材的防腐与防虫。

木材是天然有机材料，易受真菌侵害而腐朽变质。木材中常见的真菌有霉菌、变色菌、腐朽菌三种。真菌在适当温度（25～35℃）、含水率（30%～50%）和空气中能在木材中大量繁殖，分解木材细胞壁作为养分从而破坏木材的组织，使木材丧失强度。危害木材的昆虫有白蚁、天牛、蠹虫等。白蚁性喜蛀蚀潮湿的木材，在温暖和潮湿环境中生存繁殖；天牛主要侵害含水率较低的木材，它分解木质纤维素作为养分而破坏木材。较严重的虫害两三年内就可完全破坏木材，出现木结构崩溃。

木材的防腐与防虫，可以采用结构措施和化学处理措施：

结构防腐措施是使木构件各部位都处在良好的通风条件下，降低含水率，保证木构件经常处于干燥状态，从而避免或减少真菌的腐朽作用。

化学处理是采用涂刷、渗透和浸渍等方法并使用防腐剂或防虫剂对木材进行处理，毒化木材，杜绝真菌和昆虫的生存繁殖，达到防腐、防虫目的。

（2）木材的防火。

木材易燃是其主要缺点之一。为防止木材着火，按防火规范应使木结构与热源保持防火间距或设置防火墙，设计时在构件表面也可以设置抹灰层起隔热作用。并且，在用木材作围护墙时，应避免形成空气流。

采用化学药剂也是木材防火的有效措施之一。防火剂一般有浸注剂和防火涂料两类。防火涂料遇火时能产生隔热层，阻止木材着火燃烧。

2）木材在建筑中的应用

在结构上，木材主要用作梁、柱、桁檩、椽等，我国许多古建筑均为木结构，它在技术和艺术上都有很高的水平和独特的风格。木材易于加工、性能优良，故广泛用于房屋的门窗、天花板、扶手、栏杆、龙骨、隔断等。

木材表面经加工后，具有优良的装饰性能，其自然美丽的花纹及特有的色泽，给人以纯朴、古雅、温暖、亲切的质感。因此，木材又广泛用作室内装饰的墙裙、隔断、隔墙以及地板等。

（1）木地板。

木地板是由硬木树种和软木树种经加工处理而制成的木板面层。木地板一般可分为实木地板、强化木地板、实木复合地板和软木地板。

实木地板的材质主要是阔叶材、进口材，因为绝大多数针叶材材质都较软，而阔叶材绝大多数材质都硬，针叶材直接做实木地板的比较少，一般作为三层实木地板的芯材。

强化木地板为三层结构，表层为含有耐磨材料的三聚氰胺树脂浸渍装饰纸，芯层为中、高密度纤维板或刨花板，底层为浸渍酚醛树脂的平衡纸。耐磨、经久耐用、尺寸稳定性和力学性能好、耐污染腐蚀、抗紫外线、耐灼烧、安装简捷、维护保养方便。

实木复合地板实质上是利用优质阔叶材或其他装饰性很强的合适材料作表层，以材质较软的速生材或人造板为基材，经高温高压制成的。实木复合地板整体效果好，有较高的尺寸稳定性，铺设工艺简捷方便。应注意开胶现象和严格控制甲醛含量等问题。

软木地板被称为是“地板的金字塔尖消费”，其原料就是橡树的树皮，与实木地板比较更具环保性、隔声性，防潮效果也会更好些，带给人极佳的脚感。软木地板柔软、安静、舒适、耐磨，对老人和小孩的意外摔倒，可提供极大的缓冲作用，其独有的吸声效果和保温性能也非常适合于卧室、会议室、图书馆、录音棚等场所。

（2）墙体木材。

墙体木材主要包括木胶合板、细木工板和贴面板。

木胶合板是用椴、桦、杨、楸、水曲柳及进口原木等经蒸煮、旋切或刨切成薄片单板，再经烘干、整理、涂胶后，将单板叠成奇数层，并且每一层的木纹方向要求纵横交错，再经加热后制成的一种人造板材。

细木工板又称大芯板，是以原木为芯，外贴面材加工而成的木材型材，大芯板具有规格统一、加工性强、不易变形、可粘贴其他材料等特点，是家庭装修中墙体、顶部和细木装修必不可少的木材制品。

贴面板是家庭装修中使用十分广泛的木材制品之一，是用木材的旋片压制而成的型材。其主要用于结构装修的面层饰材及细木家具制作的表面装饰。

3）木材的综合加工利用

木材的综合利用是提高木材利用率、避免浪费、物尽其用、节约木材的方向。而充分利用木材的边角废料，生产各种人造板材，则是对木材进行综合利用的重要途径。常见的人造木材包括胶合板、胶合夹心板、纤维板及刨花板，此外还有家装中常用的木装饰线条。

9.2.3 木材的分类

1. 按树种分类

木材种类繁多，一般按树种将木材分为针叶树类和阔叶树类两大类。

针叶树的树叶细长如针，多为常绿树，树干一般通直高大，纹理平顺，材质均匀，易得大材。其木质较软而易于加工，故又称为软木材。针叶树木材的主要特点是：表观密度和胀缩变形较小、强度较高、树脂含量高、耐腐蚀性强，建筑工程中广泛用作承重构件和家具用材。针叶树常用品种有红松、落叶松、云杉、冷杉、柏木等。

阔叶树的树叶宽大，叶脉成网状，大都为落叶树，树干一般通直部分较短，材质较硬，较难加工，故又称为硬木材。其主要特点是：强度高、纹理显著、图案美观；胀缩变形较大，易翘曲、干裂等。建筑工程中常用作尺寸较小的构件及室内装饰。阔叶树木常用品种有榆木、桦木、柞木、山杨、青杨等。

2. 按材种分类

木材按材种可分为原木、原条、板枋材。

原木是指将树木伐倒后，除皮、根、树梢并按一定尺寸加工成规定直径和长度的木材。原条是除皮、根、树梢的木材，但尚未按一定尺寸加工成规定的种类。板方材是已加工成一定规格的木材。截面宽度为厚度 3 倍或 3 倍以上的木材为板材；截面宽度不足厚度 3 倍的木材为枋材。

9.3 沥　青

沥青是一种暗褐色至黑色的有机胶凝材料，它是由一些复杂的碳氢化合物及其非金属衍生物组成的混合物，能溶于苯或二硫化碳等溶剂。在常温下，沥青呈固体、半固体或液体。沥青与许多材料表面有良好的粘结力，它不仅能黏附在矿物材料表面上，而且能黏附在木材、钢铁等材料表面；沥青属憎水性材料，它具有良好的防水、抗渗、耐化学腐蚀性，广泛用于屋面或地下防水工程、防腐蚀工程、道面工程等。

沥青按其获得方式可分为天然沥青、石油沥青和焦油沥青三大类。天然沥青是石油在自然条件下，长时间经受各种地球物理作用而形成的，在自然界中主要以沥青脉、沥青湖及浸泡在多孔岩石或沙土中而存在；石油沥青是石油油分分馏后的残渣加工制成的；焦油沥青则是多种有机物（煤、泥炭、木材等）经干馏得到的焦油，再经加工得到的产物。

9.3.1　石油沥青的分类

石油沥青根据不同依据可分为不同的类别。

（1）按获取石油沥青的加工方法不同，可分为直馏沥青、蒸馏沥青、氧化沥青、裂化沥青和酸洗沥青等。通过氧化加工等加工工艺，可使沥青获得更好的技术性能。

（2）按石油沥青在常温下的物理状态，可分为黏稠沥青和液体沥青。黏稠沥青是指在常温下为固态或半固态的沥青。液体沥青是指常温下处于液体状态的沥青，它通常是用溶剂将黏稠沥青稀释配制而成的液体，故又称为稀释沥青。由于对沥青加热给施工带来困难，采用溶剂稀释沥青又会增大成本、浪费能源和污染环境，工程实际中可采用乳化沥青，它是将沥青分散于含有乳化——稳定剂的水中而形成沥青水乳液。

（3）按石油沥青的主要用途，分为道路石油沥青、建筑石油沥青和普通石油沥青。

道路石油沥青是石油蒸馏的残余物或由残余物氧化而得的产品，主要适用于沥青路面或制作屋面防水层的粘结剂。

建筑石油沥青是由原油蒸馏后的重油经氧化而制成的产品。它主要用于建筑工程中屋面及地下防水的胶结料、涂料以及制造油纸、油毡等沥青类防水卷材和防腐绝缘材料等。

普通石油沥青（又称多蜡沥青）是由石蜡基原油减压、蒸馏后的残渣经空气氧化而得的产品。其蜡含量高，黏度低，塑性差，在建筑工程中很少单独使用，可与建筑石油沥青掺配或经改性处理后使用。

9.3.2　石油沥青的组丛和胶体结构

1. 石油沥青的组丛

石油沥青是由多种碳氢化合物及其非金属（氧、硫、氮）的衍生物组成的混合物。它的组成元素主要是碳（82% ~88%）、氢（8% ~11%），其次是硫（<6%）、氧（<1.5%）、氮（<1%）等和微量的金属元素，但沥青的化学成分极为复杂，将其分离为纯粹的化合物单体，目前分析技术还有一定困难，而且沥青的元素组成与其物理性质的关系不甚密切，因此通常采用组分分离法将沥青分离为化学性质相近而且与技术性质有一定联系的几个组，即沥青的“组丛”。沥青采用不同的分析方法可得到不同的组分。根据三组分分析法（又称溶解 - 吸附分析法），将沥青分成沥青质、胶质与油分（包含蜡）三个组丛。

2. 石油沥青的胶体结构

在沥青胶体结构中，沥青质为胶核，胶质被吸附于其表面，并逐渐向外扩散形成胶团，胶团再分散于芳香分和饱和分中，形成稳定的胶体体系。

根据沥青中各组分的含量和性质，可将沥青胶体结构分为三种类型：

1）溶胶结构

沥青中沥青质的含量很少，沥青胶团由于胶质的胶溶作用，沥青质完全胶溶分散于芳香分和饱和分的介质中，胶团之间没有吸引力或者吸引力极小。液体沥青多属于溶胶型结构，这类沥青具有较好的自越性和低温变形能力，但高温稳定性较差。

2）溶-凝胶结构

沥青中沥青质含量适当，并有较多的胶质作为保护物质，它们所组成的胶团之间有一定的吸引力。这类沥青在高温时具有较好的稳定性，低温时又有较好的抗裂性能。

3）凝胶结构

沥青中沥青质的含量很高，并有相当数量的胶质来形成胶团，胶团互相接触而形成空间网络结构，这种沥青具有明显的弹性效应，温度较高时具有较好的稳定性，但低温时变形能力较差。

9.3.3 沥青的性能及应用

1. 沥青的技术性能

1）黏滞性

黏滞性（简称黏性）是指沥青材料在外力作用下，沥青粒子产生相互位移时抵抗变形的能力。沥青的黏性不但与沥青的组分有关，而且受温度的影响较大，一般随沥青质含量增加而增大，随温度升高而降低。沥青的黏性通常用黏度表示，黏度是沥青等级（称为牌号或标号）划分的主要依据。

沥青黏度的测定方法可分为两类：一类为“绝对黏度法”，如用毛细管法测定运动黏度，用真空减压毛细管法测定动力黏度；另一类为“相对黏度法”，如针入度法和标准黏度法。这里重点介绍针入度法和标准黏度法。

（1）针入度法。

对于黏稠或固体石油沥青的相对黏度，可用针入度仪（图 9-4）测定并以针入度表示。用针入度标准针，贯入规定温度的沥青试样中，贯入的深度（以 1/10mm 为单位计），称为针入度，用 $P_{T,m,t}$表示（T 为试验温度,℃；m 为标准针、连杆及砝码的总质量，g；t 为贯入时间，s）。针入度值越小，表示沥青抵抗变形能力越大，黏性越大。

（2）标准黏度计法。

对于液体石油沥青、乳化石油沥青和煤沥青等的相对黏度，可用标准黏度计法测定，它是测定在规定的温度下，通过规定孔径流出 50mL 沥青所需的时间（s），用符号 $C_{T,d}$表示（T 为试验温度,℃；d 为孔径，mm）。显然，试验条件相同时，流出时间越长，标准黏度值越大，表明沥青的黏性越大。

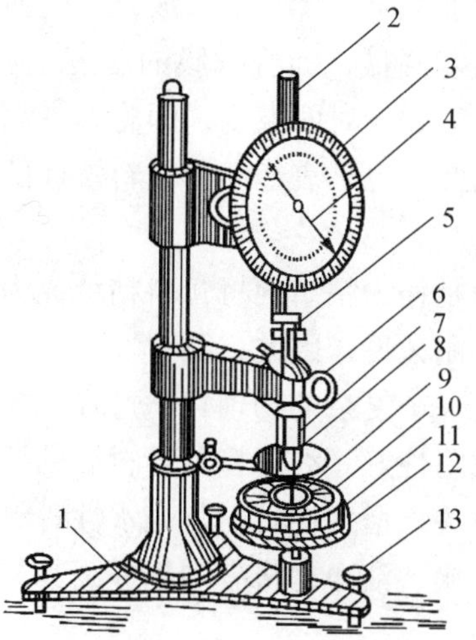

图 9-4　针入度测定仪

1—底座；2—活杆；3—刻度盘；4—指针；5—连杆；6—按钮；7—砝码；
8—小镜；9—标准针；10—试样；11—保温皿；12—平台；13—调平螺丝

2）塑性

塑性指石油沥青在外力作用下，产生变形而不破坏，除去外力后，仍保持变形后形状的性质。沥青的塑性与其组分含量、环境温度等因素有关。沥青质的含量增加，黏性增大，塑性降低；胶质含量较多，沥青胶团膜层增厚，则塑性提高；沥青塑性随温度的升高而增大。在常温下，塑性较好的沥青在产生裂缝时，也可能由于特有的黏塑性而自行愈合。故塑性还反映了沥青开裂后的自愈能力。沥青的塑性对冲击振动荷载有一定吸收能力，并能减少摩擦时的噪声，故沥青除用于制造防水材料外也是一种优良的路面材料。

用以衡量塑性的指标是延度。延度的试验方法是将沥青试样制成 8 字形标准试件，在规定温度下以规定拉伸速度拉断试件时的伸长值（以 cm 计）称为延度。沥青的延度用延度仪来测定。沥青的延度越大，其塑性越好。沥青的延度决定于沥青的胶体结构和流变性质。沥青中含蜡量增加，会使其延度降低。沥青的复合流动系数 C 值越小，沥青的延度越小。

3）温度敏感性

温度敏感性是指石油沥青的黏性和塑性随温度升降而变化的性能，主要包括石油沥青的高温稳定性和低温抗裂性。

软化点和脆点分别反映沥青在高温时的稳定性和低温时的抗裂性。

（1）软化点。

沥青是一种高分子非晶态物质，它没有敏锐的熔点，从固态转变为液态有很富裕的温度间隔，故选取该温度间隔中的一个条件温度作为软化点，软化点用环与球法测定：将沥青试样熔融后装入铜环内，冷却后在上面放置一钢球，浸入规定温度的蒸馏水或甘油中，以规定升温速度加热，使沥青软化下坠，当下坠高度为 25.4mm 时的温度称为软化点。

（2）脆点。

沥青材料随温度的降低，其塑性逐渐降低，脆性逐渐增加。低温时，沥青受到瞬时荷载作用常表现为脆性破坏。通常采用弗拉斯脆点作为条件脆性指标。弗拉斯脆点的测定是将一定量的沥青试样在一个标准的金属薄片上摊成光滑的薄膜，置于有冷却设备的脆点仪内。随着冷却设备中致冷剂温度降低，沥青薄膜的温度也逐渐降低，当降至某一温度时，沥青薄膜在规定弯曲条件下产生裂缝时的温度，即为沥青的弗拉斯脆点。弗拉斯脆点反映了沥青丧失其塑性的温度，因此它也是表征沥青材料塑性的一种量度。

4）黏附性

道路沥青的主要功能之一是作为粘结剂将骨料粘结成为一个整体。沥青与矿质骨料的黏附性影响沥青路面的质量和耐久性，因此，黏附性是沥青的重要性质。

沥青与骨料的相互作用是一个复杂的物理化学过程。极性组分含量越高的沥青，其黏附性越好；黏性高的沥青，黏附性好。沥青裹覆骨料后的抗水性不仅与沥青的性质有密切的关系，而且与骨料的性质有关。憎水性骨料与亲水性骨料相比有更好的抗剥落性能；骨料表面粗糙、孔隙适当，且干燥、洁净，将有利于提高其与沥青的黏附性。掺加抗剥离剂可提高沥青与骨料间的黏附性。

沥青与石料之间的黏附强度与它们之间的吸附作用有密切的关系。沥青中含有一定数量的阴离子型表面活性物质，即沥青酸和酸酐，这种表面活性物质与碳酸盐岩等碱性岩类接触时，能在它们的界面上产生很强的化学吸附作用，因而黏附力大，黏附得很牢固。当沥青与其他类型的骨料（如酸性石料）接触时则不能形成化学吸附，分子间的作用只是范德华力的物理吸附，而水对石料的吸附力很强，所以很易为水所剥落。

评价沥青与骨料黏附性的方法很多，最常用的是水煮法和水浸法，对最大粒径大于13.2mm的骨料采用水煮法；小于或等于13.2mm的骨料采用水浸法。水煮法是选取粒径为13.2mm～19mm形状接近立方体的规则骨料5个，经沥青裹覆后，在微沸状态的水中浸煮3min，按沥青膜剥落程度分为五个等级来评价沥青与骨料的黏附性。水浸法是选取9.5mm～13.2mm形状规则的烘干骨料100g与5.5g的沥青在规定温度条件下拌和，使骨料完全被沥青薄膜裹覆，取裹有沥青薄膜的骨料20个，冷却后浸入80℃的恒温水槽中保持30min，然后按剥离面积百分率来评定沥青与骨料的黏附性。

5）耐候性

沥青在自然因素（热、氧、光和水）的作用下，产生不可逆的化学变化，导致其性能劣化的过程，通常称之为“老化”。沥青在老化过程中，其组分会发生明显变化，表现为饱和分变化不大，但芳香分明显转变为胶质，而胶质又转变为沥青质，由于芳香分转变为胶质的量不足以补偿胶质转变为沥青质的量，所以最终是胶质显著减少，而沥青质显著增加。因此，沥青老化后，其塑性降低，脆性增大，黏附性减弱，性能变差。沥青在各种自然因素长期综合作用下抵抗老化的性能，称为沥青的耐候性（或大气稳定性）。

沥青耐候性可采用加热老化的方法来评定，即测定沥青加热前后质量、针入度等技术指标的变化，变化越小，表明耐候性越好。

6）安全性

沥青材料在使用时必须加热，当加热至一定温度时，沥青材料中挥发的油分蒸气与周围空气组成混合气体，此混合气体遇火焰则发生闪火。若继续加热，油分蒸气的饱和度增加，由于此种蒸气与空气组成的混合气体遇火焰极易燃烧，而引起溶油车间发生火灾或导致沥青烧坏的损失，为此，必须测定沥青加热闪火和燃烧的温度，即所谓闪点和燃点。

黏稠石油沥青、煤沥青用克利夫兰开口杯法测定闪点和燃点，液体石油沥青用泰格式开口杯法测定其闪点。克利夫兰开口杯法是将沥青试样注入试样杯中，按规定的升温速度加热试样，用规定的方法使点火器的试焰与试样受热时所蒸发的气体接触，初次发生一瞬即灭的蓝色火焰时的试样温度为闪点；试样继续加热时，蒸气接触火焰能持续燃烧时间不少于5s时的试样温度为燃点。

2. 石油沥青的应用

不同的建筑物或不同使用部位的工程对所用石油沥青的主要技术性能与指标要求不同，根据用途不同，石油沥青一般可分为道路石油沥青、建筑石油沥青和普通石油沥青等。在建筑工程中使用的主要是道路石油沥青和建筑石油沥青。

1）道路石油沥青

按道路的交通量，道路石油沥青分为重交通道路石油沥青和中、轻交通道路石油沥青。

重交通道路石油沥青主要用于高速公路、一级公路、机场道面和城市快速路、主干道路路面等工程。道路石油沥青标号越大，其针入度越大，延展性越好。针对沥青路面的温度敏感性和老化等弱点，选择石油沥青重点考虑的技术性质是高温稳定性和低温抗裂性，即避免石油沥青路面出现高温下流淌、低温下脆裂以及涌包、推移、车辙等永久变形。

2）建筑石油沥青

建筑石油沥青主要用于屋面及地下防水、沟槽防水和防腐工程。在屋面防水工程中，建筑石油沥青防水层的沥青胶膜较厚，对温度的敏感性较强，沥青表面又是较强的吸热体，一般同一地区沥青屋面的表面温度可比当地最高气温高25～30℃。

3）普通石油沥青

普通石油沥青含有害成分的蜡较多，一般蜡的含量大于5%，有的达20%以上，故又称多蜡石油沥青。普通石油沥青温度敏感性较大，达到液态时的温度与其软化点温度相差很小。与软化点大体相同的建筑石油沥青相比，黏性较小，塑性较差。故在建筑工程上不宜直接使用。

3. 沥青混凝土

1）沥青混凝土的组成

沥青混凝土是以沥青为胶凝材料，砂、石为骨料，矿物粉作为填充料，经配料、搅拌、热压而成。

（1）沥青。

沥青的技术性质，随气候条件、交通性质、沥青混合料的类型和施工条件等因素而异。炎热的气候区，繁重的交通，细粒式或砂粒式的混合料应采用稠度较高的沥青；反之，采用稠度较低的沥青。在条件相同的情况下，较黏稠的沥青配制的混合料具有较高的力学强度和稳定性，但如果稠度过高，则沥青混合料的低温变形能力较差，沥青路面容易产生裂缝。反之，采用稠度较低的沥青虽然配制的混合料在低温时具有较好的变形能力，但在夏季高温时往往稳定性不足而使路面产生推挤现象。

（2）粗骨料。

沥青混合料用粗骨料，可以采用碎石、破碎砾石和矿渣等。沥青混合料用粗骨料应该洁净、干燥、无风化、无杂质。在力学性质方面，相关性能指标，如压碎值和洛杉矶磨耗率等应符合相应道路等级的要求。

(3) 细骨料。

用于拌制沥青混合料的细骨料，可以采用天然砂、人工砂或石屑。细骨料应洁净、干燥、无风化、无杂质，并有适当的颗粒级配。细骨料应与沥青有良好的粘结能力，高速公路、一级公路、城市快速路、主干路沥青面层使用与沥青粘结性能很差的天然砂及用花岗岩、石英岩等酸性岩石破碎的人工砂或石屑时，应采用前述粗骨料的抗剥离措施。

(4) 填料。

沥青混合料的填料宜采用石灰岩或岩浆岩中的强基性岩石等憎水性石料经磨细得到的矿粉，矿粉要求干燥、洁净。当采用水泥、石灰、粉煤灰作填料时，其用量不宜超过矿料总量的2%。粉煤灰作为填料使用时，其用量不宜超过填料总量的50%，并应经试验确认与沥青有良好的粘结力，沥青混合料的水稳性能须满足要求。高速公路、一级公路和城市快速路、主干路的沥青混凝土面层不宜采用粉煤灰作填料。

2) 沥青混凝土的分类

按胶结料温度可将沥青混合料路面分为：①热拌热铺沥青混合料路面：沥青与矿料在热态下拌和、铺筑施工成型的沥青路面；②常温沥青混合料路面：采用乳化沥青或稀释沥青与矿料在常温状态下拌和、铺筑的沥青路面。

根据沥青路面的材料组成和施工工艺的不同，常见的沥青混合料类型主要有沥青混凝土、沥青碎石、沥青贯入式和沥青表面处治四种。沥青混合料是现代高等级道路应用的主要路面材料，它具有以下一些特点：沥青混合料是一种黏弹塑性材料，具有良好的力学性质，一定的高温稳定性和低温柔韧性，铺筑路面无须设置接缝，减震吸声，行车舒适；路面平整并具有一定的粗糙度，且无强烈反光，有利于行车安全；施工方便，不需养护，能及时开放交通；便于分期修建和再生利用。

热拌沥青混合料是经人工组配的矿质混合料与黏稠沥青在专门设备中加热拌和而成，用保温运输工具运送至施工现场，并在热态下进行摊铺和压实的混合料，通称“热拌热铺沥青混合料”，简称“热拌沥青混合料”。热拌沥青混合料是沥青混合料中最典型的品种。

9.4 合成高分子材料

合成高分子材料是指其基本组成物质为人工合成的高分子化合物的各种材料，通常分为合成树脂、合成橡胶、合成纤维三大类，它们在性质上的最大区别是弹性模量不同。橡胶的弹性模量最小，易变形，且弹性变形大；纤维的弹性模量最大，不易变形；树脂的弹性模量和变形能力介于橡胶和纤维之间，刚度大，难变形。

用作建筑材料的合成高分子化合物主要是合成树脂，它是组成塑料、涂料和粘结剂的主要原料，其次是合成橡胶，而合成纤维则用得较少。

9.4.1　合成树脂

1. 热塑性树脂

1）聚乙烯（PE）

聚乙烯是由乙烯单体聚合而成，其具有优良的电绝缘性、化学稳定性及耐低温性，吸水性和透水性很低，无毒，密度小，易加工，但强度不高、耐热性较差，且易燃烧。聚乙烯主要用于生产防水材料（薄膜、卷材等）、给排水管材（冷水）、电绝缘材料、水箱和卫生洁具等。

2）聚氯乙烯（PVC）

聚氯乙烯是建筑材料中应用最为普遍的聚合物之一。在室温条件下，聚氯乙烯树脂是无色、半透明、坚硬而性脆的聚合物。但通过加入适当的增塑剂和添加剂，便可制得软硬和透明程度不同，色调各异的聚氯乙烯制品。

聚氯乙烯具有优良的电绝缘性和化学稳定性，机械强度较高，具有优异的抗风化性能及良好的抗腐蚀性，但耐热性较差，使用温度范围一般为 -15 ~ +55℃。硬质聚氯乙烯主要用作天沟、落水管、外墙覆面板、天窗及给排水管。软质聚氯乙烯常加工为片材、板材、型材等，如卷材地板、块状地板、壁纸、防水卷材和止水带等。

3）聚苯乙烯（PS）

聚苯乙烯为无色透明树脂，易于着色，易于加工成型，耐水、耐光、耐腐蚀，绝热性好。但其性脆，耐热性差（不超过80℃），并且易燃。

聚苯乙烯在建筑中主要用于制作泡沫塑料，其隔热保温性能优异。此外，聚苯乙烯也常用于涂料和防水薄膜的生产。

4）聚丙烯（PP）

聚丙烯为白色蜡状体，密度较小，为 $0.90 \sim 0.91 g/cm^3$；其耐热性好（使用温度可达110 ~ 120℃）、抗拉强度较高、刚度较好、硬度高、耐磨性好。但耐低温性差、易燃烧、离火后不能自熄。聚丙烯制品较聚乙烯制品坚硬，因此，聚丙烯常用于制作管材、装饰板材、卫生洁具及各种建筑小五金件。

5）聚醋酸乙烯酯（PVAC）

聚醋酸乙烯酯在习惯上称为聚醋酸乙烯。这种聚合物的耐水性差，但粘结性能好。在建筑上，聚醋酸乙烯被广泛应用于粘结剂、涂料、油灰、胶泥等的制作之中。

6）聚甲基丙烯酸甲酯（PMMA）

聚甲基丙烯酸甲酯具有较好的弹性、韧性及耐低温性。其抗冲击强度较高，并具有极高的透光性。因此，广泛地用于制造有机玻璃。在建筑上聚甲基丙烯酸甲酯广泛地用于各种具有采光要求的围护结构中，以适当方式对其增强后，也可用于制作透明管材及其他建筑制品。

7）丙烯腈-丁二烯-苯乙烯共聚物（ABS）

丙烯腈-丁二烯-苯乙烯共聚物是丙烯腈（A）、丁二烯（B）及苯乙烯（S）的共聚物，简称 ABS 共聚物或 ABS 树脂。它具有聚苯乙烯的良好加工性，聚丁二烯的高韧性和弹性，聚丙烯腈的高化学稳定性和表面硬度等。

ABS 树脂为不透明树脂，具有较高的冲击韧性，且在低温下其韧性也不明显降低，耐热性高于聚苯乙烯。ABS 树脂主要用于生产压有花纹图案的塑料装饰板和管材等。

8）苯乙烯-丁二烯-苯乙烯嵌段共聚物（SBS）

苯乙烯-丁二烯-苯乙烯嵌段共聚物是苯乙烯（S）和丁二烯（B）的三嵌段共聚物（由化学结构不同的较短的聚合链段交替结合而成的线型共聚物称为嵌段共聚物）。SBS 树脂为线型分子，是具有高弹性、高抗拉强度、高伸长率和高耐磨性的透明体，属于热塑性弹性体。

SBS 树脂在建筑上主要用于石油沥青的改性。

2. 热固性树脂

1）酚醛树脂（PF）

酚醛树脂具有良好的耐热、耐湿、耐化学侵蚀性能，并具有优异的电绝缘性能。在机械性能上，表现为硬而脆，故一般很少单独作为塑料使用。此外，酚醛树脂的颜色深暗，装饰性差。

酚醛树脂除广泛用于制作各种电器制品外，在建筑上，主要用于制造各种层压板和玻璃纤维增强塑料，以及防水涂料、木结构用胶等。

2）脲醛树脂（UF）

脲醛树脂是目前各种合成树脂中价格最低的一种树脂，其性能与酚醛树脂基本相仿，但耐热性和耐水性差。脲醛树脂着色性好，粘结强度比较高，而且固化以后相当坚固，表面光洁如玉，有“电玉”之称。

脲醛树脂主要用于生产木丝板、胶合板、层压板等。经发泡处理后，可制得一种硬质泡沫塑料，用作填充性绝缘材料。经过改性处理的脲醛树脂还可用于制造涂料、粘结剂等。

3）不饱和聚酯树脂（UP）

不饱和聚酯树脂的透光率高，化学稳定性好，机械强度高，抗老化性及耐热性好，并且可在室温下成型固化。但固化时收缩大（一般为 7% ~8%），不耐浓酸和浓碱的侵蚀。

不饱和聚酯树脂多以液态低聚物形式存在，被广泛用于涂料、玻璃纤维增强塑料，以及聚合物混凝土的胶结料中。

4）环氧树脂（EP）

环氧树脂实际上是线型聚合物，但由于环氧树脂固化后交联为网状结构，故将其归入热固性树脂之中，环氧树脂化学稳定性好（尤其以耐碱性突出），对极性表面或金属表面具有非常好的粘结性，并且涂膜柔韧。此外，环氧树脂还具有良好的电绝缘性、耐磨性和较小的固化收缩量。

环氧树脂被广泛应用于涂料、粘结剂、玻璃纤维增强塑料及各种层压和浇铸制品中。在建筑上，环氧树脂还用于制备聚合物混凝土，以及用于修补和维护混凝土结构。

5）有机硅树脂（SI）

分子主链结构为硅氧链（ –Si–O– ）的树脂称为有机硅树脂，也称聚硅氧烷、聚硅醚、硅树脂等。有机硅树脂耐热性好，耐热温度为 400 ~500℃，耐寒性及化学稳定性好，有优良的防水、抗老化和电绝缘性能。有机硅树脂的另一个重要优点是能够与硅酸盐类材料很好地结合，这一特点，使得它作为一种特殊高分子材料而被广泛应用。

有机硅树脂主要用于层压塑料和防水材料。在各种有机硅树脂中，硅酮在建筑方面最具实际意义，且发展迅速，被广泛地应用于涂料、粘结剂及弹性嵌缝材料中。

9.4.2 建筑塑料

塑料是以合成或天然高分子有机化合物为主要原料，在一定条件下塑化成型，且在常温下保持产品形状不变的材料。在建筑上，塑料可作为结构材料、装饰材料、保温材料和地面材料等。

1. 塑料的基本组成

大多数塑料都是多成分的，除合成树脂外，还有填料、固化剂、着色剂及其他助剂等。

合成树脂是塑料的主要成分，其质量占塑料的40%以上。塑料的性质主要取决于所采用的合成树脂的种类、性质和数量，并且塑料常以所用合成树脂命名，如聚乙烯塑料（PE），聚氯乙烯塑料（PVC）。

填料的种类很多，按其外观形态特征，可将其分为粉状填料、纤维状填料和片状填料三类。一般来说，粉状填料有助于提高塑料的热稳定性，降低可燃性，而片状和纤维状填料则可明显提高塑料的抗拉强度、抗磨强度和大气稳定性等。

固化剂又称为硬化剂或熟化剂。其主要作用是使某些合成树脂的线型结构交联成体型结构，从而使树脂具有热固性。不同品种的树脂应采用不同品种的固化剂。

着色剂是为了使塑料制品具有特定的色彩和光泽，从而改善塑料制品的装饰性加入的添加剂。常用的着色剂是一些有机和无机颜料。颜料不仅对塑料具有着色性，同时也兼有填料和稳定剂的作用。

增塑料是可使树脂具有较大可塑性以利于塑料加工的添加剂。少量的增塑剂还可以降低塑料的硬度和脆性，使塑料具有较好的柔韧性。

稳定剂是为了稳定塑料制品的质量，延长使用寿命而加入的添加剂。常用的稳定剂有抗氧剂、光屏蔽剂、紫外光吸收剂及热稳定剂等。

此外，根据建筑塑料使用及成型加工中的需要，有时还加入润滑剂、抗静电剂、发泡剂、阻燃剂及防霉剂等。

2. 塑料的特性

塑料具有加工性能好、质轻、比强度高、导热系数小、化学稳定性好、电绝缘性好、装饰性好等优点。其缺点是易老化、耐热性差、易燃、刚度小及可能具有一定的毒性。在建筑中使用时，应扬长避短，充分发挥其优越性。

3. 建筑塑料制品的应用

1）塑料门窗

塑料门窗的主要原料是聚氯乙烯（PVC）树脂，加入适量添加剂，按适当的配比混合，经挤出机形成各种型材。型材经过加工，组装成建筑物的门窗。塑料门窗与其他门窗相比，具有耐水、耐腐蚀、气密性、水密性、绝热性、隔声性、尺寸稳定性和装饰性好等特点。

2）塑料管材

塑料管材与金属管材相比，具有质轻、不生锈、不易积垢、管壁光滑、对流体阻力小、安装加工方便、节能等特点。在众多塑料管材中，主要是由聚氯乙烯树脂为主要原料，加入适量添加剂，按适当配比混合，经过注射机或挤出机而成型，俗称 PVC 塑料管。

3）塑料壁纸

壁纸是当前使用广泛的墙面装饰材料，尤其是塑料壁纸，其图案变化多样，色泽丰富多彩。塑料壁纸可分为三大类：普通壁纸、发泡壁纸和特种壁纸。

普通壁纸是在纸面上涂刷塑料层而成，为了增加质感和装饰效果，常在纸面上印有图案或压出花纹，再涂上塑料层，这种壁纸耐水、可擦洗，比较耐用，价格也较便宜。

发泡壁纸是指在纸面上涂上发泡的塑料面，此壁纸立体感强，能吸声，有较好的音响效果。

特种壁纸是由于功能上的需要而生产的壁纸，也称功能壁纸，如耐水壁纸、防火壁纸、防霉壁纸、金属基壁纸等。

4）塑料地板

塑料地板种类繁多，按所用树脂可分为聚氯乙烯熟料地板、氯乙烯-醋酸乙烯塑料地板、聚乙烯塑料地板、聚丙烯塑料地板，目前绝大部分的塑料地板为聚氯乙烯塑料地板。塑料地板与传统的地面材料相比，具有质轻、美观、耐磨、耐腐蚀、防潮、防火、吸声、绝热、有弹性、施工简便、易于清洗与保养等特点。

9.4.3 建筑涂料

涂料是指涂敷于物体表面，与基体材料能很好地粘结并形成完整而坚韧的保护膜的物质。由于在物体表面结成连续性干膜，故又称涂膜或涂层。建筑涂料则是指能涂于建筑物表面，对建筑物起到保护、装饰作用，或者能改善建筑物使用功能的涂装材料。

1. 涂料的基本组成

涂料最早是以天然植物油脂，天然树脂如亚麻子油、桐油、松香、生漆等为主要原料，故以前称为油漆。目前，许多新型涂料已不再使用植物油脂。合成树脂在很大程度上已取代了天然树脂。因此，我国已正式采用涂料这个名称，而油漆仅仅是一类油性涂料而已。

涂料的基本组成包括：基料（成膜物质）、颜料、液体（分散介质）以及辅料（助剂）。

1）基料

基料又称成膜物质，在涂料中主要起到成膜及粘结颜料的作用，使涂料在干燥或固化后能形成连续涂层。常用的成膜物质有油料、天然树脂和合成树脂。

油料是涂料工业中的一种主要原料，目前，植物油仍占较大比例。

建筑涂料常用的树脂有聚乙烯醇、聚乙烯醇缩甲醛、丙烯酸树脂、环氧树脂、醋酸乙烯-丙烯酸酯共聚物（乙-丙乳液）、聚苯乙烯-丙烯酸酯共聚物（苯-丙乳液）、聚氨酯树脂等，以及无机聚合物水玻璃、硅溶胶等。

2）颜料

按所起作用，颜料又分为着色颜料和体质颜料（又称填料）两类。

建筑涂料中使用的着色颜料一般为无机矿物颜料。常用的有氧化铁红、氧化铁黄、氧化铁绿、氧化铁棕、氧化铬绿、钛白、锌钡白、群青蓝等。

体质颜料，即填料，主要起到改善涂膜的机械性能，增加涂膜的厚度，降低涂料的成本等作用，常用的填料为重晶石粉、轻质碳酸钙、重质碳酸钙、高岭土及各种彩色小砂粒等。

3）分散介质

分散介质（液体）包括溶剂和水，是液态建筑涂料的主要成分，主要起溶解或分散基料、改善涂料施工性能的作用，对保证涂膜质量也有较大作用。涂料应具有一定的流动能力，以便于施工，因此涂料应具有足够的分散介质。涂料涂装后，一部分分散介质被基底吸收，大部分分散介质挥发掉或蒸发掉，并不保留在涂膜中。涂料常用的有机溶剂有醇类、酮类、醚类、酯类和烃油类。

涂料按分散介质及其对成膜物质作用的不同，分为溶剂型涂料、水溶性涂料和乳液型涂料（又称乳胶漆或水乳型涂料）。水溶性涂料和乳液型涂料又称水性涂料。

4）辅料

辅料又称助剂或添加剂，是为了进一步改善或增加涂料的某些性能，而加入的少量物质。通常使用的有增白剂、防污剂、分散剂、乳化剂、稳定剂、润湿剂、增稠剂、消泡剂、流平剂、固化剂、催干剂等。

2. 涂料的分类与命名

涂料分类方法很多，如根据涂料使用部位，分为外墙涂料、内墙涂料、地面涂料；根据涂料功能分为防水涂料、防火涂料、防霉涂料等；根据涂料使用成膜物质的类型及涂料的分散特性，分为油性涂料、溶剂型涂料、无机建筑涂料、有机-无机复合型建筑涂料。其中，水性涂料又分为乳液型涂料和水溶性涂料。

由于建筑涂料的分类不统一，建筑涂料的命名也就相应地显得比较混乱。目前，一般多采用习惯命名法，即由成膜物质的名称、涂料的类型、涂料的特点三项顺序构成涂料的名称。如过氯乙烯外墙涂料、钾水玻璃无机建筑涂料、醋酸乙烯-丙烯酸酯乳液涂料（乙-丙乳液涂料）、苯乙烯-丙烯酸酯乳液涂料（苯-丙乳液涂料）、丙烯酸外墙复层花纹涂料、聚氨酯地面弹性涂料、苯丙外墙浮雕涂料等。

3. 涂料的技术性质

涂料的技术性质，一般包括三个方面的内容，即涂料涂饰前，呈液态时的性能，如：透明度、颜色、不挥发性、细度、黏度、流变性、结皮性、储存稳定性等；涂料涂到物体表面上时的施工性能，如：流平性、打磨性、遮盖力、使用量、干燥时间等；涂料硬化后的涂膜质量，如：漆膜厚度、光泽、颜色、硬度、冲击强度、柔韧性、附着力、耐磨性、耐洗刷性、耐变黄性等。选择主要方面介绍如下：

1）流变性

涂料是一种复杂的具有各种不同流变性质的液体。其流变性包括黏度、触变性和屈服值等。

在某些涂料中，当搅拌或摇动时，涂料黏度降低，出现“变薄”的现象；但在停止搅拌静置一段时间后，黏度又上升，发生“变厚”的现象，这种性质就是触变性。涂料在储存过程中，单凭黏度的稳定性并不能防止颜料的沉降和结块，而具有一定程度的触变性就能得到良好的稳定性。同样在涂料施工时，要想得到理想的涂刷性能，就需加入稀释剂，降低黏度，然而过多的稀释剂将导致漆膜厚度减薄，且易造成流挂等弊病。一定程度的触变性，就能使涂刷容易，且随触变结构的恢复而有足够的时间使涂层流平。

2）干燥时间

涂料从液态层变成固态涂膜所需时间称为干燥时间，根据干燥程度的不同，又可分为表干时间、实干时间和完全干燥时间三项。每一种涂料都有其一定的干燥时间，但实际干燥过程的长短还要受到气候条件、环境湿度等的影响。

3）流平性

流平性是指涂料被涂于基层表面后能自动流展成平滑表面的性能。流平性好的涂料，在干燥后不会在涂膜上留下刷痕，这对于罩面层涂料来讲是很重要的。

4）遮盖力

遮盖力是指有色涂料所成涂膜遮盖被涂表面底色的能力。遮盖力的大小，与涂料中所用颜料的种类、颜料颗粒的大小和颜料在涂料中的分散程度等有关。涂料的遮盖力越大，则在同等条件下的涂装面积也越大。

5）附着力

附着力是指涂料涂膜与被涂饰物体表面间的黏附能力。附着强度的产生是由于涂料中的聚合物与被涂表面间极性基团的相互作用。因此，一切有碍这种极性结合的因素都将使附着力下降。

6）硬度

硬度是指涂膜耐刻划、刮、磨等的能力大小，它是表示涂膜机械强度的重要性能之一。一般来说，有光涂料比各种平光涂料的硬度高，而各种双组分涂料的硬度更高。

7）耐磨性

耐磨性是那些在使用过程中经常受到机械磨损的涂膜的重要特性之一，其指的是涂膜经反复摩擦而不脱落和褪色的能力。耐磨性实际上是涂膜的硬度、附着力和内聚力综合效应的体现，与底料种类、表面处理、涂膜在干燥过程中的温度和湿度有关。

4. 选择涂料的主要考虑因素

由于涂料的品种繁多且性能各不相同，不同的工程对涂料性能的要求也不尽相同。因此，如何选择既满足工程需要又经济合理的涂料品种，是一个非常值得注意的问题。下面是选用涂料时需要考虑的一些主要因素。

1）基层材料

基层材料的性质是涂料选择的重要影响因素，应根据各种建筑材料的不同特性而分别选择适用的涂料。例如，用于混凝土、水泥砂浆等基层的涂料，具有较好的耐碱性是其最基本的要求。

2）环境条件

因为各种涂料具有各不相同的耐水性、耐候性、成膜温度等。所以选择涂料时应考虑使用时的环境条件，即应按照地理位置和施工季节的不同而分别选择合适的涂料。

3）使用部位

内墙与外墙、墙面与地面等不同的部位对涂料的要求是不一样的，应根据不同部位的性能要求选择合适的涂料。

4）建筑标准及其造价

涂料的选用，除满足上述几方面的要求及建筑标准外，还要考虑建筑物的造价。在保证工程技术性能及质量要求的前提下，应根据建筑物的造价，选择经济适用的涂料。

5. 常用建筑涂料

建筑涂料的品种繁多，性能各异，下面按涂料的使用部位不同，分别就外墙涂料、内墙涂料及地面涂料的常用品种作一介绍。

外墙涂料的品种主要有苯乙烯-丙烯酸酯乳液涂料、丙烯酸酯系外墙涂料、聚氨酯系外墙涂料、合成树脂乳液砂壁状外墙涂料等。

内墙涂料的主要品种有聚醋酸乙烯乳液涂料、醋酸乙烯-丙烯酸酯乳液涂料、多彩涂料等。

地面涂料主要有聚氨酯厚质弹性地面涂料、环氧树脂厚质地面涂料、聚醋酸乙烯水泥地面涂料等。

9.4.4　建筑粘结剂

能直接将两种材料牢固地粘结在一起的物质统称为粘结剂。皮胶、鱼胶、骨胶、淀粉和豆蛋白等动植物胶是传统的粘结剂，曾广泛用于粘结木材及其他建筑制品。目前，采用的粘结剂大部分为合成树脂。其中，结构用粘结剂多为热塑性树脂，如酚醛树脂、环氧树脂、有机硅等；非结构用粘结剂多为热塑性树脂，如聚乙烯醇、醋酸乙烯、过氯乙烯树脂等。

作为粘结剂，必须具备以下条件：具有足够的流动性，保证被粘结表面能充分浸润；不易老化；易于调节粘结性和硬化速度；膨胀或收缩变形小；粘结强度大。

复习思考题

1. 木材含水率的变化对其性能有何影响？
2. 木材常用的强度有哪几种？影响木材强度的因素有哪些？如何影响？
3. 如何提高木材的防腐、防虫及防火性能？
4. 石油沥青的主要技术性质是什么？这些性质相应的指标各是什么？如何测定？
5. 塑料与传统的建筑材料相比有哪些优缺点？
6. 涂料的组成及各组分的作用是什么？常用的建筑涂料有哪些？
7. 对建筑粘结剂的基本要求是什么？

第 10 章　功能材料

10.1　概　　述

现代建筑的发展，促进了建筑功能材料的发展；而建筑功能材料的广泛应用，大大改善了建筑物的使用功能与建筑品质，满足了现代社会对建筑的多功能化要求。建筑工程材料种类繁多，用途不一，通常按材料在建筑物或构筑物中的功能进行分类。本章主要介绍了防水材料的分类和特点；绝热、吸声、隔声材料的基本要求、影响其作用效果的主要因素及作用原理；此外，还详细介绍了建筑装饰材料的装饰特性、分类、选用原则及主要品种。

10.2　防水材料

防水材料是保证房屋建筑能够防止雨水、地下水与其他水分渗透的重要组成部分，是建筑工程上不可缺少的主要建筑材料之一，防水材料质量的优劣与建筑物的使用寿命是紧密联系的。防水材料是指经过施工形成整体封闭防水层，阻断水的通路，以达到防水的目的或增强抗渗漏能力的材料。建筑工程中常用的防水材料一般分为三类：柔性防水材料、刚性防水材料及瓦片防水材料。柔性防水材料主要有防水卷材、有机防水涂料和有机止水密封材料等；刚性防水材料主要有防水混凝土、防水砂浆、水泥基防水涂料等；瓦片防水材料一般包括黏土瓦、石棉瓦及水泥瓦等。

10.2.1　防水卷材

防水卷材是防水材料的重要品种之一，广泛应用于各类建筑物屋面、地下和构筑物等处的防水工程中。其主要品种包括沥青防水卷材、聚合物改性沥青防水卷材、合成高分子防水卷材三大系列（图 10-1）。其中，沥青防水卷材所占比例最大，但沥青防水卷材的温度稳定性和耐老化性较差，拉伸强度和延伸率低，特别是用于室外的暴露部位，在高温时易于流淌及老化，而在低温时又易于脆裂及变形，所以导致其使用期短，维修费高。随着合成高分子材料的迅速发展，聚合物改性沥青防水卷材、合成高分子防水卷材（以合成橡胶或合成树脂或两者的混合物为主要原料复合制成的弹性或弹塑性卷材）作为新型防水材料被逐步广泛应用，这不仅使建筑的防水功能得到了提高，而且促进了屋面防水构造的改革，显著地延长了建筑使用寿命。

- 防水卷材
  - 沥青防水卷材
    - 纸胎石油沥青油毡
    - 玻璃布胎沥青油毡等
  - 聚合物改性沥青防水卷材
    - SBS改性沥青防水卷材
    - APP改性沥青防水卷材
    - PVC改性焦油沥青防水卷材
    - 再生胶改性沥青防水卷材等
  - 合成高分子防水卷材
    - 橡胶类
      - 三元乙丙橡胶防水卷材
      - 丁基橡胶防水卷材
      - 再生橡胶防水卷材等
    - 树脂类
      - 聚氯乙烯防水卷材
      - 氯化聚乙烯防水卷材
      - 聚乙烯防水卷材等
    - 橡塑共混类——氯化聚乙烯橡胶共混防水卷材等

图 10-1　防水卷材的分类

10.2.2　防水涂料

防水涂料是一种流态或半流态物质，涂布在基层表面，经溶剂或水分挥发，或经各组分间的化学反应，形成具有一定弹性和一定厚度的连续薄膜，使基层表面与水隔绝，起到防水和防潮作用的一类建筑材料。

防水涂料固化成膜后的防水涂膜具有良好的防水性能，特别适合于各种复杂或不规则部位的防水，能形成无接缝的完整防水膜。它大多采用冷施工，不必加热熬制，既减少了环境污染，改善了劳动条件，又便于施工操作，加快了施工进度。此外，涂布的防水涂料既是防水层的主体，又是粘结剂，因而施工质量容易保证，维修也较简单。但是，防水涂料需采用刷子或刮板等逐层涂刷（刮），故防水膜的厚度较难保持均匀一致。

防水涂料广泛应用于工业与民用建筑的屋面防水工程、地下室防水工程和地面防潮、防渗等。按成膜物质的主要成分，可将防水涂料分为沥青类、高聚物改性沥青类和合成高分子类三类；按液态类型可分为溶剂型、水乳型和反应型三种。沥青基防水涂料是以沥青为基料配制而成的水乳型或溶剂型防水涂料。这类涂料对沥青基本没有改性或改性作用不大，有石灰乳化沥青、膨润土沥青乳液和水性石棉沥青防水涂料等。高聚物改性沥青防水涂料是以沥青为基料，用合成高分子聚合物进行改性，制成的水乳型或溶剂型防水涂料。这类涂料在柔韧性、抗裂性、拉伸强度、耐高低温性能、使用寿命等方面比沥青基涂料有很大改善。其品种有再生橡胶改性沥青防水涂料、水乳型氯丁橡胶沥青防水涂料、SBS 橡胶改性沥青防水涂料等。合成高分子防水涂料是以合成橡胶或合成树脂为主要成膜物质制成的单组分或多组分的防水涂料。这类涂料具有高弹性、高耐久性及优良的耐高、低温性能，品种有聚氨酯防水涂料、丙烯酸酯防水涂料和有机硅防水涂料等。

10.2.3 建筑密封材料

建筑密封材料是能承受位移以达到气密、水密目的而嵌入建筑接缝中的定形或非定形材料。非定形密封材料（密封膏）又称密封胶或密封剂，是黏稠状的密封材料，它可分为溶剂型、乳液型、化学反应型等。定形密封材料是将密封材料按密封工程部位的不同要求，制成带、条、垫片等形状。

建筑密封材料按性能，分为弹性密封材料和塑性密封材料；按使用时的组分，分为单组分密封材料和多组分密封材料；按组成材料，分为改性沥青密封材料和合成高分子密封材料。

为保证防水密封的效果，建筑密封材料应具有水密性和气密性、良好的粘结性、良好的耐高低温性和耐老化性能、一定的弹塑性和拉伸-压缩循环性能。

密封材料的选用。应首先考虑它的粘结性能和使用部位。密封材料与被粘基层的良好粘结，是保证密封的必要条件。因此，应根据被粘基层的材质、表面状态和性质来选择粘结性良好的密封材料；建筑物中不同部位的接缝，对密封材料的要求不同，如室外的接缝要求较高的耐候性，而伸缩缝则要求较好的弹塑性和拉伸-压缩循环性能。

（1）非定形密封材料。目前，常用的非定形密封材料有：沥青嵌缝油膏、丙烯酸酯密封膏、聚氨酯密封膏、硅酮密封膏和有机硅橡胶密封膏等。

（2）定形密封材料。定形密封材料包括密封条带和止水带，如铝合金门窗橡胶密封条、丁腈胶-PVC门窗密封条、自黏性橡胶、水膨胀橡胶、橡胶止水带、塑料止水带等。定形密封材料按密封机理的不同可分为遇水膨胀型和遇水非膨胀型两类。

10.3 绝热及吸声、隔声材料

10.3.1 绝热材料

为了常年保持室内温度的稳定，凡房屋围护结构所用的建筑材料，必须有一定的绝热性能。在建筑中主要作为保温、隔热用的材料，通称为绝热材料。绝热材料的一般特性是表观密度小，导热性低。绝热材料的导热系数（λ）值通常应不大于0.23W/（m·K），表观密度不大于600kg/m^3。由于建筑构造和施工安装的需要，也要求绝热材料具有一定的强度。

1. 影响材料绝热性能的主要因素

绝热材料的性能主要用导热系数表示。不同种类的材料，其导热系数不同。即使是同种材料，其导热系数也不是固定不变的。一般来说，材料的导热系数取决于材料成分、内部结构、构造情况及表观密度等，同时也与介质温度和材料的含水率等因素有关。

1）显微结构的影响

一般来说，呈晶体结构的材料导热系数最大，微晶体结构次之，而玻璃体结构的最小。同一种材料内部结构不同时，其导热系数也将不同。但多孔绝热材料显微结构对其导热系数的影响并不显著，因为起主要影响作用的是其孔隙率的大小。

2）结构特征的影响

结构特征的影响是指材料内部的孔隙率、孔隙构造、孔隙分布等对导热系数的影响。一般来说，孔隙率越大，则导热系数越小。在孔隙率相同的条件下，孔隙尺寸越大，且孔隙相互联通，则导热系数越大，这是由于空气对流的影响。

3）表观密度的影响

由于材料中固体物质的导热能力要比空气的导热能力大得多，因此，表观密度小的材料，其导热系数也较小。但表观密度很小的材料（尤其是纤维状的材料）常常存在着一个与最小 λ 值相对应的最佳表观密度值，当表观密度大于或小于最佳值时，λ 值都将会增大。这是由于表观密度值较小时，材料中所存在的对流作用对 λ 值产生了很大的影响。

4）湿度的影响

由于 $\lambda_{空气}=0.029W/(m \cdot K)$，$\lambda_{水}=0.58W/(m \cdot K)$，$\lambda_{冰}=2.33W/(m \cdot K)$，因此，当材料吸湿受潮后，其导热系数将会增大。如孔隙中的水又结成冰，则导热系数将更大。这种情况多孔材料最明显。这是由于在材料的孔隙中吸有水分之后，除了孔隙中剩余的空气分子的导热、对流以及部分孔壁的辐射作用外，孔隙中水蒸气的扩散和水分子的热传导将对传热过程起主要的作用。

5）温度的影响

当温度升高时，材料中分子的平均热运动水平有所提高，同时材料孔隙中空气的导热和孔壁间的辐射作用也有所增加。因此，材料的导热系数将随温度的升高而增大，但当温度在 0～50℃的范围内变化时，这种影响并不很大。只是在处于高温或负温下的材料，才有必要考虑这种温度变化对导热系数所产生的影响。

6）热流方向的影响

对于各向异性的材料，尤其是纤维质的材料，当热流的方向平行于纤维延伸方向时，所受到的阻力最小；而当热流方向垂直于纤维延伸方向时，热流受到的阻力最大。以松木为例，当热流垂直于纤维方向时，$\lambda=0.17W/(m \cdot K)$，而当热流平行于纤维方向时，$\lambda=0.35W/(m \cdot K)$。

在上述的各项因素中，以表观密度和湿度的影响最大。表观密度是由材料本身的组成与结构所决定的，而各种材料的组成与结构又很不相同。因此，表观密度是决定材料导热性的一个重要因素。在实际应用中，可以将其作为推断各种材料导热性相对大小及变化规律的一个重要依据。至于湿度的影响，则应根据材料在建筑中的实际使用条件来判断。使用条件包括当地的气候条件、房间的朝向、围护结构的构造方式及房间的使用性质等。在一般情况下，可取空气的相对湿度为 80%～85% 时的材料平衡湿度来测定绝热材料的导热系数。

2. 建筑材料及制品燃烧性能分级

《建筑材料及制品燃烧性能分级》GB 8624—2012 将建筑材料及制品的燃烧性能分为：

A1（不燃）、A2（不燃）、B（难燃）、C（难燃）、D（易燃）五个级别。

简单的检测方法，取一小块材料用打火机去烧烤一会，将打火机拿开，看材料是否有继续燃烧现象：

A 级，打火机火焰离开后材料没有燃烧现象，只有打火机烧烤的现象。

B 级，打火机火焰离开后材料还在燃烧，但是 3～5s 内自动熄灭。

C 级，不停燃烧。

建筑墙体外保温是绝热材料应用的重要方面之一，是实现建筑节能的重要手段。目前，国内的外墙保温中保温层约 80% 采用的是可燃有机绝热材料，并时有发生保温层火灾事故的案例，加之我国城市建筑密度和人口密度大，高层建筑的比例大量增加，特别是在部分大城市的新建住宅中，中高层、高层住宅已有相当大的比例，使得外墙保温系统的防火安全问题显得尤为重要。为此，我国有关政府主管部门要求：民用建筑外保温材料应采用燃烧性能为 A 级的材料；当以泡沫塑料类材料作为外墙保温系统中的绝热材料时应进行可靠的阻燃处理并设置防火隔离带。

3. 常用绝热材料

绝热材料包括无机绝热材料和有机绝热材料两大类。

无机绝热材料主要用矿物质原料制成，常用松散颗粒、纤维或制成板、块、片、卷材、套管等制品。这类材料的表观密度变化范围大，不易腐朽，不会燃烧，有的能耐高温，可用于热工设备的表面。常见的绝热纤维材料有石棉及其制品、矿渣棉及其制品和玻璃棉及其制品；常用的膨胀蛭石和膨胀珍珠岩是两种松散颗粒材料；还有泡沫混凝土、加气混凝土、微孔硅酸钙和泡沫玻璃等无机多孔制品。常见的有机绝热材料包括泡沫塑料、软木板、木丝板、软质纤维板、毛毡和蜂窝板。

近年来，新开发的各种玻璃幕墙材料较为流行，生产的各种彩色玻璃，用于建筑物立面，既可起到装饰作用，又可起保温隔热作用，同时可扩大空间感并营造建筑物的豪华气氛。玻璃幕墙所使用的绝热材料有中空玻璃、热反射玻璃、吸热玻璃、双层玻璃和窗用绝热薄膜等。

10.3.2　吸声材料

吸声材料是指能较大程度吸收声波能量的材料。在音乐厅、影剧院、大会堂、播音室等内部的墙面、地面、顶棚等部位，适当采用吸声材料，能改善声波在室内传播的质量，保持良好的音响效果。

1. 吸声材料的作用原理

当声波入射到构件的材料表面时，一部分声能穿透材料，一部分声能被反射，还有一部分因构件材料的振动或声音在其中传播时与周围介质摩擦而由声能转化为热能，导致声能被损耗，即通常所说的声音被材料吸收。

材料吸声性能的好坏，用吸声系数 α 来表示。

$$\alpha = E / E_0 \tag{10-1}$$

式中 E——材料吸收的声能；

E_0——入射到材料的总声能。

吸声系数与声音的频率及声音的入射方向有关。故吸声系数用声音从各个方向入射的吸收平均值表示，并需指出对哪一频率的吸收。通常采用的六个频率为 125Hz、250Hz、500Hz、1000Hz、2000Hz、4000Hz。

任何材料都能吸收声能，只是吸收的程度有很大不同。通常对上述六个频率的平均吸声系数 α 大于 0.2 的材料，称为吸声材料。

在室内采用吸声材料可以抑制噪声，保持良好的音质（声音清晰但不失真），如在公共场所、礼堂、影剧院等室内都必须采用吸声材料。普遍采用的吸声、隔声材料是多孔或软质材料。如目前采用的大部分是矿物棉、玻璃棉毡及其制品。

多孔材料具有大量内外连通的微小间隙和连通孔隙，因而具有通气性，这是多孔吸声材料最基本的构造特征。其吸声机理是当声波入射至多孔材料的表面时，声波能顺着微孔进入材料内部，引起孔隙中的空气振动。由于存在摩擦和空气的粘滞阻力，而使一部分声能转变成热能。此外，气体压缩放热、膨胀吸热，故孔隙中的空气与孔壁、纤维之间进行热交换，也使声能被吸收。故多孔材料吸声的首要条件是声波能很容易地进入微孔内。这不仅要求材料内部，而且也要求材料表面上均应有大量连续的微孔。例如，保温用的泡沫塑料内虽然也有气泡，但大部分为单个封闭的气泡，互不连通，则其吸声系数比一般多孔吸声材料小得多。

多孔性吸声材料的吸声系数，一般从低频到高频逐渐增大，因此对高频和中频的声音吸收效果好。

2. 影响吸声材料作用效果的重要因素

影响多孔性吸声材料吸声效果的主要因素有以下几个方面：

1）材料的表观密度

对同一种多孔材料（例如超细玻璃棉），当其表观密度增大时（孔隙率减小），对低频的吸声效果有所提高，而对高频吸声效果有所降低。

2）材料的厚度

增加多孔材料的厚度，可提高低频吸声效果，而对高频吸声则没有多大的影响。

3）孔隙的特征

孔隙越多、越细小，吸声效果越好。如果孔隙太大，则效果就差。如果材料中的孔隙大部分为封闭气泡，则因空气不能进入，从吸声机理考虑就不应属于多孔性吸声材料（如聚氯乙烯泡沫塑料）；当多孔材料表面涂刷油漆或材料吸湿时，材料的孔隙被水分或涂料所堵塞，则吸声效果将大大降低。

4）吸声材料的安装位置

悬吊于空中的吸声物体，可以控制房间中的混响时间和降低噪声。空中用多孔性材料悬吊，其吸声效果比在墙面上或天花板上布置吸声材料要好，使用和安置也比较方便。

3. 吸声材料的基本要求

（1）为发挥吸声材料的作用，必须选择材料的气孔是开放的且相互连通，气孔越多，吸声效果越好。开放的气孔越多，吸声性能越好。

(2) 选用的吸声材料应不易虫蛀、腐朽，不易燃烧。

(3) 应尽可能选用吸声系数较高的材料，以便节约材料用量，达到经济目的。

(4) 吸声材料强度一般较低，故应设置在墙裙以上，以免碰撞破坏。

(5) 为使吸声材料充分发挥作用，应安装在最容易接受声波和反射次数最多的表面上，但不应把吸声材料都集中在天花板或墙壁上，而应比较均匀地分布在室内各个表面上。

10.3.3 隔声材料

隔声是阻止声波透过的措施，隔声性能以隔声量来表示。隔声量是指一种材料入射声能与透过声能相差的分贝数，该值越大，其隔声性能也就越好。

声音按其传播的途径可分为空气声（由于空气的振动）和固体声（由于固体物质之间的撞击或同一物体内部振动）两种。对空气声，根据声学中的“质量定律”，墙或板传声的大小，主要取决于其单位面积质量，质量越大，越不易振动，则隔声效果越好，因此应选择密实、沉重的材料（如黏土砖、钢筋混凝土、钢板等）作为隔声材料。对固体声的隔绝最有效的措施是采用不连续的构造处理，即在墙体和承重梁之间，房屋的框架和墙板之间加弹性衬垫，如毛毡、软木、橡皮等材料或在楼板上加铺弹性地毯。应注意的是吸声性能好的材料，一般为轻质、疏松、多孔的材料，不能简单地把吸声材料作为隔声材料使用。

10.4 装饰材料

装饰材料一般是指主体结构工程完工后，进行室内外墙面、顶棚、地面的装饰和室内外空间布置所需的材料。它是既起到装饰的目的，又可以满足一定使用要求的功能性材料。

装饰材料是集材性、工艺、造型设计、色彩、美学于一体的材料。一个时代的建筑物很大程度上受到建筑材料，特别是受到装饰材料的制约。因此，装饰材料是建筑物的重要物质基础。

10.4.1 装饰材料的装饰特性

建筑装饰材料的装饰特性如下：

1. 颜色、光泽度、透明性

颜色是材料对光谱选择吸收的反映。不同颜色的材料给人以不同的感觉，如：红色、橘红色的材料给人一种温暖、热烈、喜庆的感觉；绿色、蓝色的材料给人一种宁静、清凉、寂静的感觉。

光泽度是材料表面方向性反射光线的性质。材料表面越光滑，则光泽度越高。当光线为定向反射时，材料表面具有镜面特征，称镜面反射。不同的光泽度，可改变材料表面的明暗程度，并可以扩大视野或创造不同的虚实对比。

透明性是光线能够透过材料的性质。分为透明体（可透光、透视）、不透明体（既不透光也不透视）和半透明体（介于透明体和不透明体之间）。利用不同的透明度可隔断或调整光线的明暗，造成特殊的光学效果，也可使物象清晰或模糊。

2. 花纹图案、形状、尺寸

利用不同的工艺将材料的表面做成各种不同的表面组织，如粗糙、平整、光滑、镜面、凹凸、麻点等，或将材料的表面制作成各种花纹图案（或拼镶成各种图案），如山水风景画、人物画、动植物图案、木纹、石纹、陶瓷壁画、拼镶陶瓷锦砖等。

建筑装饰材料的形状和尺寸对装饰效果有很大的影响。改变材料的形状和尺寸，并配合花纹、颜色、光泽等可以拼镶出各种线形和图案，从而获得不同的装饰效果，以满足不同的建筑型体和线形的需要，最大限度地发挥材料的装饰性。

3. 质感

质感是材料的表面组织结构、花纹图案、颜色、色泽、透明性等给人的一种综合感觉，如钢材、陶瓷、木材、玻璃、呢绒等在人的感官中有软硬、轻重、粗犷、细腻、冷暖等不同的感觉。组成相同的材料，可以有不同的质感，如普通玻璃与压花玻璃，镜面花岗石板与剁斧花岗石板材等都有不同的质感。

相同的表面处理形式往往具有相同或类似的质感，但有时并不完全相同，如人造花岗石和仿木纹制品，一般均没有天然的花岗石和木材亲切、真实，而略显得单调、呆板。

4. 其他特性

装饰材料的其他特性主要有耐玷污性、易洁性和耐擦性等。

材料表面具有抵抗污物作用，保持其原有颜色和光泽的性质，称为材料的耐玷污性。材料易于清洗洁净的性质，称为材料的易洁性。它包括在风、雨等作用下的易洁性（又称自洁性）及在人工清洗作用下的易洁性。

良好的耐玷污性和易洁性使建筑装饰材料历久常新，长期保持其装饰效果的重要保证。用于地面、台面、外墙以及卫生间、厨房等的装饰材料，必须考虑耐玷污性和易洁性。

材料的耐擦性就是材料的耐磨性，分为干擦（称为耐干擦性）和湿擦（称为耐洗刷性）。耐擦性越高，则材料的使用寿命越长。内墙涂料常要求具有较高的耐擦性，地面材料就要求有较好的耐磨性。

10.4.2　装饰材料的分类

1. 根据化学性质分类

从化学性质上，装饰材料可分为有机装饰材料（如木材、塑料、有机涂料等），无机装饰材料（如天然石材、石膏制品、金属等）和有机、无机复合装饰材料（如铝塑板、彩色涂层钢板等）。无机装饰材料又分为金属（如铝合金、铜合金、不锈钢等）和非金属（如石膏、玻璃、陶瓷、矿棉制品等）两大类。

2. 根据材质不同分类

根据材质不同，装饰材料可以分为石材类、陶瓷类、玻璃类、木质类、塑料类、有机和无机纤维类、涂料类、金属类、无机胶凝类等。

3. 根据装饰部位分类

按照装饰部位，装饰材料可分为表10-1中的类别。

表10-1 装饰材料按装饰部位的分类

序号	类型	举例	
1	墙面装饰材料	涂料类	无机类涂料（石灰、石膏、碱金属硅酸盐、硅溶胶等） 有机类涂料（乙烯树脂、丙烯树脂、环氧树脂等） 有机-无机复合类（环氧硅溶胶、聚合物水泥、丙烯酸硅溶胶等）
		壁纸、墙布类	塑料壁纸、玻璃纤维贴墙布、织锦缎、壁毡等
		软包类	真皮类、人造革、海绵垫等
		人造装饰板	印刷纸贴面板、防火装饰板、PVC贴面装饰板、三聚氰胺贴面装饰板、胶合板、微薄木贴面装饰板、铝塑板、彩色涂层钢板、石膏板等
		石材类	天然大理石、花岗石、青石板、人造大理石、美术水磨石等
		陶瓷类	彩釉砖、墙地砖、马赛克、大规格陶瓷饰面板、劈离砖、琉璃砖等
		玻璃类	饰面玻璃板、玻璃马赛克、玻璃砖、玻璃幕墙材料等
		金属类	铝合金装饰板、不锈钢板、铜合金板材、镀锌钢板等
		装饰抹灰类	斩假石、剁斧石、仿石抹灰、水刷石、干粘石等
2	地面装饰材料	地板类	木地板、竹地板、复合地板、塑料地板等
		地砖类	陶瓷墙地砖、陶瓷马赛克、缸砖、大阶砖、水泥花砖、连锁砖等
		石材板块	天然花岗石、青石板、美术水磨石板等
		涂料类	聚氨酯类、苯乙烯丙烯酸酯类、酚醛地板涂料、环氧类涂布地面涂料等
3	吊顶装饰材料	吊顶龙骨	木龙骨、轻钢龙骨、铝合金龙骨等
		吊挂配件	吊杆、吊挂件、挂插件等
		吊顶罩面板	硬质纤维板、石膏装饰板、矿棉装饰吸声板、塑料扣板、铝合金板等
4	门窗装饰材料	门窗框扇	木门窗、彩板钢门窗、塑钢门窗、玻璃钢门窗、铝合金门窗等
		门窗玻璃	普通窗用平板玻璃、磨砂玻璃、镀膜玻璃、压花玻璃、中空玻璃等
5	建筑五金配件	门窗五金、卫生水暖五金、家具五金、电气五金等	
6	卫生洁具	陶瓷卫生洁具、塑料卫生洁具、石材类卫生洁具、玻璃钢卫生洁具、不锈钢卫生洁具等	
7	管材型材	管材	钢质上下水管、塑料管、不锈钢管、铜管等
		异型材	楼梯扶手、画（挂）镜线、踢脚线、窗帘盒、防滑条、花饰等
8	粘结材料	无机胶凝材料	水泥、石灰、石膏、水玻璃等
		粘结剂	石材粘结剂、壁纸粘结剂、板材粘结剂、瓷砖粘结剂、多用途粘结剂等

10.4.3 装饰材料的选用原则

1. 满足使用功能

在选用装饰材料时，首先应满足与环境相适应的使用功能。对于外墙应选用耐大气侵蚀、不易褪色、不易玷污、不泛霜的材料；地面应选用耐磨性、耐水性好，不易玷污的材料；厨房、卫生间应选用耐水性、抗渗性好，不发霉、易于擦洗的材料。

2. 满足装饰效果

装饰材料的色彩、光泽、形体、质感和花纹图案等性能都影响装饰效果，特别是装饰材料的色彩对装饰效果的影响非常明显。因此，在选用装饰材料时要合理应用色彩，给人以舒适的感觉。例如：卧室、客房宜选用浅蓝或淡绿色，以增加室内的宁静感；儿童活动室应选用中黄、蛋黄、橘黄、粉红等暖色调，以适应儿童天真活泼的心理；医院病房要选用浅绿、淡蓝、淡黄等色调，以使病人感到安静和安全，早日康复。

3. 材料的安全性

在选用装饰材料时，要妥善处理装饰效果和使用安全的矛盾，要优先选用环保型材料和不燃或难燃等安全型材料，尽量避免选用在使用过程中感觉不安全或易发生火灾等事故的材料，努力给人们创造一个美观、安全、舒适的环境。

4. 有利于人的身心健康

建筑空间环境是人们活动的场所，进行建筑装饰可以美化生活、愉悦身心、改善生活质量。建筑空间环境的质量直接影响人们的身心健康，因此，在选用装饰材料时应注意以下几点：尽量选用天然的装饰材料；选择色彩明快的装饰材料；选择不易挥发有害气体的材料；选用保温隔热、吸声隔声的材料。

5. 合理的耐久性

不同功能的建筑及不同的装修档次，所采用的装饰材料耐久性要求也不一样。尤其是新型装饰材料层出无穷，人们的物质精神生活要求也逐步提高，很多装饰材料都有流行趋势。因此，有的建筑装修使用年限较短，就要求所用的装饰材料耐用年限不一定很长。但也有的建筑要求其耐用年限很长，如纪念性建筑物等。

6. 经济性原则

原则上应根据使用要求和装饰等级，恰当地选择材料；在不影响装饰工程质量的前提下，尽量选用优质价廉的材料；选用工效高、安装简便的材料，可以降低工程费用。另外，在选用装饰材料时，不但要考虑一次性投资，还应考虑日后的维修费用，以达到总体上经济的目的。

7. 便于施工

在选用装饰材料时，尽量做到构造简单、施工方便。这样既缩短了工期，又节约了开支，还为建筑物提前发挥效益提供了前提。应尽量避免选用有大量湿作业、工序复杂、加工困难的材料。

10.4.4 常用的装饰材料

1. 装饰石材

1）天然石材

在装饰材料中，一般把天然岩石，经过加工制成块状或板状、粒状的材料，统称为天然石材。

天然石材的主要优点有：蕴藏量丰富、分布很广，便于就地取材；石材结构致密，抗压强度高，大部分石材的抗压强度可达100MPa以上；耐水性好；耐磨性好；装饰性好。天然石材具有纹理自然、质感稳重、庄严、雄伟的艺术效果；耐久性好，使用年限可达一百年以上。其主要的缺点是：自重大、质地坚硬导致的加工困难、抗弯强度低、开采和运输不方便等。

常用的天然石材有天然大理石和天然花岗石。

2）人造石材

人造石材主要品种是人造大理石，其次还有彩色水磨石等品种。其花纹图案可以人为控制，胜过天然石材，且质量轻、强度高、耐腐蚀、耐污染、施工方便，因此广泛应用于各种室内外装饰、卫生洁具、大型壁雕、工艺品制作等方面，是现代建筑的理想装饰材料。

2. 陶瓷装饰材料

传统陶瓷的定义是使用黏土类及其他天然矿物（瓷土粉）等为原料经粉碎加工、成型、煅烧等过程而得到的产品；现代陶瓷的概念是指用传统陶瓷生产方法制成的无机多晶产品，其原料除了传统材料外还包括化工矿物原料等。

陶瓷产品按组成的原料成分与工艺的不同，可分为陶器、瓷器和炻器三种。

1）陶器

陶器主要是以陶土、河砂为主要原料配以少量的瓷土或熟料等，经高温（1000℃左右）烧制而成，可施釉或不施釉。其制品具有孔隙率较大、强度较低、吸水率大、断面粗糙无光、不透明、敲之声音喑哑等特点。

陶器又分为粗陶和精陶两种。粗陶一般由一种或多种含杂质较多的黏土组成坯料，经过烧制后的成品一般带有颜色，建筑工程中使用的砖、瓦、陶管等都属于此类。精陶一般经过素烧和釉烧两次烧制，通常呈白色或象牙色，吸水率为9%～12%，高的吸水率可达18%～22%，建筑饰面用的彩陶、美术陶瓷、釉面砖等均属于此类。精陶按其用途不同，可分为建筑精陶、日用精陶和美术精陶。

2）瓷器

瓷质制品结构致密，基本上不吸水，颜色洁白，具有一定的半透明性，其表面通常均施有釉层。瓷器按其原料的化学成分与工艺制作的不同，分为粗瓷和细瓷两种。

3）炻器

炻器是介于陶器和瓷器之间的一类陶瓷制品，也称为半瓷，其构造比陶瓷致密，一般吸水率较小，但又不如瓷器那么洁白，其坯体多带有颜色，而且无半透明性。炻器按其坯体的致密程度不同，又分为粗炻器和细炻器。粗炻器的吸水率一般为4% ~8%，建筑饰面用的外墙面砖、地砖和陶瓷锦砖（马赛克）等均属于粗炻器；细炻器的吸水率小于2%，日用器皿、化工及电器工业用陶瓷等均属细炻器。

3. 玻璃装饰材料

1）玻璃的基本性质

（1）表观密度。玻璃的表观密度与其化学成分有关，故变化很大，而且随温度升高而减小。普通硅酸盐玻璃的表观密度在常温下大约是2500kg/m^3。

（2）力学性质。玻璃的力学性质决定于化学组成、制品形状、表面性质和加工方法。凡含有未熔杂物、结石、节瘤或具有微细裂纹的制品，都会造成应力集中，从而急剧降低其机械强度。

在建筑中，玻璃经常承受弯曲、拉伸、冲击和振动，很少受压，所以玻璃的力学性质的主要指标是抗拉强度和脆性指标。玻璃的实际抗拉强度为30 ~ 60MPa；脆性是玻璃的主要缺点，普通玻璃的脆性指标（弹性模量与抗拉强度之比）为1300 ~ 1500（橡胶为0.4 ~ 0.6）。脆性指标越大，说明材料的脆性越大。

（3）热物理性质。玻璃的导热性很小，常温时其导热系数仅为铜的1/400，但随着温度的升高将增大。另外，它还受玻璃的颜色和化学组成的影响。玻璃的热膨胀性也决定于化学组成及其纯度，纯度越高热膨胀系数越小。玻璃的热稳定性决定于玻璃在温度骤变时抵抗破裂的能力。玻璃的热膨胀系数越小，其热稳定性越高。凡玻璃制品越厚、体积越大、热稳定性越差。因此，须用热处理方法提高制品的热稳定性。

（4）化学稳定性。玻璃具有较高的化学稳定性，但长期遭受侵蚀性介质的腐蚀，也能导致玻璃变质和破坏。

（5）玻璃的光学性能。玻璃既能透过光线，又能反射光线和吸收光线，所以厚玻璃和多层重叠玻璃，往往是不易透光的。玻璃反射光能与投射光能之比称为反射系数。反射系数的大小决定于反射面的光滑程度、折射率、投射光线入射角的大小、玻璃表面是否镀膜及膜层的种类等因素。玻璃吸收光能与投射光能之比称为吸收系数；透射光能与投射光能之比称为透射系数。反射系数、投射系数和吸收系数之和为100%。普通厚为3mm的窗玻璃在太阳光垂直投射的情况下，反射系数为7%，吸收系数为8%，透射系数为85%。将透过厚为3mm的标准透明玻璃的太阳辐射能量作为1.0，其他玻璃在同样条件下透过太阳辐射能的相对值称为遮蔽系数。遮蔽系数越小，则说明通过玻璃进入室内的太阳辐射能越少，冷房效果越好，光线越柔和。

2）玻璃的分类

玻璃的种类很多。按其化学成分，可分为钠钙玻璃、铝镁玻璃、钾玻璃、铅玻璃、硼硅玻璃和石英玻璃等；按功能和加工工艺，分为普通窗用玻璃（普通平板玻璃）、热反射玻璃、异形玻璃、钢化玻璃、夹层（丝）玻璃、太阳能玻璃、光致变色玻璃、泡沫玻璃、中空玻璃、压花玻璃、彩色玻璃、釉面玻璃、玻璃砖和玻璃马赛克等。

3）玻璃的表面处理方法

玻璃的表面处理具有十分重要的意义，不但可以改善玻璃的外观和表面性质，还可对玻璃进行装饰。主要的处理方法有化学蚀刻、机械磨（喷）砂、机械抛光、化学抛光、表面金属涂层、表面着色（扩散着色）、表面贴膜等。

复习思考题

1. 简要论述防水材料的种类及各自的性能优势。
2. 导热系数的物理意义是什么？影响材料导热系数的主要因素有哪些？
3. 简述多孔性吸声材料的吸声机理。
4. 选用装饰材料的原则有哪些？
5. 天然石材的优、缺点有哪些？
6. 简述玻璃的基本性质？

第 11 章　建筑材料试验

11.1　水泥试验

11.1.1　水泥细度测定（80μm 筛筛析法）（GB/T 1345—2005）

1. 主要仪器设备

（1）负压筛析仪：负压筛析仪由筛座、负压筛、负压源和收尘器组成。其中，筛座由转速（30±2）r/min 的喷气嘴、负压表、控制板、微电机及壳体构成（图 11-1）。

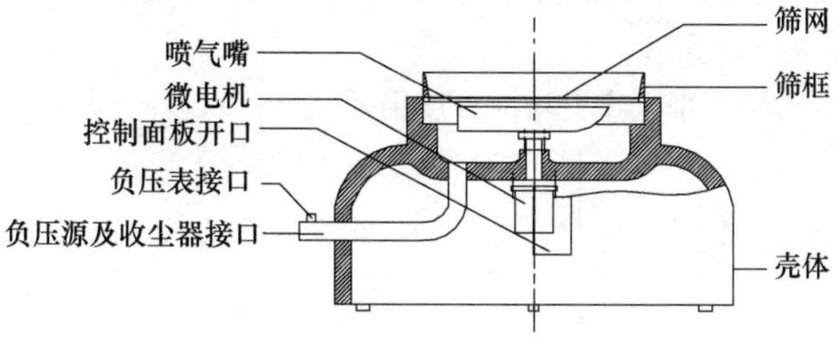

图 11-1　负压筛析仪示意图

（2）天平—— 最小分度值不大于 0.01g。

2. 试样及其制备

水泥出厂前按同品种、同强度等级编号取样。袋装水泥和散装水泥应分别进行编号和取样。每一编号为一取样单位。取样方法按 GB 12573 进行。可连续取样，也可从 20 个以上不同部位取等量样品，总量至少 12kg。用 80μm 筛进行筛析试验时称取试样 25g，45μm 筛析试验时称取试样 10g，精确至 0.01g。

3. 试验步骤

（1）将负压筛放在筛座上，盖上筛盖，接通电源后检查控制系统，调节负压至 4000～6000 Pa。

（2）将试样置于负压筛中，开动负压筛析仪，连续筛析 2min，在此期间如有试样附着在筛盖上可轻轻敲击筛盖使试样下落。筛毕，称量全部筛余物质量（R_s）。

4. 试验结果处理

水泥试样筛余百分数按下式计算（精确至0.1%）：

$$F=\frac{R_s}{m}\times 100 \tag{11-1}$$

式中 F—— 水泥试样的筛余百分率,%；

R_s——水泥筛余物的质量，g；

m——水泥试样的质量，g。

将计算结果乘以所用筛的修正系数 C，即筛析法的最终结果。C 值的有效范围为0.80～1.20。

11.1.2 水泥标准稠度需水量试验（标准法）（GB/T 1346—2011）

1. 主要仪器设备

（1）水泥净浆搅拌机：搅拌叶片公转：慢速为（62±5）r/min，快速为（125±10）r/min。搅拌叶片自转：慢速为（140±5）r/min，快速为（285±10）r/min。

（2）标准法维卡仪（图11-2）：滑动部分总重量为（300±1）g，与试杆和试针连接的滑动杆表面光滑，能够靠重力自由下落，不得有紧涩和晃动现象。

（3）量筒：精度为±0.5mL。

（4）天平：最大量程不小于1000g，分度值不大于1g。

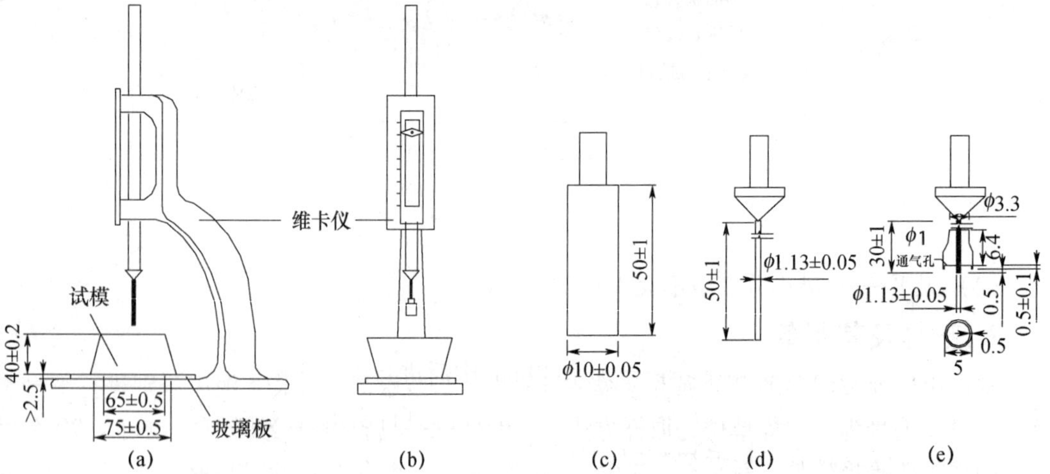

图11-2 标准法维卡仪和凝结时间试针

（a）初凝时间测定用立式试模；（b）终凝时间测定用翻转试模；

（c）标准稠度试杆；（d）初凝用试针；（e）终凝用试件

2. 试验步骤

（1）使用前检查仪器是否处于正常工作状态。

（2）搅拌锅和叶片用湿抹布擦过，将拌合水倒入搅拌锅中。

（3）将称好的500g水泥缓慢加入水中防止水和水泥溅出。

(4) 搅拌锅放在锅座上，升至搅拌位置。

(5) 选择搅拌程序，启动搅拌机，低速搅拌120s后，停机15s，再高速搅拌120s后停机。

(6) 关闭电源，取下搅拌锅进行标准稠度测定：立即将搅拌好的水泥净浆取适量，一次性装入已置于玻璃板上的试模中，浆体超过试模上端，用宽为25mm的直边刀轻轻拍打超出试模部分的浆体5次以排除浆体中的空隙，然后在试模上表面约1/3处，略倾斜于试模表面分别向外轻轻锯掉多余净浆后，再沿试模边轻抹顶部一次，使净浆表面光滑。在锯掉多余净浆和抹平的操作过程中，不要压实净浆；抹平后迅速将试模和底板移至维卡仪下，并将其中心定在试杆下，降低试杆直至与水泥净浆表面接触，拧紧螺钉后1～2s突然松动，使试杆垂直自由地沉入水泥净浆中。在试杆静止或沉入30s时记录试杆距玻璃板的距离，升起试杆擦净。整个操作过程在90s内完成。

3. 试验结果处理

试杆沉入水泥净浆距玻璃板(6±1)mm的水泥净浆为标准稠度净浆。其拌合水量为该水泥的标准稠度用水量$P\%$。结果以拌和水量占水泥试样重量的百分比表示。

11.1.3 水泥凝结时间试验（GB/T 1346—2011）

1. 主要仪器设备

(1) 水泥净浆搅拌机。

(2) 标准法维卡仪。

(3) 天平：最大称量不小于1000g，分度值不大于1g。

(4) 水泥湿气养护箱［温度为(20±1)℃，相对湿度不低于90%］。

2. 试验步骤

(1) 将维卡仪的试杆换成水泥初凝测试试针，调整试针接触玻璃板时指针对准零点。

(2) 将制备好的标准稠度水泥净浆一次装满试模，抹平，放入湿气养护箱中。记录水泥全部加入水中的时刻为凝结时间的起始时刻t_n。

(3) 试件在湿气养护箱中养护至加水30min中后进行第一次测定。试针与浆体上表面接触时，拧紧螺钉1～2s后，突然松动螺钉，试针垂直自由地沉入水泥净浆中，试针停止下沉或30s时读取数值。临近初凝时每隔5min（或更短时间）测一次，试针沉入水泥净浆距底板(4±1)mm时为水泥的初凝状态，此时记录初凝时刻t_{n1}。达到初凝时应立即重复测一次，两次结论相同时才能确定达到初凝状态。初凝时间$\Delta t_c = t_{n1} - t_n$。

(4) 初凝测完，将试件从玻璃板上水平平移取下，翻转180°直径大端向上放在玻璃板上，试件移入湿气养护箱中。维卡仪换上终凝测试试针。临近终凝时刻每隔15min（或更短时间）测试一次。当试针从浆体表面进入浆体0.5mm，即终凝测试试针的环形附件不能在试件表面留下压痕时为水泥的终凝时刻t_{n2}。达到终凝时，需要在试体另外两个不同点测试，确认结论相同才能达到终凝状态。初凝时间：$\Delta t_c = t_{n2} - t_n$。

11.1.4 水泥安定性试验（GB/T 1346—2011）

1. 主要仪器设备

（1）雷氏夹（图 11-3）。

（2）沸煮箱。

（3）雷氏夹膨胀值测定仪（图 11-4）。

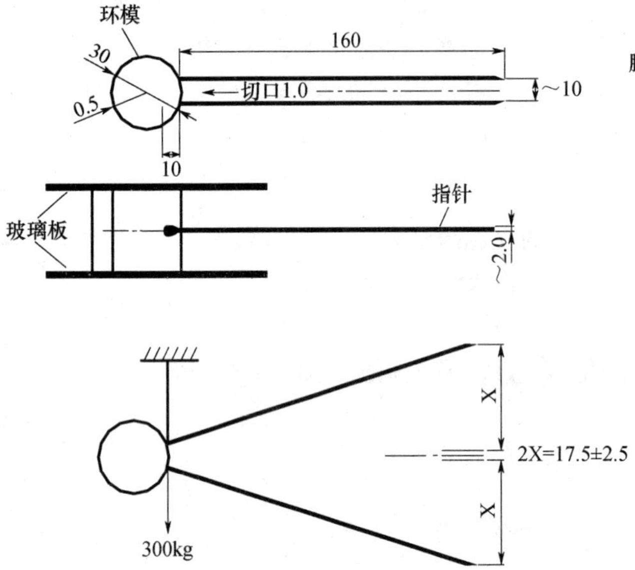

图 11-3 雷氏夹及受力示意图

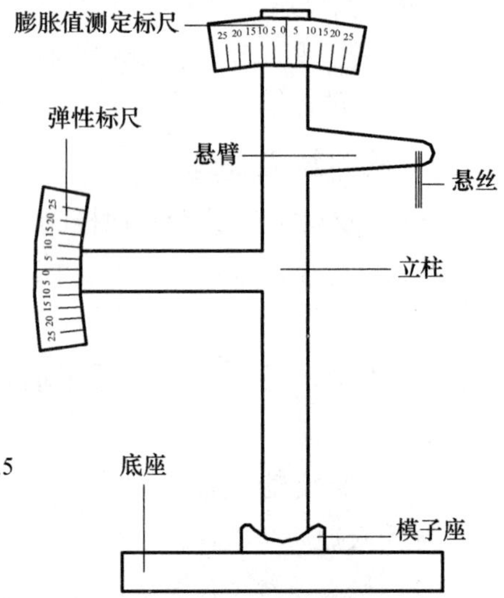

图 11-4 雷氏夹膨胀值测定仪

2. 试验步骤

1）标准法

（1）将雷氏夹及与水泥浆体接触的玻璃板涂油，雷氏夹静放于玻璃板上。玻璃板两个，边长或直径 80mm，厚度为 4 ~5mm。

（2）将标准稠度的水泥净浆一次性分别装入两只雷氏夹中。装浆时一只手轻扶雷氏夹，另一只手用宽度约为 25mm 的直边刀在浆体表面轻轻插捣 3 次，抹平后用玻璃板盖上。

（3）将雷氏夹试件移入湿气养护箱中，养护（24 ±2)h 后取出脱去玻璃板，用雷氏夹膨胀值测定仪量取雷氏夹指针尖端的初值（A），精确至 0. 5mm。

（4）将雷氏夹试件移入盛水沸煮箱中，指针尖端向上，(30 ±5) min 内加热至沸且恒沸（180 ±5) min。

2）代用法

（1）两片约为 100mm ×100mm 的玻璃板表面涂抹油。

（2）用标准稠度的水泥净浆制备两个大小基本相等的球分别放在两个玻璃板上，轻轻振动，用小刀由边缘向中心抹成直径为 70 ~80mm、中心约为 10mm、边缘渐薄、表面光滑的试饼。

（3）养护同标准法。

（4）将试饼从玻璃板上取下，在无缺损的情况下放入蒸煮箱水中的篦板上。(30±5)min 加热至沸且恒沸（180±5)min。

3. 试验结果处理

蒸煮时间结束，放掉水，冷却至室温取出试件。

标准法：用雷氏夹膨胀值测定仪量取雷氏夹指针尖端的距离终值（C），精确至 0.5mm。计算两个试件终值与初值之差（$C-A$）为雷氏夹膨胀值。两个试件膨胀值的平均值不超过5.0mm时，则为水泥安定性合格，反之则不合格。两个试件膨胀值的平均值大于5.0mm时，应用同一样品重新试验，结果再如此，则该批水泥安定性不合格。

代用法：目测试饼无裂纹，直尺检查试饼背面无弯曲，则为安定性合格，反之则不合格。当两个试饼判定有矛盾时，则为安定性不合格。

11.1.5　水泥胶砂强度实验（ISO法）（GB/T 17671—1999）

1. 主要仪器设备

（1）行星式水泥胶砂搅拌机（图11-5）：搅拌叶片公转：慢速为（62±5)r/min，快速为(125±10)r/min。搅拌叶片自转：慢速为（140±5)r/min，快速为（285±10)r/min。

（2）试模（图11-6）：可拆卸的三联模，由隔板、端板、底座等组成。模槽内腔尺寸为40mm×40mm×160mm。三边应互相垂直。

（3）胶砂振实台：由可以跳动的台盘和使其跳动的凸轮等组成。

（4）抗折、抗压试验机、抗压夹具。

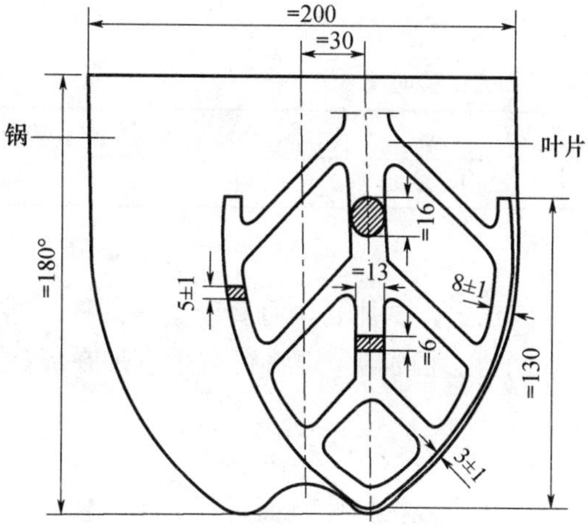

图11-5　搅拌机（尺寸单位：mm）

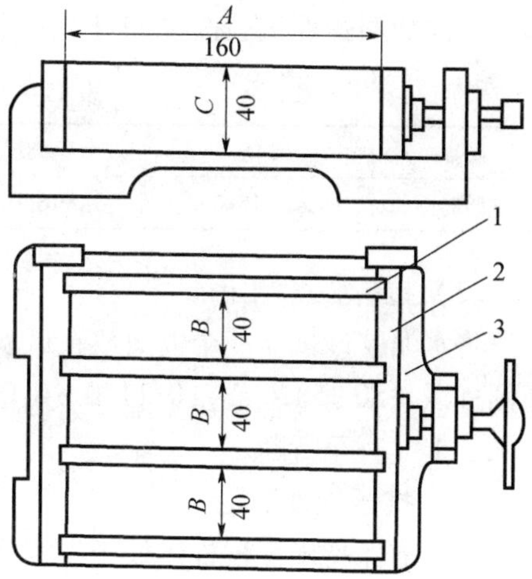

图11-6　试模

1—隔板；2—端板；3—底座

2. 试验步骤

1）胶砂的制备

称取水泥450g，标准砂1350g，水225g。对火山灰质硅酸盐水泥、粉煤灰硅酸盐水泥、复合硅酸盐水泥和掺火山灰质混合材的普通硅酸盐水泥，其用水量按0.5水灰比和胶砂流动度不小于180mm来确定。当流动度小于180mm时，须以0.01的整数倍递增的方法将水灰比调整到胶砂流动度不小于180mm。将标准砂加入加砂漏斗中，水加入搅拌锅中，再加入水泥；把锅放在固定架上，升至固定位置。选择搅拌程序立即开机，低速搅拌30s后，在第2个30s开始的同时加入标准砂，（30 ±1）s加完标准砂，再高速搅拌30s，停90s，再高速搅拌60s。总计搅拌时间为240s。

2）胶砂的成型

将准备好的胶砂料分两层装入试模中成型，第一层每个槽里约放300g胶砂料，用大拨料器来回一次将料拨平，启动振实台，振动60次。然后将剩余的胶砂料均匀的装入3个槽中，用小拨料器来回一次拨平，振动60次，取下试模刮抹平，编号后放入水泥胶砂试体养护箱中。两个龄期以上的试体，在编号时应将同一试模中的三条试体分在两个以上龄期内。

3）试件的脱模和养护

（1）脱模。

用塑料锤或橡皮榔头或专用脱模器脱模。对24h龄期的，应在破型前20min脱模；对于24h以上龄期的，应在成型后20～24h之间脱模。

（2）养护。

脱模后，胶砂试体立即水平或竖直放在（20 ±1）℃水中养护，水平放置时刮平面朝上。养护期间试体之间间隔或试体上表面的水深不得小于5mm。

4）水泥胶砂强度测定

除24h龄期或延迟至48h脱模的试体外，任何到期的试体应在破型前15min从水中取出，擦去试体表面的沉淀物，并用湿布覆盖至试验为止。试体龄期从水泥加水搅拌开始算起。不同龄期强度试验按表11-1所示的时间进行。

表11-1 水泥胶砂强度试验时间

龄期	24h	48h	72h	7d	>28d
试验时间	24h ±15min	48h ±30min	72h ±45min	7d ±2h	>28d ±8h

（1）抗折强度测定。

将水泥胶砂试体一个侧面放在试验机支撑圆柱上，试体长轴垂直于支撑圆柱，通过加荷圆柱以（50 ±5）N/s［（0.1170 ±0.0117）MPa］的速度均匀地将荷载垂直加在棱柱体相对侧面上，直至折断。

（2）抗压强度测定

抗压前保持半截棱柱体处于湿润状态。抗压在半截棱柱体侧面进行。半截棱柱体逐一放入40mm ×40mm水泥抗压夹具中进行试验。半截棱柱体中心与压力机压板受压中心差应在 ±0.5mm内，棱柱体露在压板外的部分约为10mm。整个加荷过程以（2400 ±200）N/s的速度均匀地加荷直至破坏。

3. 试验结果处理

（1）抗折强度以3个试体结果的算数平均值作为试验结果。当3个值中有超过平均值

±10%时，应剔除后再取平均值作为抗折强度试验结果。

抗折强度计算（精确至0.1MPa）：

$$R_f = \frac{1.5F_fL}{b^3} \tag{11-2}$$

式中　R_f——抗折强度，MPa；

F_f——抗折破坏荷载，N；

L——支撑圆的距离，100mm；

b——棱柱体正方形界面边长，mm。

（2）抗压强度以6个半截棱柱体抗压强度的算术平均值作为试验结果。如果六个值中有一个超过平均值的±10%时，剔除该值，以剩余五个的平均值作为试验结果。如果五个测定值中再有超过它们平均值±10%的，则此组结果作废。

抗压强度计算（精确至0.1MPa）：

$$R_c = \frac{F_c}{A} \tag{11-3}$$

式中　R_c——抗压强度，MPa；

F_c——破坏时最大荷载，N；

A——受压面积，mm。

11.2　骨料试验

11.2.1　砂的筛分析试验（JGJ 52—2006）

1. 主要仪器设备

（1）试验筛：孔径为4.75mm、2.36mm、1.18mm、0.60mm、0.30mm和0.150mm的方孔筛，以及筛的底盘和盖各一只。

（2）天平：称量1000g，感量1g。

（3）摇筛机。

（4）烘箱：温度控制在（105±5）℃。

（5）浅盘、毛刷等。

2. 试样及其制备

按四分法进行缩分，用于筛分析的试样，颗粒粒径不应大于9.50mm。试验前应先将试样通过9.50mm筛，并记录筛余百分率。如试样含泥量超过5%，应先用水洗，然后将试样充分拌匀，用四分法缩分至每份不少于550g的试样两份，在（105±5）℃下烘干至恒重，冷却至室温后备用。

3. 试验步骤

（1）准确称取烘干试样 500g，置于按筛孔大小顺序排列的套筛最上一只筛上，将套筛装入摇筛机上摇筛约 10min（无摇筛机可采用手摇）。取下套筛，按孔径大小顺序逐个在清洁的浅盘上进行手筛，直至每分钟的筛出量不超过试样总重的 0.1% 时为止。通过的颗粒并入下一号筛中一起过筛。按此顺序进行，至各号筛全部筛完为止。

（2）试样在各号筛上的筛余量均不得超过下式的量，否则应将该筛余试样分成两份或数份，再次进行筛分，并以其筛余量之和作为该号筛的筛余量。

$$m_{\tau} = \frac{A\sqrt{d}}{300} \tag{11-4}$$

式中 m_{τ}——筛余量，g；

d——筛孔尺寸，mm；

A——筛的面积，mm^2。

（3）称量各号筛筛余试样的质量，精确至 1g。所有各号筛的筛余试样质量和底盘中剩余试样质量的总和与筛余前的试样总重相比，其差值不得超过 1%。

4. 实验结果处理

（1）计算分计筛余百分率（各筛上的筛余量除以试样总量的百分率），精确至 0.1%。

（2）计算累计筛余百分率（该筛上的分计筛余百分率与大于该筛的各筛上的分计筛余百分率之总和），精确至 0.1%。

（3）根据各筛的累计筛余，绘制筛分曲线，评定颗粒级配。

（4）按下式计算砂的细度模数（精确至 0.01）；

$$\mu_{f} = \frac{(\beta_2+\beta_3+\beta_4+\beta_5+\beta_6)-5\beta_1}{100-\beta_1} \tag{11-5}$$

式中 μ_{f}——砂的细度模数；

β_1、β_2、β_3、β_4、β_5、β_6——依次为 5.0mm、2.5mm、1.25mm、0.63mm、0.315mm、0.16mm 筛上累计筛余。

（5）筛分析试验应采用两份试样进行，并以其试验结果的算术平均值作为测定值，精确至 0.1。如两次试验所得细度模数之差大于 0.20，应重新取试样进行试验。

11.2.2 碎石或卵石的筛分析试验

1. 主要仪器设备

（1）试验筛：孔径为 90mm、75.0mm、63.0mm、53.0mm、37.5mm、31.5mm、26.5mm、19.0mm、16.0mm、9.50mm、4.75mm、2.36mm 的方孔筛，以及筛的底盘和盖各一只。

（2）天秤：称量 1000g，感量 1g。

（3）摇筛机。

（4）烘箱：温度控制在（105±5）℃。

（5）浅盘、毛刷等。

2. 试样及其制备

按规定取样，并将试样缩分至略大于表 11-2 规定的数量，烘干或风干后备用。

表 11-2　颗粒级配实验所需试样质量

最大粒径（mm）	9.5	16.0	19.0	26.5	31.5	37.5	63.0	75.0
最少试样质量（kg）	1.9	3.2	3.8	5.0	6.3	7.5	12.6	16.0

3. 试验步骤

（1）称取按表 11-2 规定质量的试样一份，精确到 1g。将试样倒入按孔径大小从上到下组合的套筛（附筛底）上，然后进行筛分。

（2）将套筛装入摇筛机内固紧，筛分时间为 10min 左右；然后取出套筛，再按筛孔大小顺序，在清洁的浅盘上逐个进行手筛，直至每分钟的筛出量不超过试样总量的 0.1% 时为止。通过的颗粒并入下一号筛中，并和下一号筛中试样一起过筛，依此类推，直至各号筛全部筛完为止。

（3）称取各筛筛余试样的质量（精确至 1g），所有各筛的分计筛余量和底盘中剩余量的总和与筛分前的试样总量相比，其相差不得超过 1%。否则需重新试验。

4. 试验结果处理

（1）计算分计筛余百分率（各号筛的筛余量与试样总量之比），精确至 0.1%。

（2）计算累计筛余百分率（该号筛上的分计筛余百分率与大于该号筛的各筛上的分计筛余百分率之总和），精确至 1%。

（3）根据各号筛的累计筛余百分率，评定该试样的颗粒级配。

11.3　普通混凝土试验

11.3.1　混凝土拌合物稠度试验（坍落度与坍落度扩展度法）（GB/T 50080—2016）

1. 主要仪器设备

坍落度筒、捣棒、直尺等（图 11-7）。

2. 试验步骤

（1）湿润坍落度筒及其他工具，将筒放在不吸水的刚性地板上，用脚踩住脚踏板以固定坍落度筒。

（2）将混凝土拌合物分三层装入筒内，每层高度约为筒高的 1/3。每层用捣棒沿螺旋方向由外向中心插捣 25 次，各次插捣应在截面上均匀分布。插捣筒边混凝土时捣棒可以稍微倾斜。插捣底层时，捣棒应贯穿整个深度，插捣第二层和顶层时，捣棒应穿透本层至下一层的表面；浇灌顶层时，混凝土应灌到高出筒口。顶层插捣完后，用抹刀刮去多余混凝土并抹平。

（3）清除筒外混凝土，在 5 ~ 10s 内垂直平稳地提起坍落度筒。从开始装料到提坍落度筒的整个过程应在 150s 内完成。如提起坍落度筒后，拌合物发生崩坍或一边剪坏现象，应重新进行试验。如第二次仍出现这种现象，则表示该拌合物和易性不好。

（4）测量筒高与混凝土坍落后最高点之间的高度差（mm），即为混凝土拌合物的坍落度值（图 11-8）。

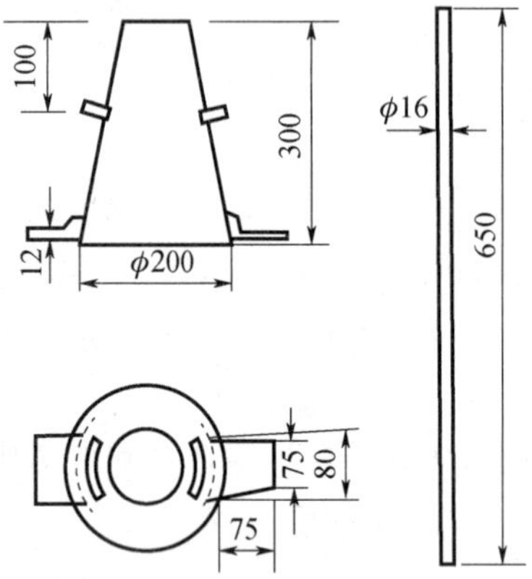

图 11-7　坍落筒及捣棒

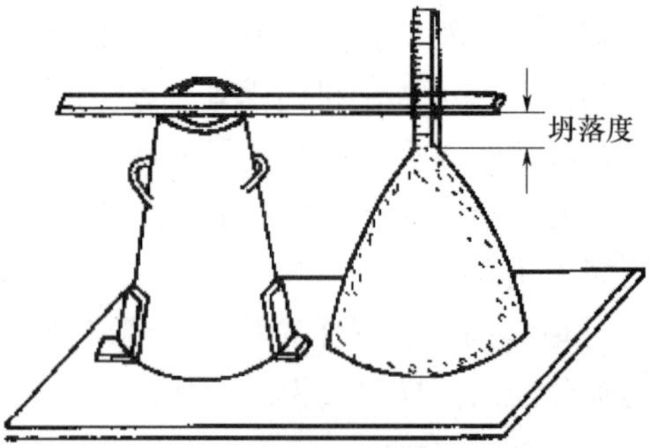

图 11-8　坍落度测定

（5）观察坍落后的混凝土试体的黏聚性及保水性。

3. 试验结果处理

（1）稠度：以坍落值表示，单位为 mm，精确至 5mm。

（2）黏聚性：以捣棒轻敲混凝土锥体侧面，如锥体逐渐下沉，表示黏聚性良好；如锥体倒塌、崩裂或离析，表示黏聚性不好。

（3）保水性：提起坍落度筒后，如底部有较多稀浆析出，骨料外露，表明保水性不好；如无稀浆或少量稀浆析出，表明保水性良好。

11.3.2　混凝土立方体抗压强度试验（GB/T 50081—2002）

1. 主要仪器设备

（1）压力试验机：测量精度为 ±1%，试件的预期破坏荷载值应大于全量程的 20%，但小于全量程的 80%。

（2）振实台、试模、捣棒等。

2. 试件制作

（1）采用立方体试件，以龄期分组，每组 3 个试件。试件尺寸按骨料最大粒径确定。

（2）试件在涂有隔离剂的试模内成型，成型方法根据混凝土稠度而定。坍落度不大于 70mm 的混凝土宜采用振动台振实成型；坍落度大于 70mm 的混凝土宜采用人工插捣实成型。采用振动台成型时将混凝土一次装入试模，振动到混凝土表面泛浆为止，并抹平表面。人工插捣成型时，将混凝土分两层装入试模，每层插捣次数每 $100cm^2$ 不少于 12 次，同时用抹刀沿试模内壁插入数次，并抹平表面。

（3）试件成型后，在（20 ±5）℃情况下静置 1 ~2 昼夜，然后编号拆模。拆模后的试件放入温度为（20 ±2）℃、湿度为 95% 以上的标准养护室养护，直至试验龄期。无标准养护室时，试件可在（20 ±2）℃不流动的 $Ca(OH)_2$ 饱和溶液中养护。

3. 试验步骤

（1）试件自养护室取出后擦干表面并测量尺寸，精确至 1mm，并计算试件受压面积 A。

（2）将试件放在压力机的承压板中心，并使试件成型时的侧面作为受压面。开动试验机，当上压板与试件接近时，调整球座使接触均衡。

（3）加荷时，应连续而均匀，加荷速度为：混凝土强度等级低于 C30 时，取 0.3 ~0.5MPa/s；混凝土强度等级高于或等于 C30 且小于 C60 时，取 0.5 ~0.8MPa/s；混凝土强度等级高于 C60 时，取 0.8 ~1.0MPa/s。加荷至试件破坏，记录极限破坏荷载 F。

4. 试验结果

（1）混凝土立方体抗压强度按下式计算（精确至 0.1MPa）：

$$f_{cc}=\frac{F}{A} \tag{11-6}$$

式中　f_{cc}——混凝土立方体试件抗压强度，MPa；

F——试件极限破坏荷载，N；

A——试件受压面积，mm^2。

（2）以 3 个试件抗压强度的算术平均值作为该组试件的抗压强度测定值。3 个试验值中最大值或最小值中如有一个与中间值的差值超过中间值的 15% 时，则取中间值作为该组试件的抗压强度测定值；如最大值和最小值与中间值的差值均超过中间值的 15%，则试验结果无效。

（3）混凝土抗压强度以边长 150mm ×150mm ×150mm 的立方体试件的抗压强度为标准值，采用其他尺寸立方体试件时应乘以换算系数，换算成标准值。其值对 200mm ×200mm ×200mm 试件为 1.05，对 100mm ×100mm ×100mm 试件为 0.95。

（4）混凝土强度随龄期的增长而逐渐提高，混凝土抗压强度增长情况大致与龄期的对数成正比关系：

$$f_n=f_{28}\frac{\lg n}{\lg 28} \tag{11-7}$$

式中　f_n——nd 龄期混凝土抗压强度，MPa；

f_{28}——28d 龄期混凝土抗压强度，MPa；

$\lg n$、lg28——n（$n>3$）和 28 的常用对数。

11.4　建筑砂浆试验（JGJ/T 70—2009）

11.4.1　砂浆稠度和分层度的测定

1. 主要仪器设备

（1）砂浆稠度测定仪：由支架、底座、带滑杆圆锥体、刻度盘及圆锥形金属筒组成，形状和结构（图 11-9）。

（2）ϕ10 钢制捣棒、拌铲、抹刀等。

（3）砂浆分层度测定仪：形状和尺寸（图 11-10）。

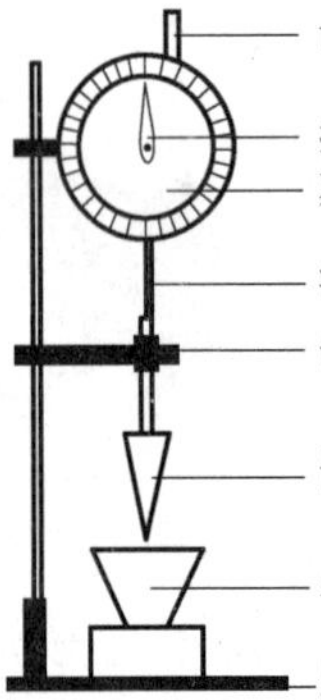

图 11-9　砂浆稠度仪

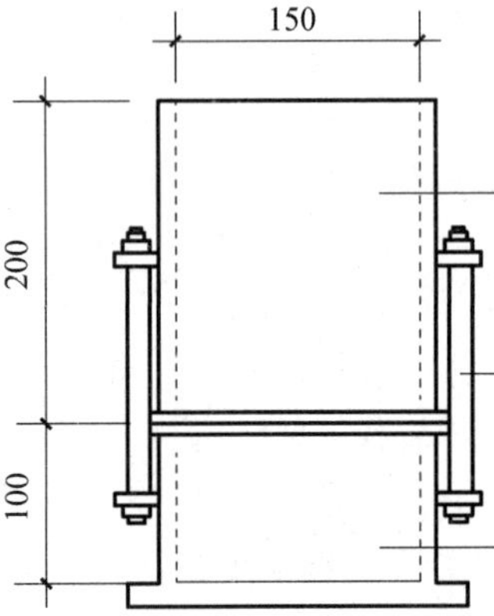

图 11-10　砂浆分层度筒

2. 试验步骤

1）稠度试验

（1）将盛浆容器和试锥表面用湿布擦干净，并用少量润滑油轻擦滑杆，后将滑杆上多余的油用吸油纸擦净，使滑杆能自由滑动。

（2）将砂浆拌合物一次装入容器，使砂浆表面低于容器口 10mm 左右，用捣棒自容器中心向边缘插捣 25 次，然后轻轻地将容器摇动或敲击 5 ~6 下，使砂浆表面平整，随后将容器置于稠度测定仪的底座上。

（3）拧开试锥滑杆的制动螺钉，向下移动滑杆，当试锥尖端与砂浆表面刚接触时，拧紧制动螺钉，使齿条侧杆下端刚接触滑杆上端，并将指针对准零点上。

（4）拧开制动螺钉，同时计时间，10s 时立即固定螺钉，将齿条测杆下端接触滑杆上端，从刻度盘上读出下沉深度（精确至 1mm），即为砂浆的稠度值。

2）分层度实验

（1）将砂浆拌合物按稠度实验方法测定稠度。

（2）将砂浆拌合物一次装入分层度筒内，待装满后，用木锤在容器周围距离大致相等的四个不同地方轻轻敲击 1 ~ 2 下，如砂浆沉落于筒口则应随时添加，然后刮去多余的砂浆并用抹刀抹平。

（3）静置 30min 后，去掉上节 200mm 砂浆，剩余的 100mm 砂浆倒出放在拌合锅内搅拌 2min，再按稠度实验方法测其稠度。前后测得的稠度之差即为该砂浆的分层度值（mm）。

4. 试验结果处理

（1）试锥在砂浆中的沉入度即为砂浆的稠度（精确至 1mm），以两次试验的平均值作为稠度测定值。当两次试验值之差大于 10mm 时，应重新取样测定。

（2）砂浆静置前后的稠度值之差即为分层度（精确至 1mm）。以两次试验的平均值作为分层度测定值。两次分层度测定值之差如大于 10mm，应重做试验。

11.4.2　建筑砂浆立方体抗压强度试验

1. 主要仪器设备

（1）试模：规格为 70.7mm × 70.7mm × 70.7mm。

（2）压力机（精度为 1%）、捣棒、刮刀等。

（4）振动台：空载台面垂直振幅为（0.5 ± 0.05）mm，频率为（50 ± 3）Hz。

2. 试件制作

（1）将试模内壁涂一薄层机油（脱模剂）。

（2）将砂浆一次装满试模，当稠度大于 50mm 时，应用捣棒插捣 25 次，并用刮刀沿试模内壁插入数次。待砂浆表面出现麻斑后，将高出试模的砂浆刮去并抹平，当稠度小于 50mm 时，宜采用振动台成型，振动 5 ~ 10s 后抹平。

（3）试件制作好后，应在（20 ± 5）℃温度条件下停置（24 ± 2）h，然后编号和拆模。试件拆模后立即放入温度为（20 ± 2）℃，相对湿度 90% 以上的标准养护室养护至规定龄期。

3. 试验步骤

（1）试件从养护地点取出后，应尽快进行试验，以免试件内部的温湿度发生显著变化。试验前先将试件擦拭干净，测量尺寸，并检查外观。

（2）以试件的侧面作为受压面进行加荷，加荷速度为 0.25 ~ 1.5kN/s。加荷至试件破坏，记录极限破坏荷载 N_u（N）。

4. 试验结果处理

（1）砂浆立方体抗压强度应按下列公式计算：

$$f_{m,cu} = \frac{N_u}{A} \tag{11-8}$$

式中　$f_{m,cu}$——试件立方体抗压强度，MPa；

N_u——试件极限破坏荷载，N；

A——试件受压面积，mm^2。

（2）以3个试件测值的算术平均值的1.3倍作为该组砂浆立方体抗压强度（精确至0.1MPa）。当最大值或最小值与中间值的差值超过中间值的15%时，则取中间值作为该组砂浆立方体抗压强度；当最大、最小值均超过中间值的15%时，该组试验结果无效。

11.5 建筑钢材试验

11.5.1 钢筋的拉伸试验（GB/T 228.1—2010）

1. 主要仪器设备

（1）游标卡尺。

（2）钢筋标距打点机。

（3）金属材料拉伸试验机或万能材料试验机，载荷示值精度为±1%。

2. 试样制备

（1）钢筋试件应直接从钢筋原材上截取，不许车削加工试样。

（2）用钢筋标距打点机将试件分为N等份，一般每等份长度a为10mm或5mm。

3. 试验步骤

1）屈服强度和抗拉强度的测定

（1）测量试件标距长度L_0，精确至0.1mm。

（2）选择试验机量程：根据钢筋公称直径计算试件截面面积S_0（精确至$0.01mm^2$），并以S_0与钢筋强度极限值估算钢筋拉断荷载，选择试验机合适的量程。

（3）将钢筋试件固定在试验机夹头内，开动试验机加荷载，试件屈服前，试验机夹头的分离速率应尽可能保持恒定，试件的应变速率应控制在0.00025～0.0025或加荷载速度为6～60MPa/s，试件屈服后，试件的应变速率不应超过0.0025。

（4）加荷载拉伸时，当试验机读数盘指针停止在恒定荷载或不计初始效应指针回转时的最小荷载，就是屈服点荷载F_s。

（5）继续加荷载至试件拉断，记录试验机读数盘指针的最大荷载F_b。

2）伸长率测定

将拉断的试件在断裂处对齐并保持在同一轴线上，测量拉断后$5a$或$10a$标距的长度L_u，精确至0.1mm，并以所测得的L_u计算断后伸长率$A_5(A_{10})$。如果所得试件断后伸长率不合格且断裂处距标距两端点中任一端点的距离小于原标距长度的1/3时，应按移位法计算L_u，如图11-11所示：

当$N-n$为偶数时，$L_u=XY+2YZ$；

当 $N-n$ 为奇数时，$L_u=XY+YZ'+YZ''$。

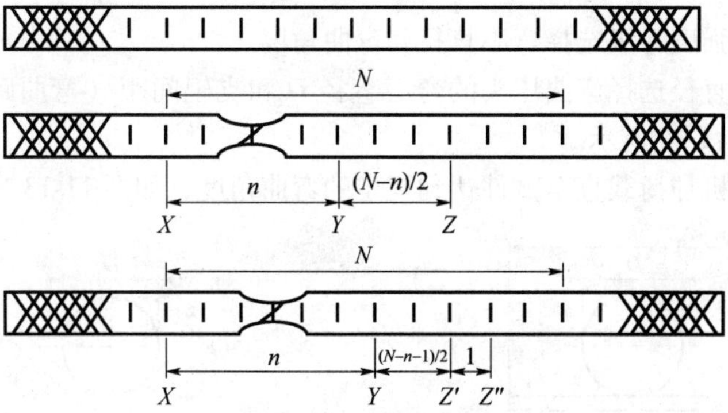

图 11-11　移位法计算 L_u

4. 试验结果处理

（1）按下式计算下屈服强度：

$$\sigma_s=\frac{F_s}{S_o}\sigma_b=\frac{F_b}{S_o} \tag{11-9}$$

式中　σ_s——下屈服强度，MPa；

S_o——抗拉强度，MPa；

σ_b——钢筋的公称横截面积，mm^2；

F_s——屈服阶段的最小力，N；

F_b——试验过程中的最大力，N。

（2）按下式计算断后伸长率：

$$A_5(A_{10})=\frac{L_u-L_o}{L_o}\times 100\% \tag{11-10}$$

式中　$A_5(A_{10})$——分别表示 $L_o=5a$ 或 $L_o=10a$ 时的断后伸长率，%；

L_u——试件拉断后直接测量得到或按移位法测量得到的断后长度，mm；

L_o——原标距长度，mm。

11.5.2　钢筋弯曲试验（GB/T 232—2010）

1. 主要仪器设备

（1）压力机或万能试验机。

（2）弯曲装置。

（3）游标卡尺等。

2. 试样及其制备

试样长度（L）和弯曲跨长（l）计算：

$$L=0.5\pi(D+a)+140;\ l=(D+3a)\pm a/2 \tag{11-11}$$

式中　D——弯心直径，mm；

a——试样直径，mm。

3. 试验步骤

（1）根据钢筋强度等级选择弯心直径和弯曲角度。

（2）根据钢筋直径选择弯曲压头的弯心直径 D 和支辊间距（弯曲跨长 l），将试件放在试验机上，如图 11-12 所示。

（3）开动试验机加荷载直至试件达到规定的弯曲角度，如图 11-13 所示。

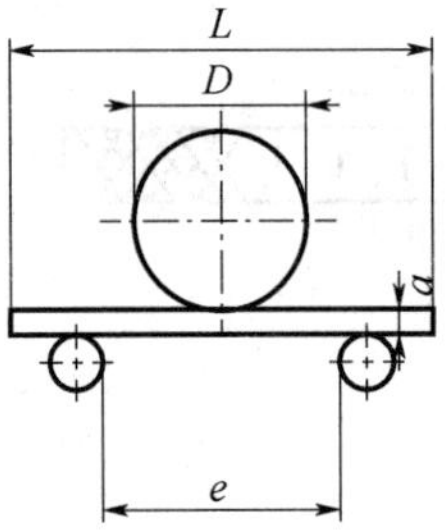

图 11-12　弯曲试验

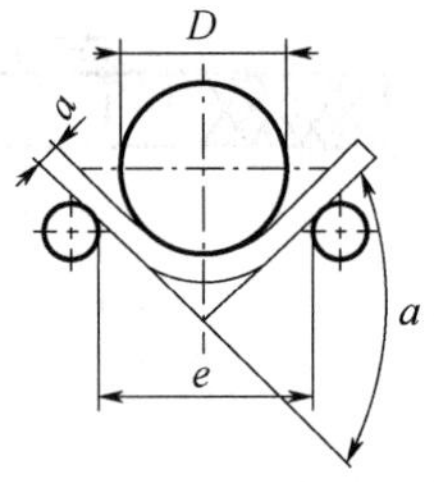

图 11-13　弯曲 90°示意图

4. 试验结果

弯曲后，按有关标准规定检查试样弯曲外表面，进行结果评定。若无裂纹、起皮、裂缝或断裂，则评定试样合格。

11.6　沥青试验

11.6.1　沥青针入度试验（GB/T 4509—2010）

1. 主要仪器设备

（1）针入度仪。

（2）标准针：经淬火的不锈钢针。

（3）盛样皿、平底保温皿、秒表及温度计等。

（4）恒温水浴。

2. 试样及其制备

将石油沥青样品加热熔化，充分搅拌，用筛过滤后备用。将沥青注入盛样皿内，其深度大于预计穿入深度 10mm。放置于 15～30℃的空气中冷却 1.5h，冷却时，须注意不使灰尘落入。然后将盛样皿浸入（25±0.5）℃的水浴中，水浴时水面应高于试样表面 25mm 以上。

3. 试验步骤

（1）调节针入度仪的水平，检查连杆，使其能自由滑动，洗净擦干并装好标准针。

（2）从恒温水浴中取出盛样皿，放入水温严格控制在 25℃的平底保温皿中，试样表面以上的水层高度应不少于 10mm。将保温皿放于圆形平台上，慢慢放下连杆，使针尖与试样表面恰好接触。拉下活杆使与连杆顶端接触，调节刻度盘使指针指零。

（3）开动秒表，同时用手紧压按钮，使标准针自由地穿入沥青中，经过 5s，停止按压，使指针停止下沉。

（4）拉下活杆与标准针连杆顶部接触，这时刻度盘批针的读数即为试样的针入度。

（5）同一试样重复测定 3 次，在每次测定前，都应检查并调节保温皿内水温，每次测定后，都应将标准针取下，用浸有溶剂的布或棉花擦净，再用干布或干棉花擦干。每次穿入点相互距离及与盛样皿边缘距离都不得小于 10mm。

4. 试验结果处理

取 3 次测定针入度的平均值，取至整数，作为试验结果。3 次测定的针入度值相差不应大于表 11-3 所列数值，否则试验应重做。

表 11-3　针入度测定允许差值

针入度	0 ~ 49	50 ~ 149	150 ~ 249	250 ~ 350
最大差值	2	4	6	10

11.6.2　沥青延度试验（GB/T 4508—2010）

1. 主要仪器设备

延度仪（配模具）（模具如图 11-14 所示）。

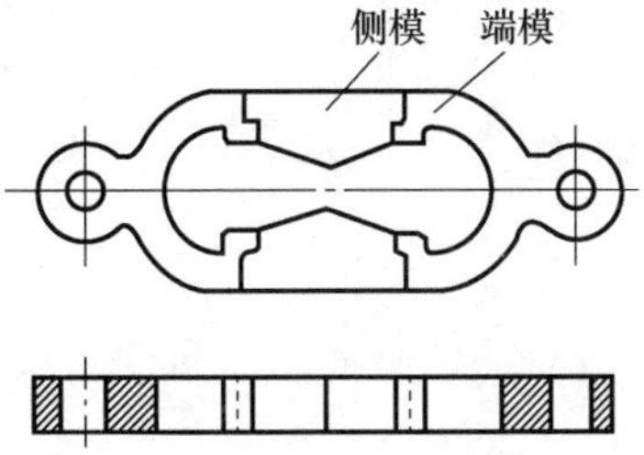

图 11-14　延度试模

2. 试样制备

（1）将石油沥青样品加热熔化，充分搅拌，用筛过滤后备用。

（2）将隔离剂拌和均匀，涂于金属垫板和试模内侧，将试模在金属垫板上卡紧。

（3）将沥青缓缓注入模中，自模的一端至另一端往返多次，使沥青略高出模具。

（4）浇注好的试样在 15 ~ 30℃的空气中冷却 30min 后，放入（25 ± 0.1）℃的水浴中，保持 30min 后取出，用热刀将高出模具部分的沥青刮去，使沥青面与模面齐平。将试件连同金属垫板浸入（25 ± 0.1）℃的水浴中 85 ~ 95min。

3. 试验步骤

（1）移动滑板使其指针正对标尺的零点，保持水槽中水温为（25 ± 0.5）℃。

（2）试件移至延度仪水槽中，然后将模具两端的孔分别套在滑板及槽端的金属柱上，并取下试件侧模。水面距试件表面应不小于25mm。

（3）开动延度仪，此时仪器不得有振动，观察沥青的延伸情况。在测定时，如沥青细丝浮于水面或沉于槽底时，则加入乙醇（酒精）或食盐水调整水的相对密度至与试样的相对密度相近后，再进行测定。

4. 试验结果

取平行测定的3个结果的平均值作为测定结果。若3次测定值不在其平均值的5%以内，但其中两个较高值在平均的5%之内，则舍弃取低值，取两个较高值的平均值作为测定结果。

11.6.3 沥青软化点试验（GB/T 4507—2014）

1. 主要仪器设备

（1）沥青软化点测定仪（图11-15）：包括温度计、800mL烧杯、测定架、黄铜环、套环、钢球。

（2）金属板、刮刀、隔离剂等。

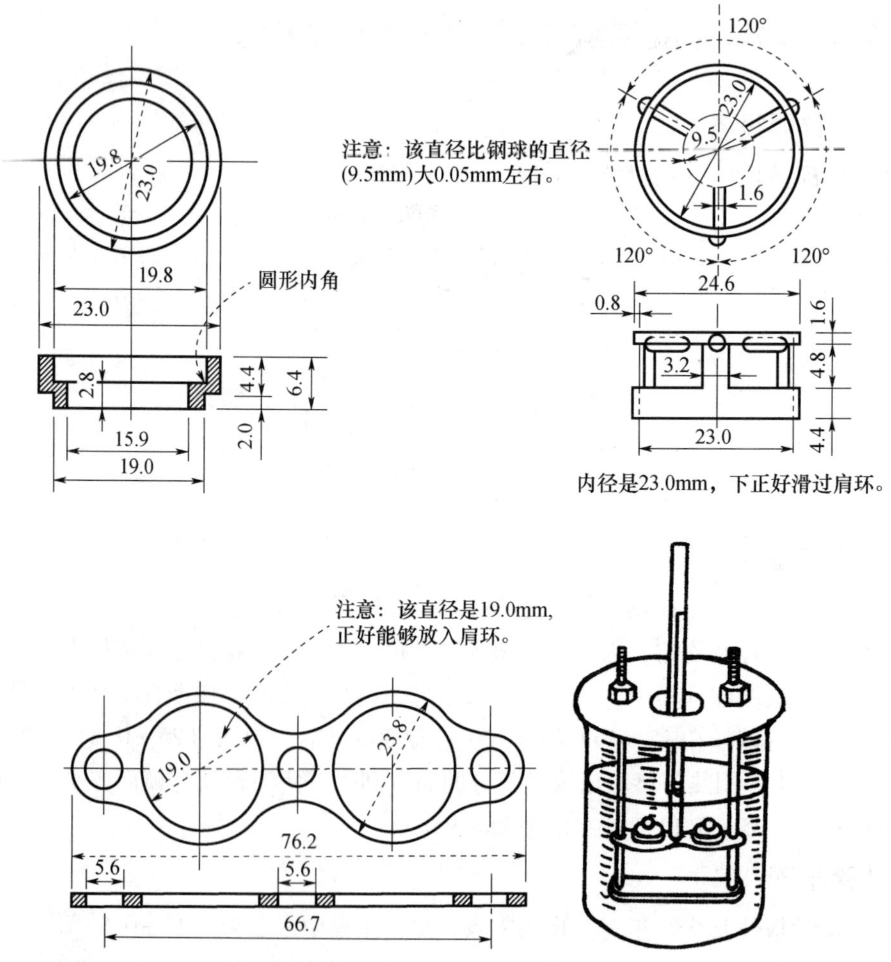

图11-15 环、钢球定位器、支架组合装置

2. 试样制备

（1）将石油沥青样品加热熔化，充分搅拌，用筛过滤后备用。

（2）将黄铜环置于涂有隔离剂的金属板或玻璃上，沥青注入黄铜环内至略高于环面为止，如估计软化点在 120℃以上时，应将黄铜环与金属板预热至 80～100℃。

（3）浇注好的试样在 15～30℃的空气中冷却 30min 后，用热刀刮去高出环面的沥青，使沥青面与环面齐平。

（4）将盛有试样的黄铜环及金属板置于盛满水（估计软化点不高于 80℃的试样）或甘油（估计软化点高于 80℃的试样）的保温槽内恒温 15min。水温保持（5 ±0.5)℃；甘油温度保持（32 ±1)℃。同时，钢球也置于恒温的水或甘油中。

3. 试验步骤

（1）烧环内注入新煮沸并冷却至 5℃的蒸馏水（估计软化点不高于 80℃的试样）或注入预先加热至约 32℃的甘油（估计软化点高于 80℃的试样)，使液面略低于连接杆上的深度标记。

（2）从水浴或甘油保温槽中取出盛有试样的黄铜环置于环架中层板上的圆孔中，并套上套环，把整个环架放入烧杯内，调整水面或甘油面至深度标记，环架上任何部分不得有气泡。将温度计由上层板中心孔垂直插入，使水银球与铜环下面齐平。

（3）移烧杯至放有石棉网的加热器上，然后将钢球放在试样上（须使各环的平面在全部加热时间内完全处于水平状态）立即加热，使烧杯内水或甘油温度在 3min 内保持每分钟上升（5 ±0.5)℃，否则重做。

（4）试样受热软化下坠至与下层底板面接触时的温度即为试样的软化点。

4. 试验结果处理

取平行测定两个结果的算术平均值作为测定结果。重复测定的两个结果间的差值不得大于表 11-4 中的规定。

表 11-4　软化点测定允许差值

软化点（℃）	80	80～100	100～140
允许差值（℃）	1	2	3

附录：试验数值的修约规则

试验数据和结果都有一定的精确度要求，对精确度范围之外的数字，应按照《数值修约规则及极限数值的表示和判定》GB/T 8170—2008 进行修约，常用修约规则如下：

（1）拟舍弃数字的最左一位数字小于 5 时，则舍去。

例：将 12.1498 修约到个位数，得 12；将 12.1498 修约到一位小数，得 12.1。

（2）拟舍弃数字的最左一位数字大于 5，则进一，即保留数字的末位数加 1。

例：将 1268 修约到百位数，得 13×10^2。

（3）拟舍弃数字的最左一位数字为 5，且其后有非 0 数字时进一，即保留数字的末位数加 1。

例：将 10.5002 修约到个位数，得 11。

（4）拟舍弃数字的最左一位数字为 5，且 5 后无数字或皆为 0 时，若保留的末位数字为奇数（1，3，5，7，9）则进一，即保留数字的末位数字加 1；若保留的末位数字为偶数（0，2，4，6，8），则舍去。

例：将 0.35、0.4500 和 1.0500 修约精确至 0.1，修约后分别得 0.4、0.4 和 1.0。

（5）拟修约数字应在确定修约间隔或指定修约数位后一次修约获得结果，不得多次连续修约。

例：15.4546 修约至整数，正确修约得 15，不正确修约 15.4546→15.455→15.46→15.5→16。修约规则可概括为：“四舍六入五考虑，五后非零应进一，五后皆零视奇偶，五前为偶应舍去，五前为奇则进一”。

参考文献

[1] 何廷树，王福川．土木工程材料［M］．北京：中国建材工业出版社，2013.

[2] 吴中伟，廉慧珍．高性能混凝土［M］．北京：中国铁道出版社，2001.

[3] 库马梅塔，保罗 J. M. 费特罗、混凝土［M］．覃维祖，王栋民．丁建彤，译．北京：中国电力出版社，2008.

[4] 钱觉时．粉煤灰特性与粉煤灰混凝土［M］．北京：科学出版社，2002.

[5] 陈建奎．混凝土外加剂原理与应用［M］．北京：中国计划出版社，2004.

[6] 赵洪义．全国水泥及混凝土外加剂应用技术文集［G］．北京：中国建材工业出版社，2003.

[7] 覃维祖．结构工程材料［M］．北京：清华大学出版社，2000.

[8] 宋少民．土木工程材料［M］．北京：武汉理工大学出版社，2010.

[9] 王福川．土木工程材料［M］．北京：中国建材工业出版社，2001.

[10] 付明琴，龙娈珍．建筑材料［M］．杭州：浙江大学出版社，2015.

[11] 王欣，陈梅梅．建筑材料［M］．北京：北京理工大学出版社，2012.

[12] 李东侠，王铁，郑宝华．建筑材料［M］．北京：北京理工大学出版社，2012.

[13] 钱晓倩．建筑材料［M］．杭州：浙江大学出版社，2013.

[14] 王海波，冷超群，赵霞．建筑材料［M］．北京：北京理工大学出版社，2016.

[15] 黄显彬，邹祖银，郭子红．建筑材料［M］．武汉：武汉理工大学出版社，2014.

[16] 西安建筑科技大学，华南理工大学，重庆大学，等．建筑材料［M］．中国建筑工业出版社，2010.

[17] 彭小芹．土木工程材料［M］．2 版．重庆：重庆大学出版社，2010.

[18] 黄政宇．土木工程材料［M］．北京：高等教育出版社，2002.

[19] 何廷树．混凝土外加剂［M］．西安：陕西科学技术出版社，2003.

[20] 尚建丽．土木工程材料［M］．北京：中国建材工业出版社，2010.

[21] 严家伋．道路建筑材料［M］．北京：人民交通出版社，1996.

[22] 马保国，刘军．建筑功能材料［M］．武汉：武汉理工大学出版社，2010.